高职高专小学教师培养系列教材

自然科学基础

（第4版）

◎ 主　编　张民生　郭长江

◎ 编写者　张民生　郭长江　石萍之
　　　　　方　伟　黄天熊　陈　慧
　　　　　杨卫红　殷育楠　叶　勤
　　　　　沈荣祥　王　荣　陈军华

中国教育出版传媒集团

高等教育出版社·北京

内容提要

　　本书由高等院校小学教育专业经典同名教材修订而来。修订后的教材专门用作高职高专小学教师培养教材。全书对应自然科学的物质科学、生命科学、地球与空间科学、技术与工程四个领域编写，从自然科学发展的历史和研究方法、自然界的基本属性、资源与环境的角度阐述自然科学基础知识，思考人类与自然的关系，从自然科学技术的发展角度阐述科学技术对人类生活的影响。

　　修订后的教材，强调知识体系的科学性和系统性、适应小学教师培养要求的专业性和综合性，并体现理论与实践联系的应用性和针对性，同时融入了新时代基础教育课程改革对小学教师培养的新要求以及科学技术领域的新成果及其应用，尤其融入了《义务教育科学课程标准（2022年版）》的基本理念及其课程内容要求；增设了"学习目标、思维导图、情境链接、学习活动、拓展阅读导航"等栏目，尤其增设了"科学家精神"栏目，调整了"思考与练习"的内容，使得本书更符合高职高专教学需要；同时，通过二维码关联了丰富的学习资源，有利于学生自主开展拓展性、提升性学习。

　　本书可以帮助学生了解自然科学基础知识以及当代科学技术发展及其与社会进步的关系，从而打下良好的科学素养及科学知识基础；可以作为高职高专小学教育专业群等师范生学习和在职小学教师进修的通识课教材。

图书在版编目（CIP）数据

　　自然科学基础 / 张民生，郭长江主编. -- 4版.
北京 : 高等教育出版社，2024. 12. -- ISBN 978-7-04
-062610-0

　　Ⅰ. N43

　　中国国家版本馆CIP数据核字第20249X4X72号

ZIRAN KEXUE JICHU

| 策划编辑 肖冬民 | 责任编辑 肖冬民 | 封面设计 姜　磊 | 版式设计 杜微言 |
| 责任绘图 马天驰 | 责任校对 吕红颖 | 责任印制 刁　毅 | |

出版发行	高等教育出版社	网　　址	http://www.hep.edu.cn
社　　址	北京市西城区德外大街4号		http://www.hep.com.cn
邮政编码	100120	网上订购	http://www.hepmall.com.cn
印　　刷	中农印务有限公司		http://www.hepmall.com
开　　本	787mm×1092mm 1/16		http://www.hepmall.cn
印　　张	18.25	版　　次	2020年1月第1版
字　　数	390千字		2024年12月第4版
购书热线	010-58581118	印　　次	2024年12月第1次印刷
咨询电话	400-810-0598	定　　价	38.00元

高职高专小学教师培养系列教材
总序

教师是教育发展的第一资源，也是国家富强、民族振兴、人民幸福的重要基石。2018年9月10日，习近平总书记在全国教育大会上系统总结了推进我国教育改革发展的"九个坚持"，其中特别强调了"坚持把教师队伍建设作为基础工作"。党的二十大报告强调，加快建设教育强国，培养高素质教师队伍。教材建设作为教师培养的基础和保障，承载着培根铸魂、启智增慧的使命。习近平总书记指出，要抓好教材体系建设。教材建设是国家事权，从根本上讲，建设什么样的教材体系，核心教材传授什么内容、倡导什么价值，要体现国家意志。为贯彻落实习近平总书记关于职业教育工作和教材工作的重要指示批示精神，落实《职业院校教材管理办法》等政策措施，适应我国小学教育现代化发展的迫切需要，满足教育事业高质量发展对高素质小学教师的需求，高等教育出版社结合师范类专业认证实施办法及小学教师专业标准等，针对新时代小学教师岗位的新要求，全面推进高职高专小学教师培养系列教材的建设工作。

本系列教材建设充分吸收以下方面的精华：（1）教育部师范教育司自2003年组织专家审定、高等教育出版社陆续出版并不断修订完善，现被广泛使用的高等院校小学教育专业教材；（2）"十三五"以来特别是"十四五"期间高职高专教育学类专业建设成果，如国家级精品资源共享课、国家级职业教育专业教学资源库等；（3）我国小学教师培养的理论研究成果与实践探索经验。本系列教材依据高职高专小学教育专业群的设置及相应专业教学标准，聚焦专业基础课和专业课，突出专业主干课程，服务师范生的教育教学能力与专业素养培养。编写队伍包含专业领域专家、教科研人员、一线教师，涉及跨本、专科院校两个层次的众多专家学者，包括义务教育课程标准修订组及国家级精品资源共享课、国家级职业教育专业教学资源库等团队的核心成员。

教材编写体现出以下原则及特色：

1. 体现党和国家意志

本系列教材建设注重"一坚持五体现"，即坚持马克思主义指导地位，体现马克思主义中国化要求，体现中国和中华民族风格，体现党和国家对教育的基本要求，体现国家和民族基本价值观，体现人类文化知识积累和创新成果。教材编写以习近平新时代中国特色社会主义思想为指导，融入党的二十大精神，全面贯彻党的教育方针，落实立德树人根本任务，力图充分发挥教材培根铸魂、启智增慧的育人功能。

2. 体现新时代教师培养理念与要求

本系列教材建设贯彻党和国家对新时代高素质专业化教师培养要求，贯彻教师"一践行三学会"（践行师德、学会教学、学会育人、学会发展）的要求，体现师德为先、学生为本、能力为重、终身学习理念，遵从产出导向，结合小学教师职业的基础性、综合性、实践性特点，促进高职高专师范生系统掌握教师专业知识和专业技能；有机融入教育家精神和优秀教师事迹，助力师范生养成高尚师德；引入儿童教育案例和生活场景，建构"儿童取向"的教材内容体系，培养师范生促进儿童生命健康成长的能力。

3. 突出职业教育特色

本系列教材建设依据职业教育规划教材建设实施方案及相关专业教学标准开展，编写科学先进、积极向上、针对性强的内容，遵照高职高专教育类专业学生学习年限特点和学习规律，强调理论和实践统一，并着重突出实践性。教材编写尤其注重落实职业教育教师、教材、教法改革要求，创新教材内容与形式。在教材中，除了阐述基本理论、基本知识、基本方法外，穿插设置问题导入、案例学习、实践活动、拓展阅读等栏目，促进学生开展项目学习、案例学习，设置教学一线、教师技能训练、教师资格考试链接等内容，满足"岗课赛证"育人模式及教师教学技能培养要求。

4. 打造新形态教材

本系列教材适应"互联网＋职业教育"的发展需求和新时代高职高专师范生的学习特点，打破学科逻辑，以教育问题解决能力训练为导向，设计教材内容体系，并落实"以学生为本"的教育理念，系统设计融导学、知识学习、技能训练、资源支撑、教学评价为一体的教材体系，体现学一思一行的教师培养规律，以二维码技术为支撑，一体化设计、同步推进教材、数字资源建设，最终形成编排科学、资源丰富、呈现形式灵活、信息技术应用适当的新形态教材。

我们期待本系列教材能为新时代高质量小学教师培养助力，为高职高专师范专业建设贡献力量。

前言

　　《自然科学基础》一书诞生于 1997 年。第 1 版教材由上海市教育委员会师资处组织编写，国家教委师范司推荐，供小学在职教师进修高等师范专科小学教育专业文科方向使用。教材编写力求体现时代发展的先进性和创新性、知识体系的科学性和系统性、师范教育的专业性和综合性、理论与实践联系的应用性和针对性。教材出版后，受到广泛欢迎。

　　2008 年 8 月，本教材被列入高等院校小学教育专业教材，并根据要求进行修订，出版了第 2 版。第 2 版教材在保留第 1 版教材特色的基础上，加强了教材的基础性、综合性、通识性，努力使学生对自然科学基础知识、当代科学技术发展及其与社会进步的关系等有一个概貌式的了解，从而为未来小学教师提高自身科学素养和实施素质教育奠定良好的基础。

　　2020 年 1 月，我们再次对教材进行修订，出版了第 3 版。第 3 版教材保留了原教材的一些基本特点，同时融入了新时代基础教育课程改革对小学教师培养的新要求及科学技术领域的新成果及其应用，并在结构上做了一定的调整，使全书的结构更加紧凑。我们以综合的视角、联系的观点，试图从科学与工程实践、核心概念、跨学科概念三个维度对教材的内容进行有效整合，带领学生探索自然，加深对自然界规律的理解。另外，我们还修改了各章的"思考与练习"，提供了参考答案；以二维码方式关联了学习资源，利于学生自主拓展学习。

　　2024 年，适应我国职业教育发展要求以及教育部相关的教材管理办法精神，我们又一次对教材进行修订，推出了第 4 版，专门用作高职高专小学教师培养教材。全书对应自然科学的物质科学、生命科学、地球与空间科学、技术与工程四个领域修订，从自然科学发展的历史和方法、自然界的基本属性、资源与环境的角度阐述自然科学基础知识，思考人类与自然的关系，从自然科学技术的发展角度阐述科学技术对人类生活的影响。此次修订包括：精简了内容，更新了科学技术最新研究成果及相关数据，融入了《义务教育科学课程标准（2022 年版）》的基本理念及其课程内容要求，尤其是其中 13 个学科核心概念和 4 个跨学科概念，用于指导本书内容结构调整及内容更新；为适应职业教育教师、教材、教法改革要求，突出应用性、教师职业适应性，在章首、章中、章尾增设了几个导学栏目，如"学习目标、情境链接、学习活动、拓展阅读导航"等，尤其增设了

"科学家精神"栏目，还调整了"思考与练习"的内容。在章首，增设"学习目标"栏目，意图让学生明确目标，带着任务开展学习，提高学习的有效性和针对性；增设"情境链接"栏目，希望学生能够更多地将对书本知识的学习与生活中的真实情境联系起来，增强分析问题和解决问题的能力。在章中，穿插若干"学习活动"栏目，希望增强实践，丰富学生的学习体验；在每一章的合适部分，增设"科学家精神"栏目，以融入科学家精神，让学生从一个一个科学家的小故事中，体会科学家胸怀祖国、服务人民的爱国精神，勇攀高峰、敢为人先的创新精神，追求真理、严谨治学的求实精神。在章尾，增设"拓展阅读导航"栏目，同时更新了一些二维码资源，这些都有利于学生自主开展拓展性、提升性学习。此外，此次我们调整了"思考与练习"的内容，以增强针对性、应用性、实践性。

本次修订，由张民生（上海市教育委员会）、郭长江（上海师范大学）担任主编，各章编写分工如下：第一章，石萍之、郭长江、方伟；第二章，黄天熊、陈慧、杨卫红、殷育楠；第三章，石萍之、黄天熊、郭长江、方伟、殷育楠；第四章，叶勤；第五章，沈荣祥、王荣、杨卫红；第六章，黄天熊、陈慧；第七章，沈荣祥、郭长江、陈军华、叶勤、方伟。由于编者水平有限，本教材仍难免存在一些疏漏，恳请读者批评指正。

《自然科学基础》编写组
2024 年 5 月

目录

第一章　对自然界的探索

学习目标

1. 了解自然科学发展的历史轨迹，了解中国古代的科技成就。
2. 理解近代自然科学诞生的条件，理解科学与技术的区别和联系。
3. 了解自然科学研究的基本方法。
4. 感悟科学家求真务实、锲而不舍的探究精神，感悟科学技术的发展对人类社会发展起到的重要作用，能辩证地看待技术应用过程中带来的负面效应，初步具有反思科技发展引发的伦理问题的意识。

思维导图

```
                           ┌─ 自然科学的萌芽
          自然科学发展的历史轨迹 ┼─ 自然科学的诞生与发展
                           └─ 20世纪以来自然科学的进展

                           ┌─ 选题与计划
对自然界的探索 ─ 自然科学研究的基本方法 ┼─ 观察与实验
                           └─ 分析与总结

                           ┌─ 科学
          科学、技术与社会     ┼─ 技术
                           └─ 科学、技术与社会的关系
```

情境链接

浩轩是一位大专院校学生，他涉猎广泛、思想活跃，喜欢文学、历史和科学，他了解到中国近年来的科技进展十分迅猛，有全世界最齐全的工业体系，有"可上九天揽月"的中国探月工程——"嫦娥工程"，有"可下五洋捉鳖"的"奋斗者"号万米载人潜水器，有"墨子号""悟空号"科学卫星，有 FAST 大口径射电望远镜等一系列大科技项目。他还了解到中国在古代科技曾一度领先于西方，科技发展史上有著名的"李约瑟难题"和"钱学森之问"。还他了解到尽管中国目前在大数据、人工智能、智能芯片等领域发展迅速，但欧美仍保持一定的领先地位，他于是很想了解人类对自然探索的漫长历史轨迹，了解人类进行自然科学研究的基本方法，以及科学、技术与人类社会发展的关系。同学们，你想和浩轩一样了解这些问题吗？请进入本章的学习……

自然科学以自然界为研究对象。自然科学经历了漫长的发展过程，至今已形成包含众多学科门类的知识与方法体系。自然科学研究是一个基于观察和实验，不断提出问题和解决问题的探索过程。自然科学和技术的联动，极大地推动了人类社会的发展与进步。

第一节 自然科学发展的历史轨迹

"科学，可以说是人类历史上出现较晚的一类文化现象，它可以看成是今天人类文化最高层次和最为独特的成就。"[1] 自然科学的发展，经历了萌芽、诞生和发展三个主要的时期。

一、自然科学的萌芽

自然科学的萌芽，可以追溯到两千多年以前。在西方文化传统中，自然哲学就是自然科学的前身。中国古代的科技成就领先于世界，其中包含了很多朴素的自然科学

---

[1] 袁运开. 现代自然科学概论 [M]. 2 版. 上海：华东师范大学出版社，2010：3.

知识。

（一）古希腊的科学

古希腊的自然哲学起源于公元前 6 世纪的米利都学派，代表人物是泰勒斯（Thales of Miletus，约前 624—约前 546）。他们第一个假设整个宇宙是自然的，引出了科学研究的对象。公元前 5 世纪后期的德谟克利特（Democritus，约前 460—约前 370）第一次提出了原子论，虽然它与近代科学的认识相差甚远，但是在观念上却有异曲同工之妙。亚里士多德（Aristotle，前 384—前 322）可谓古希腊科学的集大成者，百科全书式的伟大学者。他对自然界的结构与组成、运动和变化等都有比较系统的阐述。他提出的研究自然的方法已经蕴含了近代自然科学的元素，包括三步：第一步，观察；第二步，概括出一般性的科学原理；第三步，解释自然现象。阿基米德（Archimedes，约前 287—约前 212）研究了杠杆和物体的沉浮等原理，其内容在现代自然科学知识体系中仍占有重要地位。

（二）中国古代的科技成就

中国是一个历史悠久的文明古国，中国古代的科学技术在春秋（前 770—前 476）、战国（前 475—前 221）时期已经达到了相当的高度。春秋末年《考工记》是中国古代第一部工程技术知识的汇集，记载了不少实用的力学知识。战国前期《墨经》中包含不少有关逻辑学、数学、物理学等方面的论题。"它既是古代力学论的代表作，又是世界上最早的几何光学著作之一。"[①]

中国古代科技成就百项世界纪录

四大发明造纸、印刷术、指南针和火药是中国古代科技智慧的结晶，对当时中国社会经济发展产生了巨大的影响。四大发明经阿拉伯人传到欧洲后，对欧洲文明的兴起起到了举足轻重的作用，成为马克思所说的资产阶级发展的必要前提。

二、自然科学的诞生与发展

这里讲的自然科学主要指近代自然科学。一般认为，近代自然科学发轫于 14、15 世纪欧洲的文艺复兴，由物理学、化学、生物学、天文学、地球科学等汇合而成。

（一）自然科学诞生的前奏

1. 太阳中心说向神学的挑战

哥白尼（Nikolaj Kopernik，1473—1543）是波兰天文学家。青年时代的哥白尼曾长期留学于文艺复兴运动方兴未艾的意大利，1543 年临终时出版了他倾注毕生心血的著作《天体运行论》，详细地论述了他的太阳中心学说（图 1-1）。这个学说的核心是日心和地动的观点。哥白尼认为，太阳居于宇宙中心，而不是地球居于这个位置，众

———————————

① 蔡宾牟，袁运开. 物理学史讲义：中国古代部分 [M]. 北京：高等教育出版社，1985：6.

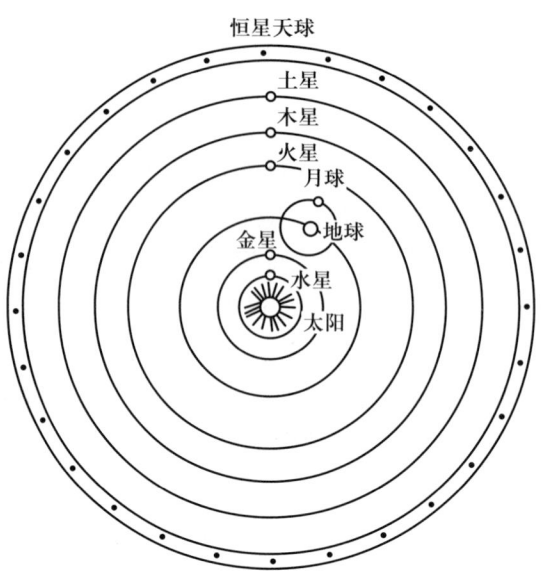

图 1-1　哥白尼的太阳中心说

行星围绕太阳旋转；地球作为一颗普通的行星，除了像其他行星一样绕太阳旋转外，还有自转。这一学说向被教会奉为天经地义的地球中心观点提出了严峻的挑战。由于宣传太阳中心说，意大利哲学家布鲁诺（Giordano Bruno，1548—1600）于 1600 年在罗马被处以火刑，意大利物理学家伽利略（Galileo Galilei，1564—1642）70 岁时还被法庭判终身监禁。

2. 血液循环学说对神学的打击

血液循环学说是由三名伟大的科学家先后建立起来的。比利时医生维萨里（Andreas Vesalius，1514—1564）执教于意大利帕多瓦大学，1543 年出版了《人体构造》一书，该书指出人的心脏有四个房室，为血液循环学说奠定了科学基础。西班牙医生塞尔维特（Michael Servetus，1511—1553）在《人体构造》出版 10 年后发现了小循环（即肺循环）。稍后，英国医生哈维（William Harvey，1578—1657）在意大利帕多瓦大学攻读博士学位，于 1628 年发表了论文《论心脏与血液的运动》（其中的血液循环示意见图 1-2），用无可辩驳的实验事实和分析，揭示了人体的大循环（即体循环）。血液循环学说沉重地打击了宗教神学有关人体的荒谬说教。为此，维萨里被流放，并中途遇难，而塞尔维特则被活活烧死。

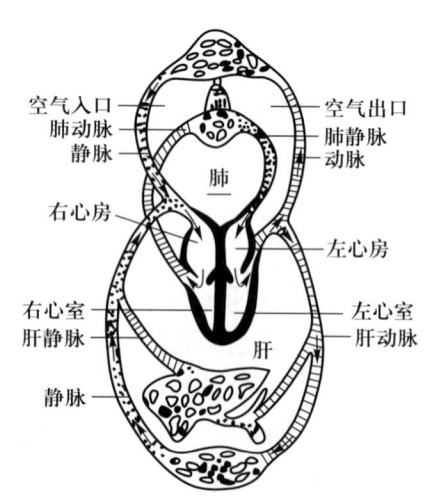

图 1-2　哈维的血液循环示意

3. 伽利略为近代自然科学开辟道路

伽利略在科学成果和科学研究方法两个方面都做出了巨大的贡献，为近代自然科学冲破神学束缚开辟了一条崭新的道路。

在科学成果方面，伽利略用自己制造的望远

镜进行天体观察，发现了许多天文现象，为哥白尼的太阳中心说提供了有力的证据。此外，他进行了一系列的物体运动实验，发现了落体定律，在摆的运动方面也获得有价值的成果，为经典力学奠定了基础。

在科学研究方法方面，伽利略把实验方法提高到真正科学的水平，又把实验方法和数学方法成功地结合起来，是近代科学方法的创立者，被尊称为"近代科学之父"。

科学家精神

历史天空上的科学巨星——方以智

望远镜

方以智（1611—1671），字密之，安徽桐城人，明末四公子之一，为明末清初著名学者，思想家、科学家。方以智幼禀异慧，六岁知文史，博览群书，1640年考取进士，任翰林院检讨。方以智是明清之际的学术巨人，他的学术横跨文理，贯通古今，是一位"百科全书式"的学者，生平著作百余种。方以智在自然科学上的成就，集中体现在《物理小识》这本著作中，其中涉及的物理知识有光学、电学、磁学、声学、力学等诸多方面。该书不仅总结了中国古代许多科学成就，还批判地吸收当时西欧传来的科学知识，被日本学者称为"在牛顿之前，中国诚可自豪的著作"。书中关于光学实验的记载，比欧洲早一个多世纪。《物理小识》的成书时间与伽利略的科学巨著《关于托勒密和哥白尼两大世界体系的对话》（1632）相近，其科学理论水平相比西欧同期著作，毫不逊色。

（二）自然科学各学科的诞生与发展

16世纪以后，西方科学得到迅速发展。科学已从原来的自然哲学中脱胎而出，独立地并且分门别类地得以迅速发展，出现了物理学、化学、天文学、地学、生物学等学科。近代自然科学的全面发展主要是从18世纪开始到19世纪末。在这200年间，不仅近代自然科学的基础理论得到确立（包括恩格斯所概括的19世纪自然科学的三大发现），而且自然科学理论运用于生产实践，带动了技术革命的兴起，极大地推动了社会生产力的发展。

1. 物理学的诞生与发展

物理学发展成为一门真正的科学，是从16世纪开始的，这时人类进入了前所未有的科学实验时代。从17世纪下半叶开始，关于物体的相互作用、运动以及光、电、磁等现象的研究，结出了丰硕的成果，实现了物理学理论的综合，使物理学成为近代自然科学最先成熟起来的一门学科。

（1）天上力学与地上力学的综合

1687年，英国物理学家牛顿（Isaac Newton，1643—1727）将前人和同代人的成果加以创造性的综合与发展，出版了《自然哲学的数学原理》一书，提出了力学三大运动定律和万有引力定律，建立起经典力学体系。

伽利略关于落体和惯性的研究、开普勒（Johannes Kepler，1571—1630）关于行星运动规律的研究是牛顿建立经典力学体系的主要基础。伽利略认识到，力是运动产生和改变的原因，在没有外力的作用下，物体将保持静止或匀速直线运动状态，这实际上是对惯性定律的最初表述。不过，伽利略只是正确地提出了这个问题，而且，伽利略只把认识限制在地面，对天体运行轨道他还是相信正圆的老观念。开普勒破除了这种正圆教条，明确提出行星运行的轨道是椭圆。牛顿结合前人的成果，融合自己的研究，总结出万有引力定律：自然界中任何两个物体之间都存在着一种相互的引力，称为万有引力；这个力与两个物体的质量乘积成正比，与物体之间距离的平方成反比。

牛顿所建立起的经典力学体系把人们过去一向认为互不相干的地上物体运动规律和天体运动规律概括在统一的理论之中，完成了近代科学史上的首次大综合。牛顿的经典力学思想不仅影响了物理学的发展，而且也影响了其他自然科学和技术革命，所以人们也称这次大综合为一场科学领域的革命。

（2）不同运动形式的综合统一

19世纪能量守恒定律（旧称能量守恒和转化定律）的发现不仅是物理学史也是整个科学史上的重大事件，恩格斯（Friedrich Engels，1820—1895）把它叫作能量守恒和转化定律，并将它与细胞学说、达尔文进化论一起列为19世纪自然科学的三大发现。

在能量守恒和转化定律确立的过程中，迈尔（Robert Mayer，1814—1878）、焦耳（James Prescott Joule，1818—1889）和亥姆霍兹（Hermann Ludwig Ferdinand von Helmholtz，1821—1894）的贡献尤为突出。

第一个发表论文讨论运动形式转化规律的是德国医生迈尔。迈尔发现，病人的静脉血在热带要比在欧洲更红。他对这一现象的解释是：人体消化食物的过程和无机界的燃烧过程一样，都要消耗氧气，都能放出能量；热带气温较高，为保持人体温度而需要的热量要少一些，所以消耗的氧气也少一些，这就使人体静脉内剩余的氧气较多，因而其静脉血在热带比在欧洲更红一些。他进一步认为，导入人体的"力"（在德语中"力"一词多在"能量"的意义上被使用）和输出的"力"应该是平衡的。1842年，迈尔发表了《论无机界的力》一文，给出了更普遍的"力"的守恒和转化的概念。

第一个用实验来验证能量守恒的是英国物理学家焦耳。他用实验证明由电流做功获得的能量与做同量的机械功所获得的热量相同，并且通过多次实验比较精确地测定了热功当量。焦耳的实验为形成能量守恒定律提供了坚实的基础。

第一个全面阐述能量守恒定律并指出其普遍意义的是德国物理学家亥姆霍兹。1847年，亥姆霍兹用数学方式表述了在孤立系统中机械能的守恒，并把能量的概念推广到热学、电磁学、天文学和生理学领域，提出能量的各种形式相互转化和守恒的思想。

值得指出的是，当时的物理学家大都强调"守恒"的一面，把这条定律称为"能量守恒定律"，而恩格斯则突出强调了"转化"的一面，到了19世纪70年代，恩格斯更是明确地把这条定律改称为"能量守恒和转化定律"。

能量守恒和转化定律的意义在于把原来人们认为互不相关的、割裂的各种物理现象——力学的、热学的、电磁学的、光学的联系在一起，把表面上形式完全不同的各类运动统一在一个自然规律中，使人们得以从自然界统一的高度来考察整个自然界。

（3）光、电、磁的统一理论

18世纪末，电与磁之间的联系还没有被正确认识，19世纪电磁学的大发展正是从电与磁的内在统一开始的。到了19世纪中叶，已出现了一些电与磁联系的理论，如丹麦物理学家奥斯特（Hans Christian Oersted，1777—1851）发现了电流的磁效应，英国物理学家法拉第（Michael Faraday，1791—1867）发现了电磁感应定律。在前人研究的基础上，年轻的英国物理学家麦克斯韦（James Clerk Maxwell，1831—1879）建立了电磁场理论。

1864年，麦克斯韦向英国皇家学会宣读了《电磁场的动力学》一文。文中不仅给出了电磁场理论方程组（今天被称为麦克斯韦方程组），而且提出了电磁波的概念。他认为，变化的电场必定激发磁场，变化的磁场又激发电场，这种变化着的磁场和电场共同构成了统一的电磁场，电磁场以横波的形式在空间传播，形成电磁波。在麦克斯韦方程组中，由于电磁波的传播速度就等于当时测出的光速，因此，麦克斯韦预言，光也是一种电磁波。

1887年，德国物理学家赫兹（Heinrich Rudolf Hertz，1857—1894）用实验证实了麦克斯韦关于电磁波的预言。

电磁波

麦克斯韦方程组在电磁学理论中的地位就像牛顿定律在力学中的地位一样，它是研究一切电磁现象最根本的出发点，并且使人们深刻认识到光的电磁本性。因此，电磁场理论的建立是继牛顿时代以后物理学发展史上又一个重要的里程碑。

2. 近代化学基础理论的建立

古代没有化学，只有炼金术。所谓炼金术，就是把铜和铅等普通金属，通过各种冶炼手段炼制成金和银等贵重金属。中国古代盛行炼丹术，一些人期望炼成仙丹，可以长生不老。从17世纪中叶到19世纪末前后两三百年，由于资本主义的兴起和发展，采矿、冶金、药物工艺的迅速发展和推动，成为化学发展的重要时期。化学作为一门独立的科学诞生了。

学习活动

炼金术是当代化学的雏形，其主要目标是将铜、铅等贱金属转变为黄金等贵金属。显然，从现代科学角度来看，炼金术这种方法是不可能行得通的，但在科学发展的道路上，它在一定程度上推动了化学这门科学的发展。请分小组讨论，为何炼金术这种方法不可行？中国古代也有类似的炼丹术，请分小组自行查阅资料，对比交流古代中西方炼金术和炼丹术的异同。

（1）化学科学的确立

英国著名科学家玻意耳（Robert Boyle，1627—1691）总结了大量的实验事实，提出了科学的元素概念，即元素是不可再分成为其他物质的最简单的纯净物质。物质的性质取决于它所包含的元素和元素的组合。这一思想为化学研究提供了重要的理论依据，使化学独立为一门科学。玻意耳还把科学实验提高到化学研究的最重要的地位，强调一切从实验中来，"化学是实验科学"。

（2）燃烧的氧化学说的确立

法国化学家拉瓦锡（Antoine Laurent Lavoisier，1743—1794）十分重视化学中的定量关系。他从汞的燃灰中分解出氧元素。从 1772 年到 1777 年的 5 年中，他做了大量的燃烧实验，提出了燃烧作用的氧化学说，真正揭开了燃烧的秘密。拉瓦锡还确立了质量守恒定律，创立了化学元素命名方法，成为当之无愧的近代化学的奠基者。

（3）科学原子论的确立

提出原子论的是英国化学家道尔顿（John Dalton，1766—1844）。他在大量的实验基础上建立起原子论，用原子概念来阐明元素、单质和化合物等的化学基本概念，并规定最轻的元素氢的原子量（后规范为相对原子质量）为 1，然后推算出各种元素的原子量。道尔顿的原子论为许多经验性的化学定律提供了清晰的理论解释，使人们认识到一切化学现象的内在统一性，开辟了化学发展新纪元。由于道尔顿首次把"原子量"的概念引入化学，化学才真正走向了定量科学的发展阶段。1811 年，意大利化学家阿伏伽德罗（Amedeo Avogadro，1776—1856）提出分子概念，完善了科学原子论。在道尔顿理论的基础上，许多化学家经过 50 来年的努力，测定了几十种元素的"原子量"，最后建立起完备的原子-分子论，使整个化学科学发展到更新的阶段。

（4）元素周期律的发现

随着化学实验的发展，新元素不断被发现，对各种元素性质的比较和分类逐渐成为一个重要课题。到 1869 年，人们已发现 63 种化学元素。在此基础上俄国化学家门捷列夫（Dmitri Ivanovich Mendeleev，1834—1907）于 1869 年 2 月，德国化学家迈耶尔（Julius Lothar Meyer，1830—1895）于 1869 年 10 月，各自独立地提出了元素周期律。门捷列夫还大胆地预言了十几种未知元素的存在及它们的性质，这些预言多数被后来的实验所证实。元素周期律揭示了各种元素之间的内在联系，为元素性质的研究、新元素的寻找和新材料的探索提供了一个可以遵循的规律，有力地促进了现代化学的发展。

（5）有机化学的建立

与无机化学相比，近代化学体系的另一个分支——有机化学的研究起步较晚，直到 19 世纪初期，许多化学家还受"活力论"的束缚，认为有机物是某种神秘的"生命力"的产物。1824 年，德国年仅 24 岁的维勒（Friedrich Wohler，1800—1882）用无机物氰酸和氨水合成了有机物尿素，这是有机化学发展史上的重要里程碑。在此之前，生物学界和化学界一直流行着有机物具有一种神秘的活力的论调，认为有机物只能来源于有生命的动植物。尿素的人工合成给神秘的活力论以致命的打击。

尿素的人工合成不仅打破了活力论的统治，也打破了有机物和无机物的界限，证明了无机界和有机界的统一，无机化学的已知规律开始向有机物领域渗透。19世纪中叶，随着原子–分子学说的形成和有机合成实验研究工作的展开，化学家们探索有机分子结构理论进入了新的阶段。德国的凯库勒（Friedrich August Kekule，1829—1896）把原子化合价的概念引入有机化合物的研究中，1867年至1869年间，凯库勒提出了原子立体排列的思想，开创了立体化学构型的先河。煤焦油工业的发展还帮助凯库勒做出了另一项发现：苯的环状结构学说。从此，有机化学成为一门在理论和实践上有着重要作用的学科。

3. 生物学理论的新建树

整个生物学在17世纪至18世纪发展缓慢，停留在搜集和整理材料阶段。这个时期分类学应运而生，瑞典科学家林耐（Carl von Linne，1707—1778）于18世纪50年代创立了科学的分类体系，廓清了当时生物分类的混乱局面。在19世纪初的法国生物学著作中，正式出现了"生物学"这一术语，并在解剖学、胚胎学、古生物学和动植物细微结构等研究的基础上，生物科学出现新的分化和综合，逐渐形成了一个科学体系。其中以细胞学说和达尔文的进化论成就最为突出。

（1）细胞学说的建立

第一个观察到细胞的是英国物理学家胡克（Robert Hooke，1635—1703）。他在1665年用显微镜观察软木片时，发现许多小室，他把这种小室称为细胞（图1–3）。以后荷兰、意大利和英国的一些生物学家相继发现同样的现象。然而，他们都未认识到细胞是生物体的基本结构单位。

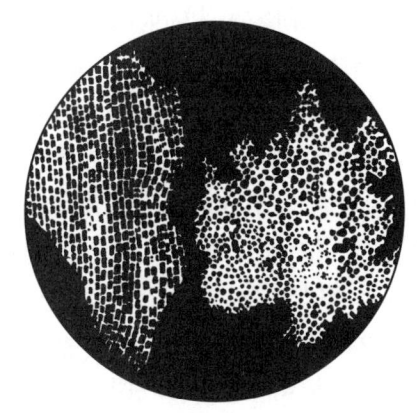

显微镜

进入19世纪，随着生物学基础研究的发展和显微镜技术的改进，对细胞的观察取得了一系列的新成果。1838年德国植物学家施莱登（Matthias Jakob Schleiden，1804—

图1–3　胡克在显微镜下观察到的木栓细胞

1881）提出细胞是一切植物结构的基本单位，并且是一切植物赖以发展的根本实体。1839年德国动物学家施旺（Theodor Schwann，1810—1882）把这一学说扩大到动物学界，从而形成了细胞学说。这一学说认为：细胞是一切有机体结构和发育的基本单位，有机体的发育就是细胞的分化和形成的过程。细胞学说的建立证明了有机体在结构和发育上的统一性，是生物科学发展史上的重大综合。

（2）生物进化论的确立

18世纪至19世纪的比较解剖学、胚胎学和古生物学的发展，是生物进化论产生的科学前提。历时5年的"贝格尔号"舰的环球考察，是促使达尔文（Charles Robert Darwin，1809—1882）成为进化论者的直接动力。特别是在南美考察中的大量事实，使达尔文萌生了物种可变的思想。在结束科学考察后，达尔文致力于研究生物进化问题，经过 20 多年的努力，1859 年 11 月 24 日举世瞩目的《物种起源》巨著正式出版了，它对进化论进行了系统的阐述。生物进化论中最核心的思想是自然选择学说，这一学说的要点是：生物的变异是普遍存在的，自然界通过生存竞争对生物变异优胜劣汰的选择，使适合生物生存的有利变异，通过遗传得到积累而逐渐形成新种。无独有偶，英国生物学家华莱士（Alfred Russel Wallace，1823—1913）也几乎在同一时间独立地提出自然选择促使生物进化的理论。由此可见，19 世纪后叶，进化论的产生和确立已成为历史的必然。

三、20世纪以来自然科学的进展

20 世纪初，量子理论和相对论的创立引发的物理学革命，使得经典物理观念发生了根本性的变革，并迅速而广泛地影响到其他自然科学学科的发展。

（一）物理学革命

1. 量子理论的创立与发展

从 1895 年开始，德国物理学家普朗克（Max Karl Ernst Ludwig Planck，1858—1947）开始研究黑体辐射问题。黑体是一种能全部吸收外来辐射而毫无反射和透射的理想物体。自然界中并不存在真正的黑体，但可以利用实验装置进行模拟。通过实验，普朗克发现黑体辐射谱中的能量分布与经典理论形成尖锐的矛盾。经过几年的研究，普朗克抛弃了经典物理学中的连续性原则，假定物体的辐射能不是连续变化的，而是以一定的整数倍跳跃式变化的。普朗克将最小的不可再分的能量单元称作"能量子"或"量子"。1900 年 12 月 14 日，他将这一假说报告给德国物理学会，宣告了量子理论的诞生。

爱因斯坦（Albert Einstein，1879—1955）于 1905 年提出光量子概念，认为光的能量也不是连续分布的，而是由一些能量子（即光量子）组成的。1912 年，丹麦物理学家玻尔（Niels Henrik David Bohr，1885—1962）提出量子化的原子结构理论。此后，法国物理学家德布罗意（Louis Victor de Broglie，1892—1987）、奥地利物理学家薛定谔（Erwin Schrodinger，1887—1961）、德国物理学家海森堡（Werner Karl Heisenberg，1901—1976）、德国物理学家玻恩（Max Born，1882—1970）、英国物理学家狄拉克（Paul Adrien Maurice Dirac，1902—1984）等人发展了量子理论，建立了量子力学。

2. 相对论的创立与发展

19 世纪末，尽管麦克斯韦电磁场理论已日趋完善，但在物理学家的思想方法中，占统治地位的仍是力学的机械观，大多数物理学家仍在力学的框架内讨论电磁场问题。他们认定，电磁波或光应当和机械波一样在介质中传播。他们把这种介质称为以太，并且认为以太是宇宙中唯一静止不动的物质。但是，在寻找所谓的以太及确定地球和以太的相对运动的研究中，物理学家寻找不到地球与以太存在相对运动的证据，以太理论遇到了危机。

1905 年，爱因斯坦创立了一个全新的力学体系——狭义相对论。在这个新的体系中，以太的假设是多余的，从而成功解决了以太危机。狭义相对论给出了全新的时空观念，是对经典时空观念的一场深刻变革。在经典物理学中，时间和空间彼此孤立，互不联系，并且存在所谓绝对时间和绝对空间。狭义相对论的诞生，宣告了绝对时空观的破产。爱因斯坦认为：光速是绝对的，同时具有相对性。时间和空间都和观测者有关，都是相对的概念，不存在绝对时间和绝对空间，只有时空在一起，才是绝对的。时间与空间相互联系，彼此不独立，时间变化必然会引起空间变化。德国数学家闵可夫斯基（Hermann Minkowski，1864—1909）形象地用"四维"概念表达了新的时空含义。

1916 年，爱因斯坦又创立了广义相对论。广义相对论认为，时间、空间、物质不仅与运动有关，而且与物质及其分布密切相关，物质分布决定了宇宙的时空特性，时空特性决定物质如何运动。作为关于时间、空间、物质和引力的理论，爱因斯坦的广义相对论是自牛顿万有引力定律以来人类认识引力现象的一次质的飞跃。

量子理论与相对论的诞生，革新了物理科学的基本概念框架。量子理论和相对论不仅成为现代物理学的基石，也为现代其他自然科学提供了全新的理念、理论和方法。

（二）其他重大科学进展

1. 化学领域

现代化学键理论是继原子 - 分子论和元素周期律之后化学领域的第三次飞跃。现代化学键理论的中心问题是各类化学键的本质是什么，即从微观粒子的本性及其量子力学规律出发，研究分子的电子运动与原子核间的相对振动。

1916 年，德国的柯塞尔（Walther Kossel，1888—1956）从元素原子外围电子得失的角度提出了离子键理论，解释了离子型化合物的形成。同年，美国的刘易斯（Gilbert Newton Lewis，1875—1946）提出共价键理论，用共用电子对解释了非离子型化合物的形成，但它不能解释在共价化合物中共用电子对为什么能静止在两个原子之间这个问题。

到 20 世纪 30 年代，根据量子力学原理，几乎同时诞生了价键理论和分子轨道理论。按照价键理论，共用电子对并非静止在两个原子之间，而是这一对电子的轨道互相交叉重叠，从而为两个原子共同所有。按照分子轨道理论，当原子结合成分子之后，它们就丧失了独立存在时的个性，分子是一个整体，分子中的电子是在一定的分子轨道上运行的。现代化学价键理论使人们对各种物质的分子结构认识逐步深入，对无机化学、有机化学、生物化学等的发展都发挥了重要的指导作用。

20 世纪 60 年代后环境保护问题引起了各国政府的高度重视。绿色化学，又称环境无害化学、环境友好化学、清洁化学，成为共识并发展，其特点是：采用无毒、无害的原料反应；在无毒的反应条件下（催化剂、溶液）进行；具有"原子经济性"，即反应具有高选择性，极少副产品，甚至废物"零排放"；产品对环境友好。绿色化学是当今化学科学研究的前沿。

2. 生物学领域

分子生物学的诞生是 20 世纪生物学最重大的事件。分子生物学是生物学与化学及物理学交叉的产物，新的物理学、化学研究手段和理论用于生物大分子和生命过程的研究，是分子生物学诞生的基础。

1953 年，美国生物学家沃森（James Dewey Watson，1928—　）和英国生物学家克里克（Francis Harry Compton Crick，1916—2004）提出脱氧核糖核酸（DNA）双螺旋模型，被认为是分子生物学诞生的标志。分子生物学的诞生和发展，使一些传统的生物学概念在生物大分子水平上得到阐明，一些过去长期得不到解决的问题在分子水平上得到了解决。

20 世纪 70 年代，重组 DNA 技术的建立是继 DNA 双螺旋模型提出之后新的伟大的里程碑，标志着人类已从分子水平认识遗传物质发展到能直接在分子水平上操作并改造遗传物质。人类基因组研究计划（HGP）是 20 世纪最大的生物工程计划，并将贯穿 21 世纪生物学的未来发展。

3. 天文学领域

在广义相对论问世以后，人们开始以新的科学观念来建立宇宙模型。1948 年，俄裔美国物理学家伽莫夫（George Gamov，1904—1968）提出了"宇宙大爆炸理论"。该理论认为，宇宙创生于大约 150 亿年前的一次"大爆炸"，一切物质形态都不是永恒不变的，恒星、星系甚至化学元素都是在宇宙爆炸和其后的膨胀过程中不断演化产生的。"大爆炸模型"被学术界普遍接受，被认为是目前最好的一种宇宙学理论，但要注意，此处所说的"大爆炸"，并非一般意义上理解的"爆炸"。

引力波是宇宙中加速运动的有质量的物体扰动周围时空而产生的时空涟漪，通过波的形式从辐射源向外传播，这种波以引力辐射的形式传输能量。早在 1916 年，爱因斯坦基于广义相对论预言了引力波的存在。此后，天文学家一直致力于探寻引力波。可能的引力波探测源包括致密双星系统（白矮星、中子星和黑洞）。2016 年 2 月 11 日，激光干涉引力波天文台（LIGO）和室女座引力波天文台（Virgo）合作，首次探测到了来自双黑洞合并的引力波信号。2017 年 10 月 16 日，全球多国科学家同步举行新闻发布会，宣布人类第一次直接探测到来自双中子星合并的引力波，并同时"看到"这一壮观宇宙事件发出的电磁信号，天文学又迈进了一大步。2017 年诺贝尔物理学奖授予了"为激光干涉仪引力波天文台以及引力波的观测做出决定性贡献"的科学家基普·索恩（Kip Thorne，1940—　），人类开启了天文学研究的多信使新时代。

2019 年 4 月 10 日，事件视界望远镜（EHT）合作组宣布在 M87 星系的中心捕获到了首张黑洞照片。2022 年 5 月 12 日，首张银河系中心人马座 A^* 超大黑洞照片公布，证实了银河系中心确实存在超大质量黑洞，也意味着人类的天文观测技术取得了重大突破。

4. 地理科学领域

1915 年，德国气象学家魏格纳（Alfred Lothar Wegener，1880—1930）冲破长期在地质学领域占统治地位的传统观念的束缚，提出了崭新的"大陆漂移学说"，揭开了现代地学革命的序幕。1928 年，英国地质学家霍姆斯（Arthur Holmes，1890—1965）提出了"地幔对流学说"，解释地幔的缓慢对流牵动大陆的漂移。20 世纪 60 年代初，美国的赫斯（Harry Hammond Hess，1906—1969）提出了"海底扩张学说"，他设想大洋中脊是热流上升而使海底裂开的地方，熔融岩浆从这里喷出，推开两边的岩石形成新的海底。1967 年，在大陆漂移、地幔对流、海底扩张等学说及地质研究资料的基础上，形成了"板块构造理论"。"板块构造理论"认为，地球的岩石圈分为六大板块，板块之间的相对运动是全球地壳运动的基本原因。

随着地理科学的发展，科学家逐渐认识到地理科学是一门系统科学，地球表层系统包括非生物、生物和人类三个部分，它们相互制约和影响，因此，地理科学逐渐发展成不仅在自然科学内部与天文学、生物学交叉，而且还与社会科学交叉的综合学科，体现出生机和活力。

第二节　自然科学研究的基本方法

自然科学研究的过程是一个不断提出问题和解决问题的过程。一般需要经历选题与计划、观察与实验、分析与总结几个阶段。

一、选题与计划

科研选题是科学研究的起点，是整个科研工作中具有战略意义的第一步。第二步是确定实验计划。实验计划通常分为几个阶段实施，要寻找关键或突破口，并制订切实可行的技术路线。

（一）科研选题

科研选题一般要做好两个方面的工作。

1. 调查研究

选择科研题目，先要广泛调查，收集资料，了解问题的来龙去脉，了解问题的地位和作用，了解目前国内外的研究现状与水平，清楚自己有没有条件解决。研究者要通过对调研资料的分析综合，整理出一些规律性的问题和结论。

只有在对前人工作进行分析和做出评估后，我们才能在此基础上创造出自己的成果。例如，美国细菌学家艾弗里（Oswald Theodore Avery，1877—1955）就是从前人的肺炎双球菌转化实验中，感觉到被前人称为"转化因子"的物质可能有重大意义，继而着手研究这个"转化因子"的化学成分，查明了这种使无毒的 R 型球菌转化成有毒的 S 型球菌的物质就是 DNA，成为第一个发现 DNA 是遗传信息载体的人。

2. 开题报告

在调查研究工作经分析综合后，我们要提出选题并进行探索性研究，筛选出题目，着手写开题报告。开题报告一般包括：课题目的、意义，选题根据，国内外研究情况，准备采取的研究方法和工作步骤，需要的仪器设备，预期达到的目标，参加者在这个课题方面已经做过的工作和达到的水平，预计完成任务的时间等。开题报告通过专家评审，做出技术经济论证和可行性分析，听取意见，在得到专家认可后，就可以开展项目的研究工作了。

（二）实验计划

当选定题目后，我们必须制订工作方案和实验计划。实验计划一般包括以下几个方面：（1）实验目的；（2）指导理论；（3）实验方法、步骤；（4）实验器材；（5）实验记录；（6）实验结果。

二、观察与实验

观察通常是指自然观察。它是一种获得经验知识的基本方法。实验是人们根据一定的目的，利用科学仪器和设备做出安排，人为地尽可能控制或模拟所研究的自然现象，以便在最有利的条件下进行观察的一种研究方法。

（一）观察

1. 定性观察和定量观察

定性观察是指考察自然界事物是否具有某种特征，以及事物之间是否有某种联系。通过定性观察，人们对观察对象的性质、特征以及事物现象之间的联系有了大致的、粗略的认识。例如，比较两个人哪一个高，比较两杯水的冷热程度，观察污水的颜色和浑浊程度等，等等。

由于通过定性观察获得的有关观察对象的性质、特征是大致的，有的可能是错觉，所以我们需要进一步做定量观察。例如，有时看起来甲比乙高，用尺子测量的结果却是乙比甲高。有的水看起来很浑浊，通过对杂质的成分分析，却无有害人体的物质；而有的水看起来很清澈，通过分析却含有剧毒物质。再如人对地下水、地下室空气的体感是冬暖夏凉，但实际上地下水、地下室空气在夏天时的温度往往要比冬天时高一些。

一般来说，定量观察是指借助科学仪器来测量观察对象的各种数量关系，刻画对象数量特征，因而定量观察又称为观测或测量。例如，两杯温度不同的水，用手摸一下就能区分出一杯水热，另一杯水冷，但这样只能定性地说出冷热，如果用温度计测量，就可以定量地描述水的温度。

2. 直接观察和间接观察

直接观察是观察者用感觉器官对观察对象进行观察，直接观察的效果与人的感官功能直接相关。人们利用自己的感官直接观察外部世界，接受外部对象发出的信息，形成关于自然现象的直接经验知识。

直接观察的局限性在于受到生理的局限，有时还会发生错觉。图 1-4 和图 1-5 展示了两种视错觉。

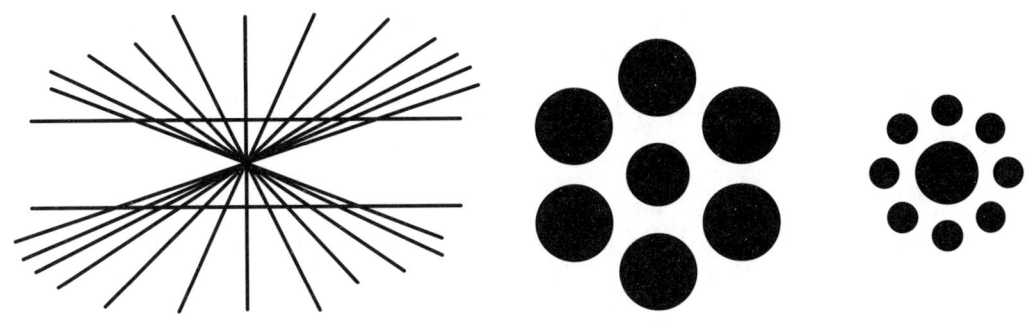

图 1-4　两条横线平行吗?　　　　图 1-5　两处中心的圆面积大小相等吗?

产生错觉的原因复杂、多样，但人的感官的局限性是产生错觉的重要原因。为了克服直接观察的局限性，我们可以借助观测仪器来观察事物对象，此时直接观察转化成间接观察。间接观察就是观察者使用仪器对事物进行观察。

与直接观察相比，间接观察主要有以下优越性：

（1）扩大了观察范围。例如 17 世纪初，意大利物理学家伽利略用自制的光学望远镜观察到用肉眼无法观察到的太阳表面的黑子、木星的卫星等天文现象。

（2）增强了观察精确性，克服感官造成的错觉。例如，直接观察时可能会出现视错觉，如图 1-4 中两条横线看起来不平行，通过用尺测量一下，我们就可以知道实际上这是两条平行的直线；如图 1-5 中大圆中心的小圆和小圆中心的大圆，实际上这两个圆的直径是相等的。

（3）提高了观察速度。例如，基本粒子寿命极短，有的只有 10^{-28} 秒，这是肉眼无法分辨的，借助间接理论推测与精密仪器测量，观察者就能看到它的踪迹。电子计算机与精密观测仪器的结合，构成自动观察系统，可以高速而准确地同时测量多个参数。

（4）能使感觉形式发生转换。利用各类传感器，我们可以将力、热、声、光等信号转化为电信号，方便用计算机处理和分析实验的结论。

学习活动

战国时期列子创作的《两小儿辩日》，记述了孔子路遇两个小孩在探究太阳早晨与中午距离人们远近的问题。一小儿认为："日初出大如车盖，及日中则如盘盂，此不为远者小而近者大乎？"另一小儿认为："日初出沧沧凉凉，及其日中如探汤，此不为近者热而远者凉乎？"两小儿分别通过比较视面积大小与温度高低来论证自己的观点正确，而孔子听闻辩证后"不能决"。请分小组讨论两小儿观点的正确与否，并讨论在一天当中，太阳到底是在早晨还是中午离我们更近。

（二）实验

实验与观察一样，也是科学认识的基本方法。实验是指人们根据一定的目的，利用科学仪器和设备，人为地控制和干预自然对象，以揭露自然现象的本质。实验的一个重要的特点是具有可重复性，可以使实验现象有规律地再现，能接受公众的检验，使人们能相信实验的结果。

1. 直接实验

实验者用实验手段直接作用于所研究的现象或对象的实验，称为直接实验。直接实验的基本程序包括以下几个阶段：准备阶段、实施阶段和实验结果的处理阶段。

2. 模拟实验

实验者通过对与原型相似的现象进行模拟研究，得出研究结论的实验称为模拟实验。模拟实验通常用于那些不能对其进行直接实验的对象。与原始对象属性相似的某个对象称为替代物，模拟实验对替代物进行实验，再把实验结果类推到原始对象上去。如在建造大型桥梁之前，要先制作桥梁模型并进行严格的风洞模拟试验。人工智能自动驾驶也需要进行虚拟仿真模拟实验。

三、分析与总结

由观察或实验获得的感性材料只有经过分析与总结，才能深入地揭示客观事物的本质及其规律。假说是科学发展的一种重要形式，不仅是科研成果，更是科研的重要方法。科学分析的主要工具是科学思维。在自然科学研究中，数学方法起着重要作用。

（一）假说及其检验

假说的基本特征是：第一，具有一定的科学根据，它是以观察或实验得到的感性材料为依据的；第二，具有一定的猜测性，它没有经过严密的推导，还有待检验。

一般来说，假说是感性认识向理性认识过渡的必要环节。科学理论的发展，往往就是通过假说的形式来实现的。对同一事物往往可能有不同的假说，不同假说的争论是正常的，属于不同学派的讨论，有利于科学研究的深入和发展。如果不同假说对于同一现象都可作科学解释时，我们应该采取比较简单的那种假说。

对假说进行检验一般可以用逻辑分析法，也可以用实验检验法。当假说经受了逻辑证明或实验检验，达到主观和客观的一致时，假说基本成立，就转化为理论。因此，自然科学就沿着假说→理论→新假说→新理论……这样的发展途径，越来越丰富和完善。

（二）科学思维

科学思维主要包括逻辑思维、形象思维和直觉思维三种。

1. 逻辑思维

逻辑思维是科学抽象的重要途径之一。逻辑思维又称理论思维或抽象思维。它是在感性认识的基础上，运用概念、判断、推理等思维形式对客观世界间接的、概括的反映过程。其结果是形成科学概念，做出判断，进行推理，进一步得出科学规律，形成科学理论体系。

如何获得正确的概念呢？第一，要注意获取对象的本质属性；第二，要注意划清本质与非本质属性的界限，并明确本质属性是否为对象所特有；第三，要弄清科学概念的内涵和外延。这样可以帮助我们掌握明确的、清晰的概念，分清事物的本质区别和每个概念所包含的具体内容。

判断同概念一样，是逻辑思维的一种形式。如果说概念是反映对象本质的总和，那么判断则反映对象及其属性之间的一些个别关系，借助肯定或否定的形式来反映。要获得正确的判断，必须遵守正确的逻辑规律。

推理论证同概念、判断一样也有其客观基础。自然界存在着本质与现象、必然与偶然、一般与个别的联系，这就是推理的客观依据。只要推理的前提正确，推理过程符合客观事物之间的内在联系，推理的结论就必定与事实相符。推理能提供科学预见，形成假说，对科学创造有重大意义。

在现代科学发展的基础上，人们积累了丰富的知识，有了数学工具，许多重大发现几乎都是先提出新概念，通过推理、提出假说、指出方向，然后通过（实验）验证，获得新发现的。例如对电磁波、物质波、基本粒子等的预言，最后都被实验证实，说明推理或假说对科学的重大发现有着极其重要的意义。

逻辑思维的基本方法有比较 - 分类法、分析 - 综合法、归纳 - 演绎法等。

（1）比较 - 分类法。比较就是区分事物的异同；分类是根据对象的共同点和差异点，将对象区分为不同种类。用比较—分类法可以将对象分门别类，进行有条理的、系统的深入研究。

（2）分析 - 综合法。分析就是把整体分解成部分，如把复杂事物分解成简单的要素；综合是分析方法的发展，把对象的各部分、各方面和各种因素结合起来，按照事物各部分间本质的、有机的联系，从整体或更高的层次，从动态发展的观点来说明事物本质及其规律。

（3）归纳－演绎法。归纳法是从个别到一般的认识方法。客观事物存在着本质和现象、必然和偶然、一般和个别的辩证关系，本质要通过现象表现出来，必然要通过偶然的事件表现出来，一般要通过个别事件去归纳出来。演绎法与归纳法相反，它是从一般到个别的认识方法，即从已知的一般原理出发，来考察某一特殊对象，从而推演出有关这个对象的结论的一种方法。演绎法的结论是否正确，要看其前提是否正确，推理的规则是否正确。由于人们的认识和归纳方法的局限性，在运用演绎法时，人们要考虑这些因素，不能任意演绎。

2. 形象思维

形象思维也是科学思维的重要组成部分。形象思维主要是指人们在认识世界的过程中，依靠直观形象的表象解决问题的思维方法，它是一种模型建构的能力。许多优秀的科学家都具有很好的形象思维能力。比如英国物理学家法拉第，在研究电场的时候，为了表述电场的特性，他假想出电场线模型，电场线的疏密程度代表电场的大小，电场线上某点的切线方向代表该点处电场的方向。于是，原本看不见摸不着、非常抽象的电场概念，借助电场线这种形象的模型变得容易理解了。

3. 直觉思维

直觉思维是一种创新思维，通常包括直觉和灵感两部分。直觉是人们对一种突发性出现在面前的新事物或现象极为敏锐的、准确的判断和对其内在本质的理解。灵感是指通过有意识或下意识的思考，忽然间得到领悟。直觉与灵感的出现都带有突发性，这是它们的共同点。思维者本人一般说不清它们的来源，却给科学家和工程技术专家带来极大的创造性。

直觉和灵感在许多著名科学家的创造性活动中起着重要的作用。直觉和灵感是人们以往知识积累和新事物之间跳跃式的联系，因而有可能是不恰当的或不确切的，必须用实验来检验，并且要多方推敲、补充完善和再实践，才能进一步提高科学创造的水平和正确性。

（三）数学方法

从定量观察和实验中得到的数据，往往需要通过数学方法加以处理。有的要在通过数学模型对所研究的问题进行理论分析、逻辑推导后，得出明确的解；有的则借助于数学模型推出未知的事件，并做出预言。在计算机技术极为发达的今天，数学方法的作用越来越大。但数学方法终究只是一种科学研究所用的方法，它不能代替科学，不能离开事实依据，也不能指望用它来解决一切问题。

第三节　科学、技术与社会

我们的社会生活与科学技术结下了不解之缘。大到全球政治、经济、外交，小到个人的衣、食、住、行，到处都有对科学与技术的应用。随着科学技术的发展，人类的社会生活必定会越来越美好。

一、科学

狭义的科学是关于自然界规律的系统知识。随着科学的发展，人们对它的理解和认识也不断地深化。通常，我们从一个侧面对科学的本质特征加以揭示和描述。

（一）科学的内涵

科学是由一系列的原理、原则和学说组成的知识体系，是一种不断前进和自我矫正的探索过程；科学也是探讨科学与社会关系及相互影响的知识领域；科学还是一种积极向上的精神力量，是使人进取的重要精神因素。科学活动包括三个基本要素：探索——对人类生存的宇宙的探索；解释——对探索过程中各种事物所做的解释；检验——对所做解释的检验。

1. 科学是一种知识体系

科学是反映客观事物本质和运动规律的知识体系。谈到科学，多数人首先会想到英国物理学家牛顿，他创立的牛顿运动定律和万有引力定律是近代自然科学的典范。牛顿等科学家为我们勾勒出一幅近代自然科学的图景：人类对自然界事物的本质和规律的认识逐步加深，认识水平逐渐提高，当这种认识综合在一起，通过一套概念系统形成一定的知识体系时，科学就诞生了。

20 世纪初，人们认识到科学是由很多门类交织组成的知识体系，科学已不只是事实和规律知识单元，而是由这些知识单元组成学科，学科又组成学科群，形成了一个多层次组成的知识体系。

2. 科学是一种探索的过程

科学是一个产生知识的过程，而知识的发展变化又是不可避免的。同样是牛顿运动定律，其内含的绝对时空观，到了 20 世纪初就不得不进行修正，被爱因斯坦创立的相对论时空观取代，人们认识到牛顿运动定律只是运用于宏观低速世界的近似规律。于是，人们开始对什么是科学进行了新的思考。

人们注意到，科学是分析、研究事物的一个过程。在这个过程中，人类不断地发现问题、提出问题和解决问题，不断地以事实为依据，用实践检验理论的正确性，不断摒弃错误的认识，建立正确的理论。科学在自我矫正的探索过程中不断前进。科学的本质往往不在于科学知识本身，而在于科学方法和科学精神，这是推动人类社会不断进步的不竭动力。

3. 科学是一项全社会的事业

当代科学，与牛顿时代乃至爱因斯坦时代相比较，已经不可同日而语了。16 世纪是以伽利略为代表的科学家的个体活动时代，17 世纪是以牛顿为代表的松散的群众组织——皇家学会时代，18 世纪到第二次世界大战前是以美国发明家爱迪生（Thomas Alva Edison，1847—1931）的"实验工厂"为代表的集体研究时代。20 世纪 40 年代，美国动用了几万人实施"曼哈顿计划"，制造原子弹，从此科学活动突破了以往的一切形式。人们开始把科学称为"大科学"，认为科学是一种社会建制，是一项国家事业，企业和政府都直接参与了科学事业，实现了科学家与企业家、政治家的结合。

随着科学活动的规模迅速加大和发展速度空前加快，科学研究所需的信息是全球性的，科研耗资是巨大的，课题也是极为复杂的，往往需要不同学科、不同文化背景的科学家互相切磋，不同学科间的联系日益加强，当今科学进入国际合作的跨国建制时代。科学不仅仅是反映客观事实和规律的相关活动的建制及科学家的事业，更是一项整个人类社会的事业。

（二）科学发展的动因

一般来说，科学发生和发展的动因有两个方面：一是存在于科学外部的，是社会经济发展的需要；二是存在于科学内部的，是科学认识本身的逻辑。它们构成了科学认识发展的外部因素和内部因素。

1. 科学发展的外部动因

恩格斯曾经指出："经济上的需要曾经是，而且越来越是对自然界的认识不断进展的主要动力。"[①] 而经济上的需要，主要是通过生产实践来解决的，所以科学的发展与社会生产的发展状况有着密切的关系。古代天文学和古代力学就是在古代农牧业和建筑、航海等需要的刺激下发展起来的。

从古代、文艺复兴时期，直到 19 世纪中叶以前，科学可以说是落后于生产和技术的，它的发展是在生产需要的推动下进行的。那时科学、技术和生产之间的关系，往往是生产实际的需要刺激技术的进步，再促进科学的发展。它们之间的关系是生产→技术→科学，生产和技术的实践为科学理论的形成奠定基础，如物理学中热学的发展就完全符合以上指向。

但是，从 19 世纪下半叶以来，这种关系有了微妙的变化。科学理论不仅产生在技术和生产的前面，而且为技术和生产的发展开辟了各种可能的途径，形成了科学→技术→生产的发展顺序。科学就其发展速度来说，特别是就其开发自然界的全

---

① 马克思，恩格斯. 马克思恩格斯选集：第 4 卷［M］. 中共中央马克思恩格斯列宁斯大林著作编译局，编译. 3 版. 北京：人民出版社，2012：612.

新领域来说，往往走在技术和生产的前面。自然界的一些全新领域，在此之前是人类的认识和实践活动未曾涉足的，例如无线电技术，就是在麦克斯韦电磁场理论所预言的电磁波被实验证实之后才迅速发展起来的。

为什么会发生科学从滞后于生产向超前于生产的这种转变呢？这是因为直至 19 世纪中叶以前，人们与之打交道的科学领域主要涉及宏观的、低速运动现象，工业技术所利用的是人们早已熟悉的自然界的"力"和物质。人们可以通过经验而不必系统地了解它们的许多特性。到了近代，对于工业技术的广泛应用才促进人们去追索这些实践经验背后隐藏着的一般规律，可见实践对于科学的促进作用和决定作用是非常明显的。

然而，20 世纪以来，工业和技术的长足发展，已经超出了人们熟悉的范围。例如，人们有关原子能的知识一点也没有，甚至某些物理学家还一直否定原子的存在。在这种情况下，要想探索原子能的利用当然是不可能的。即使已经发现镭元素的持久发热以及质能公式（$E=mc^2$），已经揭示出原子内部包含有可供利用的巨大能量，但是因镭元素无法付诸实用，还需要在纯物理学的范围内进行广泛的研究。并且，这种研究一时还看不出直接满足生产上需要的前景。科学的任务，就是要在最短的时间内，跑完人类历史本身在利用其他比较简单的运动形式方面所走过的路程，尽快地为技术和生产的发展开拓出新的途径。因此，对于技术和生产来说，现代科学产生了新的空前的先行作用，科学由落后于实践发展的因素变成超越一般技术进步的因素。

我们不能简单地认为，这种变化意味着"决定作用"已经由实践转向了理论，由技术和生产转向了科学。科学在今天之所以超前于技术和生产的发展，正是以现代生产技术的发展为条件的。不难理解，如果缺少现代生产技术所提供的强有力的实验手段，科学理想的实现以及科学认识向宏观世界和微观世界的深入推进都是不可能的。而且，许多理论研究的内容也是来源于生产和技术实践之中的。所以，人类的社会实践，特别是人类的生产活动将继续成为科学发展进步的动力或最终原因。

当然，在现代，基础理论研究超前进行的重要性是不容忽视的。例如，电磁场理论的建立为电力技术提供了重要的理论准备；激光技术的发展就是以爱因斯坦的受激辐射理论为基础的。正如瑞典著名化学家阿伦尼乌斯（Svante August Arrhenius，1859—1927）所谈到的：理论研究可以指出应当把今后的工作引向什么方向，才能获得最大的成就。

2. 科学发展的内部动因

科学作为系统化的理论知识体系，有自身的体系结构，有自身的矛盾运动和继承积累关系，这就是自然科学发展的相对独立性。而且，这种内部矛盾运动是科学发展的动力。它表现为两个方面。

（1）新事实和旧理论的矛盾

科学不仅是静态的知识，而且是创造、加工知识的精神活动，活动方式是科学实验、理论研究，是人和物组成的动态过程。人类的生产实践和科学实验成为科学理论发展的两个主要源泉，也是验证科学理论的唯一标准。因此，科学实验—科学理论—

科学实验的无限循环构成了推动科学发展的内部矛盾运动，新的发现可以对流行的理论提出挑战。

19世纪末，X射线、天然放射性和电子的发现等使经典物理学面临严重危机。有许多物理学家曾试图在旧理论的框架内进行必要的修补，以解释各种新的实验事实，但往往不能自圆其说。另有少数物理学家，如德国物理学家、量子理论的奠基人普朗克，采取全新的观点创立了新理论，解决了"危机"。20世纪30年代和90年代，天文学家分别发现天文观测和理论预言不符合，分别提出了暗物质和暗能量，缓解了观测与理论的"危机"，暗物质和暗能量至今仍然是天文学与物理学研究的前沿问题。因此，科学理论上的重大突破，归根到底都是理论和实践不断矛盾斗争的结果。在研究和学习科学时，我们既要重视学习现有的理论和研究方法，又要有创新精神，鼓励提出新观点和新预见，并到实践中去检验。

（2）各种观点、假说、理论之间的矛盾

在科学理论中经常充满着各种不同观点、假说和理论的矛盾。在同一学科中，由于彼此观点和理论的不同，还会形成不同的学派。新旧理论总是不断地进行验证、修改的。

例如，随着科学的进步，人们对于物质系统层次的认识不断深化，使长期以来关于物质可分性问题、有限与无限的争论更为激烈。通过争论，人们对于物质世界无限性的理解更深入一步："无限性"不只是指分割无限，还可指属性、联系、中介、转化等的无限丰富性。那种以初始粒子的基本组成部分重新排列成新的复合体系来描述基本粒子结构的思想方法已经不适用，代之而起的是系统的、综合的、从整体出发进行考察的思维方式，从而使那些由于历史和认识的局限性而产生的错误的或片面的理论，不断被更完善的学说代替，推动了科学的发展。

二、技术

技术在科学与社会之间架起桥梁，它是人类文明发展的强大动力，增强了我们改变世界、协调世界的能力。

（一）技术的内涵

技术作为人类利用、控制、改造和协调自然的能力，与科学概念一样，也是一个历史的、发展的概念。"技术"一词，英语为technology，原意为"木匠"，它源于希腊语techne（意为技术、技巧）和logos（意为实词、说话），技术为两者的结合。古希腊圣贤之一亚里士多德曾把技术看作制作的智慧。17世纪，英国著名的哲学家和科学家培根（Francis Bacon，1561—1626）第一个提出"知识就是力量"，曾提出要把技术作为操作性学问来研究。18世纪末法国启蒙思想家狄德罗（Denis Diderot，1713—1784）在他主编的《百科全书》中，列了"技术"条目，指出：技术是为某一目的共同协作组成的各种工具和规则体系。这是较早给"技术"下的定义，至今仍有指导意义。

直到现在，许多辞书中的技术定义，基本上没有超出狄德罗的技术概念范畴。我国《辞海》（第 7 版）对"技术"一词的注释是："泛指根据生产实践经验和自然科学原理而发展成的各种工艺操作方法和技能。"也就是说，技术同语言、宗教、社会准则、社交和艺术一样，是人类文化系统不可分割的一部分，并且它还塑造和反映了这个系统的价值。

技术是人类为了实现社会需求而创造的手段和方法体系，是人类利用自然规律控制、改造、协调自然的过程和能力，是科学知识、劳动技能和生产经验的物化形态。

（二）技术发展的渠道

技术发展有三条渠道：第一条是生产实践，它是最根本的也是最重要的技术源泉，许多技术是生产实践的产物。

中国电子商务研究中心监测数据显示，我国电子商务交易总额由 2012 年的 7.85 万亿元增长至 2022 年的 43.83 万亿元，2022 年是 2012 年的 5 倍多，我国连续 11 年成为全球最大网络零售市场。电子商务大力发展的需求，推动了快递物流行业的技术创新和技术革命。2016 年 7 月，国家发展和改革委员会印发了《"互联网+"高效物流实施意见》，内容包括支持物流企业建设智能化立体仓库，应用智能化物流装备提升仓储、运输、分拣、包装等作业效率和仓储管理水平，在各级仓储单元推广应用二维码、无线射频识别等物联网感知与大数据技术。2017 年 6 月，在工信部的主导下，"仓储机器人及智能物流产业联盟"正式成立。该联盟围绕引领国产仓储机器人及智能物流系统的研发、应用及质量提升，整合国内资源，促进整个行业内部以及行业与用户之间在政策、技术、市场、标准、应用等多方面交流对话与协作。2024 年 3 月，物流行业内首个专注于大模型应用研究与实践的联盟"物流智能联盟"在杭州成立，该联盟旨在加速大模型在物流领域落地，用云计算、AI、大数据等技术助力物流行业高速发展，我国物流行业技术的智能化革命在生产实践的推动下已经到来。

技术发展的第二条渠道是科学实践。近代科学的发展离不开科学实践，科学实践直接推动了技术的发展。

生产实践和科学实践是技术发展的两条传统渠道，技术发展的第三条渠道是科学理论。从 19 世纪下半叶开始，尤其是 20 世纪以来，越来越多的技术开始来源于科学理论，尤其以 20 世纪 60 年代诞生的高新技术最为明显。因为随着现代科学的发展，科学理论的重要性大大加强，科学理论提供了技术所需要的知识，并指明了技术努力的方向。

三、科学、技术与社会的关系

科学、技术与社会之间存在着相互促进、相互影响的关系。科学与技术总是共同存在于一个特定的范围内，两者密不可分。科学提供知识，技术提供应用这些知识的手段与方法。科学与技术是辩证统一的，科学中有技术，技术中也有科学。科学与技术是人类文明的重要组成部分，它们共同塑造并推动人类社会的进步与发展，也为人类文明的未来提供无限可能。我们在推动科学技术发展的同时，也要关注其对社会可能带来的负面影响，引导公众正确理解和认识科学技术。

（一）科学与技术的主要区别

1. 科学与技术的目的、任务不同

科学的目的和任务在于认识和揭示客观世界的本质和发展规律，侧重回答自然现象"是什么""为什么""能不能"等问题。技术的目的和任务在于对客观世界的控制、利用和改造，发明世界上尚没有的东西，协调人和自然的关系，侧重回答社会实践中"做什么""怎么做""有什么用"等问题。因此，一项科学活动的目的是逐步建立知识体系，对某种现象做出解释，为一些事件提供一个真实的描述，判断一些状态的性质；一项技术活动的目的则是为实现人类的愿望提供便利，解决一些实际问题，使知识获得有益的应用。比如，解释为什么在一个表面上方快速移动的空气施加给表面的压强，比慢速移动的空气施压小，这是科学的活动；而如何依据这一事实建造一个飞行器，则是技术的成果。

2. 科学与技术的社会功能、价值标准不同

科学具有广泛的社会作用，具有认识、文化、教育和哲学等多方面的价值，并为技术创新提供理论指导，但科学一般并不具有明确、直接的社会目的；技术则不同，具有明确的、具体的社会目的，如直接追求经济的、军事的和社会的利益。对科学进行评价，追求的是正确性和深刻性；对技术进行评价，追求的是先进性、经济性和可行性。科学的作用是教导人类，技术的作用是用现有的知识去为人类服务。科学需要大量的调查研究，思维的典型方式是纵向的，即"这个"在逻辑上是"那个"的必然结果；技术则需要结合知识的创造能力，其思维方式是横向的，即"这个"不行则试验"那个"，有时需要灵活（或幸运）地避开各种障碍。

3. 科学与技术的成果形式不同

科学活动的成果主要表现为知识形态，如报告、论文、著作等；技术活动的成果主要表现为物质形态，如产品、装置、设施及控制软件等。在肯定方式上，人们通常把科学上的突破称为发现，对重大科学发现可以冠名，如牛顿运动三定律、麦克斯韦方程组等；而把技术上的创新称为发明，重要发明不仅可以冠名，还可以申请专利，如爱迪生一生共获得了 1 000 多项专利。

（二）科学与技术的联系

科学与技术共同起源于人类的生产实践活动，这是因为两者之间有着不可分割的紧密联系。它们相互依存、相互渗透、相互转化。科学是技术发展的理论基础，技术是科学发展的手段。

科学常常可以启发我们提出新的、以前没有想到过的事物特性，进而导致新技术的产生。新技术常常需要新见解，新研究也常常需要新技术。例如，工程学是系统地

运用科学知识开发的应用技术，但它本身是由工艺发展成为一门科学的。反过来，技术也为科学提供了"眼睛""耳朵"和一部分"肌体"，扩展了人的触觉、听觉和感觉。例如，电子计算机使气象研究、人口统计、基因结构研究和其他以前不可能进行的复杂系统的研究取得巨大进步。对某些工作来说，如有害物体的测量及其防护，以及通信工作，技术是科学的基础。人们运用技术，发明了越来越多的新仪器和新技艺，进而推动了各方面的科学研究。

随着现代科学革命和技术革命的兴起，科学与技术越来越趋于一体化。技术变得越复杂，与科学的联系就越紧密。在某些领域，我们不可能把科学和技术截然分开。现代技术的发展也越来越依赖科学的进步，许多新兴技术尤其是高新技术的产生和发展，就直接来自现代科学的成就。总之，我们可以认为科学是技术的升华，技术是科学的延伸。科学与技术的内在统一和协调发展已成了当今"大科学"的重要特征。

（三）科学技术和社会的联动

科学技术是现代文明的一种主要创造力量，是现代人类文化的重要组成部分。科学技术的发展对整个人类社会的发展起到重要的作用。然而，人类社会并不是被动地接受科学技术的影响的，随着时代的发展，人类越来越清楚地认识到，人类必须不断反思科学技术的内容和发展方向，尤其当科学技术不断挑战人类传统的伦理道德观念时，社会必须给出积极主动的回应。社会要为科学技术的发展提供思想指引，作为社会的一员，科学家应该不断完善科学研究的道德规范；作为社会公众，也应该更多地了解科学技术发展的内涵和问题，不断完善使用科学技术的道德规范。只有科学技术和社会联动，才能促进科学技术良性发展，才能促进社会和谐进步，才能促进人类健康延续。

学习活动

20世纪70年代，美国掀起了STS教育，将科学、技术与社会（science, technology and society，STS）三者紧密联系，用人文社会科学的视角来分析科技发展和创新，之后又有了社会性科学议题（socio-scientific issues，SSI）的概念。SSI教育是讨论那些因科技发展与应用而对社会产生冲击和影响的且与科学相关的争议性问题。请分组调研STS教育和SSI教育，并至少举出一个近些年来发生在你我身边的可以归类为社会性科学议题的案例，在小组内交流。

思考与练习

1-1　简答：古希腊科学的主要特点是什么？

1-2　简答：中国古代的科技成就有哪些？

1-3　名词解释：太阳中心说。

1-4　简答：近代自然科学为什么会诞生于欧洲？

参考答案

1-5 名词解释：

（1）物理学革命

（2）绿色化学

1-6 简答：科学研究的基本步骤有哪些？

1-7 名词解释：逻辑思维

1-8 简答：科学与技术的区别和联系。

1-9 简答：请查资料，我国"863计划"评选出的高技术群有哪些？

1-10 应用举例：分析某项技术是生产实践的产物。

1-11 论述：科学、技术、社会之间是如何相互影响的？

拓展阅读导航

1. 白梦. 方以智转［M］. 合肥：安徽大学出版社，2020.

该书通过对方以智生平的详细描述，概括这位17世纪百科全书式的大学者的学术思想及精神世界。请重点阅读第一、二、三、四、五章。

2. 江晓原. 科学史十五讲［M］. 2版. 北京：北京大学出版社，2016.

该书从科学史的意义开始，在讨论了科学史的功能、定位、方法范式以及在中国的历史和现状后，前五讲追溯了古希腊、古代中国、阿拉伯、欧洲文艺复兴时期的科学、技术发展历程，后十讲则着重展示近代科学如天文学、物理学、数学、化学、生物学等学科的发展历史。请重点阅读导论、第一、二、三、五、六、七讲。

第二章　自然界的物质性

学习目标

1. 了解宇宙的含义及起源，了解星空的划分及分布，了解物质的分类及各类物质的基本性质。

2. 理解地球的圈层结构、物质性质递变的规律。

3. 感知宇宙浩瀚和地球生命的可贵，形成辩证唯物主义世界观，认识到世界是物质的，物质的运动变化是有规律的。

思维导图

```
                                  ┌─────────────────────┐
                    ┌── 宇宙 ──────┤     宇宙及其起源      │
                    │             ├─────────────────────┤
                    │             │        星空          │
                    │             └─────────────────────┘
                    │             ┌─────────────────────┐
自  ┐               ├── 地球 ──────┤     地球及其起源      │
然  │               │             ├─────────────────────┤
界  │               │             │      地球圈层        │
的  ├───────────────┤             └─────────────────────┘
物  │               │             ┌─────────────────────┐
质  │               │             │  物质的组成和元素周期律 │
性  ┘               │             ├─────────────────────┤
                    │             │     单质、无机物      │
                    └── 自然界的物质┤─────────────────────┤
                                  │       有机物         │
                                  ├─────────────────────┤
                                  │       分散系         │
                                  └─────────────────────┘
```

情境链接

　　暗物质一直是科学界的一个谜，科学荣誉等候着第一个探测到暗物质的人。什么是暗物质？它是怎么被提出的？它为何很难被直接观测？理解这些问题本质上都离不开对自然界普通物质的认识。无论是宇宙中的各类天体，还是地球上的无机物和有机物，尽管形态万千、性质多样，但都是人们已知的自然界物质。这些自然界物质的共性特征是什么？对这个问题的思考，能帮助我们增进对当前自然科学研究最前沿的暗物质等概念的理解。

　　自然界是千姿百态、千变万化的，大到宇宙、地球，小到分子、原子，虽然表现形态各不相同，但却有一个共同的本质，就是物质性。物质的结构与性质之间存在联系，物质的变化存在规律。

第一节　宇宙

　　宇宙和地球的结构、起源和演化，历来是自然科学研究的重大问题。进入 20 世纪以后，人类在这些基本问题的探索中取得一系列进展，对宇宙和地球有了更为全面的认识。

一、宇宙及其起源

　　自古以来，人类从未停止过对宇宙奥秘的思考和探索。茫茫宇宙是由什么组成的？宇宙空间究竟有多大？宇宙有没有起始的一刻？

（一）宇宙概况

　　广义的宇宙是天地万物，它是广漠空间和其中存在的各种天体以及弥漫物质的总称。在哲学上，宇宙是空间和时间的统一，没有起源，没有边际。我国战国时期著名的政治家、思想家尸佼（约前 390—约前 330）提出"四方上下曰宇，往古来今曰宙"，这种对宇宙的理解与现代的时空概念非常相近。宇宙既有统一性，又有多样性：宇宙的统一性在于它的物质性，宇宙是统一普遍的物质世界；宇宙的多样性在于宇宙物质的表现形态不同，组成宇宙的物质在存在状态、质量和性质上有着极大的差异。

今天所说的"宇宙"，是指目前人类天文观测所及的整个时空范围，称为"可观测宇宙"，或者"我们的宇宙"。这样的"宇宙"，有它诞生、发展的历史，也有一定的范围：据有关资料，目前可观测到的宇宙年龄约为138.2亿年；20世纪末，可观测到的最远的天体离地球约137亿光年。

宇宙是由形形色色的天体和弥漫物质组成的，宇宙中最主要的天体是恒星和星云。澳大利亚天文学家在2003年举办的国际天文学联合会大会上称，整个可见宇宙空间大约有700万亿亿颗恒星，太阳只是宇宙中一颗普通的恒星。星云是由极其稀薄的气体和尘埃组成的似云雾状的天体。此外，在既没有恒星又没有星云的广阔星际空间里也不是绝对的真空，那里充满着非常稀薄的星际气体、星际尘埃、宇宙线和极其微弱的星际磁场。

这些天体和物质在宇宙中是有规律构成的。由无数恒星和星云等星际物质构成的巨大集合体称为星系，例如太阳所在的银河系就是一个星系。人们把目前所认识到的宇宙中已观测到的所有星系，称为总星系，总星系中目前能观测到的星系约有1 000亿个。除银河系外，其他星系离我们太远了，统称为河外星系。

恒星和围绕它旋转的行星以及彗星等天体组成了次一级天体系统，例如太阳系。行星往往有卫星环绕，例如地球就有月球环绕旋转，组成地月系。

因此，宇宙中的天体和物质是有序存在的，地月系、太阳系、银河系、总星系就是宇宙中不同层次的天体系统。

（二）宇宙的起源

1948年，俄裔美国物理学家伽莫夫正式提出了"宇宙大爆炸理论"这一著名学说。英国著名理论物理学家霍金（Stephen William Hawking，1942—2018）是这一理论的支持者，并做出了自己的阐述。

霍金："黑洞"与"灰洞"

宇宙大爆炸理论的主要观点是：我们的宇宙有开端，是由大约150亿年前发生的一次大爆炸形成的。宇宙从密到稀、从热到冷不断膨胀，形成了我们今天所知的宇宙。最初那次爆炸就被称为"宇宙大爆炸"。根据这一理论的分析，宇宙演化过程大约起始于150亿年前，当时宇宙内的所有的物质和能量都聚集到了一起，并浓缩成体积很小的点，密度极大且温度极高。突然，这个体积无限小的点在"无"中爆炸了，时空从这一刻开始，物质和能量也由此产生。这就是宇宙创生的大爆炸论。

1. 宇宙演化的过程

根据宇宙大爆炸理论的描述，宇宙演化至今大致分为三个阶段。

（1）宇宙的极早期，称为"太初第一秒"，时间短到以秒来计。刚诞生的宇宙是极其炽热、致密的，宇宙处于一种极高温、高密的状态，只由质子、中子、电子、光子等基本粒子混合而成，除氢核——质子外，没有任何别的化学元素。随着宇宙迅速膨胀，温度开始下降。

（2）化学元素形成阶段，大约经历了数千年。当温度下降后，质子和中子等基本粒子开始失去自由存在的条件，经过核聚变过程，化学元素从这一时期开始形成。所有中子迅速合成到由两个质子和两个中子构成的氦核中，余下的质子就成了氢原子核。这样宇宙间的物质主要是氢、氦等比较轻的原子核和质子、电子、光子等，光辐射很强，但没有星体存在。整个宇宙体系不断地膨胀，温度很快下降。

（3）宇宙形成的主体阶段，至今我们仍生活在这一阶段中。这一阶段起始于温度降到几千摄氏度时，由于温度的降低，各种原子核开始与电子结合为中性原子，辐射也逐步减弱，中性原子在引力作用下逐渐聚集，宇宙间主要是气态物质。在几十亿年的历程中，随着宇宙继续膨胀，温度不断降低，气态物质的微粒相互吸引、融合，形成越来越大的团块，逐渐凝聚成星云，先后形成了各级天体。

2. 大爆炸理论的依据

宇宙大爆炸理论在它诞生前后得到了一系列天文观测事实的支持，是有实际依据的。

（1）星系谱线红移：1929年，美国天文学家哈勃（Edwin Powell Hubble，1889—1953）发现，不同距离的星系发出的光在颜色上稍稍有些差别。远星系发出的光要比近星系红一些，即波长要长一些。哈勃在对众多星系的光谱进行进一步研究后确认，红移是一种普遍现象，这说明各星系正以很高的速度彼此飞离，它表明宇宙正在膨胀。这一结论与大爆炸理论完全吻合。

（2）微波背景辐射：微波背景辐射是指150亿年前发生的大爆炸在今天的宇宙结构上留下的印迹。根据宇宙大爆炸理论，宇宙从最初的高温状态膨胀而越变越冷，到现在已经相当冷了。伽莫夫等人在1948年就断言，目前宇宙中应到处存在着一定温度的背景辐射，大约是5 K。[①]1964年，曾在美国贝尔电话公司工作的美国射电天文学家彭齐亚斯（Arno Allan Penzias，1933—2024）和美国天文学家威尔逊（Robert Woodrow Wilson，1936—　　）收到一种无线电干扰噪声，波长在微波波段，辐射温度是2.7 K，而且在各个方向上都有。这正是宇宙大爆炸理论预言的宇宙微波背景辐射。

（3）宇宙元素的丰度：大爆炸模型预言，宇宙中绝大多数物质是由最初形成的氢与氦构成的，宇宙应当由大约75%的氢和25%的氦组成。天文测量结果与此极为相符：宇宙中氢和氦是最丰富的元素，二者丰度之和约占99%；而且氢和氦的丰度比在许多不同的天体上均为3:1左右；而造成行星和生命的丰富多彩的重元素还不到宇宙总质量的1%，它们大部分是在恒星形成后产生的。

（4）宇宙的年龄：根据宇宙大爆炸理论，宇宙中一切天体的年龄都不应超过由宇宙的年龄所确定的上限，即150亿年。利用放射性同位素测定地球上最古老的岩石、宇航员从月球上带回的土壤和岩石样品以及来自行星际空间的陨石发现，它们的年龄均不超过47亿年。恒星的年龄可从它们的发光速率与能源储备来估算，人们估算出银河系中最古老恒星的年龄为100亿~150亿年。

[①] K 为"开尔文"，简称"开"，是热力学温度单位。热力学温度也称绝对温度（用 T 表示），它与摄氏温度（用 t 表示）的关系是：$T/\mathrm{K}=t/℃+273.15$。

二、星空

人们望着夜晚繁星密布的天空，没有不感到惊奇的。每认识天上的一颗星或一个星座，都会使人们获得一种满足感。

（一）星座和星名

为辨认恒星方便，古代天文学家把天球上的恒星分成许多群落，叫作星座（我国古代称为星宫，是一个独立发展的星座系统）。就其原始意义来说，星座就是由明亮恒星所构成的、易于辨认和相互区别的图形。近代天文学上的星座，则是以人为界线划分的天球区域。

天球是指以无穷远为半径的假想的球形天空。其中以地球为球心的称为地心天球。各天体距观察者远近不一样，但由于天体离观察者的距离比观察者随地球在宇宙空间移动的距离要大得多，这种距离根本无法用肉眼辨别清楚。故在地球上观察各天体似乎都一样远，都散布在这个大圆球的内面上，即各天体在天球上的投影。天空还在昼夜旋转，使得天球不但存在于地平线之上，而且还有一半隐入地平线之下。人们把能直接观测到的地平线之上的半球球形的天空，称为"天穹"。

星座起源于古代巴比伦和古希腊，以后不断增添和变迁。1919 年成立的国际天文学联合会对历史上沿用的星座进行通盘清理，分全天为 88 个星座，并于 1928 年正式公布。从此，88 个星座成为全球通用的星空区划系统。

在现行 88 个星座的名称中，约有一半是动物的名字，如大熊、金牛、狮子和天鹅等，其中既有古希腊神话中的动物，又有地理大发现以后新发现的动物；另有 1/4 是神话人物的名字，如仙后、仙女、御夫；其余 1/4 则是仪器和用具的名字，如唧筒、矩尺、望远镜和罗盘等。由于历史原因，星座的排列很不规则，范围亦不等。88 个星座按北天星座 28 个，黄道星座 13 个[①]，南天星座 47 个的顺序分别有：

北天星座：小熊、天龙、仙王、仙后、鹿豹、大熊、猎犬、牧夫、北冕、武仙、天琴、天鹅、蝎虎、仙女、英仙、御夫、天猫、小狮、后发、巨蛇、盾牌、天鹰、天箭、狐狸、海豚、小马、三角、飞马。

黄道星座（图 2-1）：双鱼、白羊、金牛、双子、巨蟹、狮子、室女（处女）、天秤、天蝎、蛇夫、人马（射手）、摩羯、宝瓶（水瓶）。

南天星座：鲸鱼、波江、猎户、麒麟、小犬、长蛇、六分仪、巨爵、乌鸦、豺狼、显微镜、天坛、望远镜、印第安、天燕、凤凰、时钟、绘架、船帆、南冕、圆

---

① 蛇夫座是星座中唯一一个与另一个星座（巨蛇座）交接在一起的，同时也是唯一一个兼跨天球赤道和黄道的星座。从地球上看，蛇夫座位于武仙座以南，天蝎座和人马座以北。每年约 11 月 29 日，太阳会从蛇夫座穿越，直至 12 月 17 日进入人马座为止，所以蛇夫座在天文学上，被认定为黄道上的 13 个星座之一。即便如此，蛇夫座也仍不属于占星学里的 12 个黄道星座之一。蛇夫座在天文学与占星学里的不同之处，一直以来都是占星学爱好者之间颇具争议的一个老话题。此外，黄道上天蝎座没有节气点，却有节气点大雪在蛇夫座。

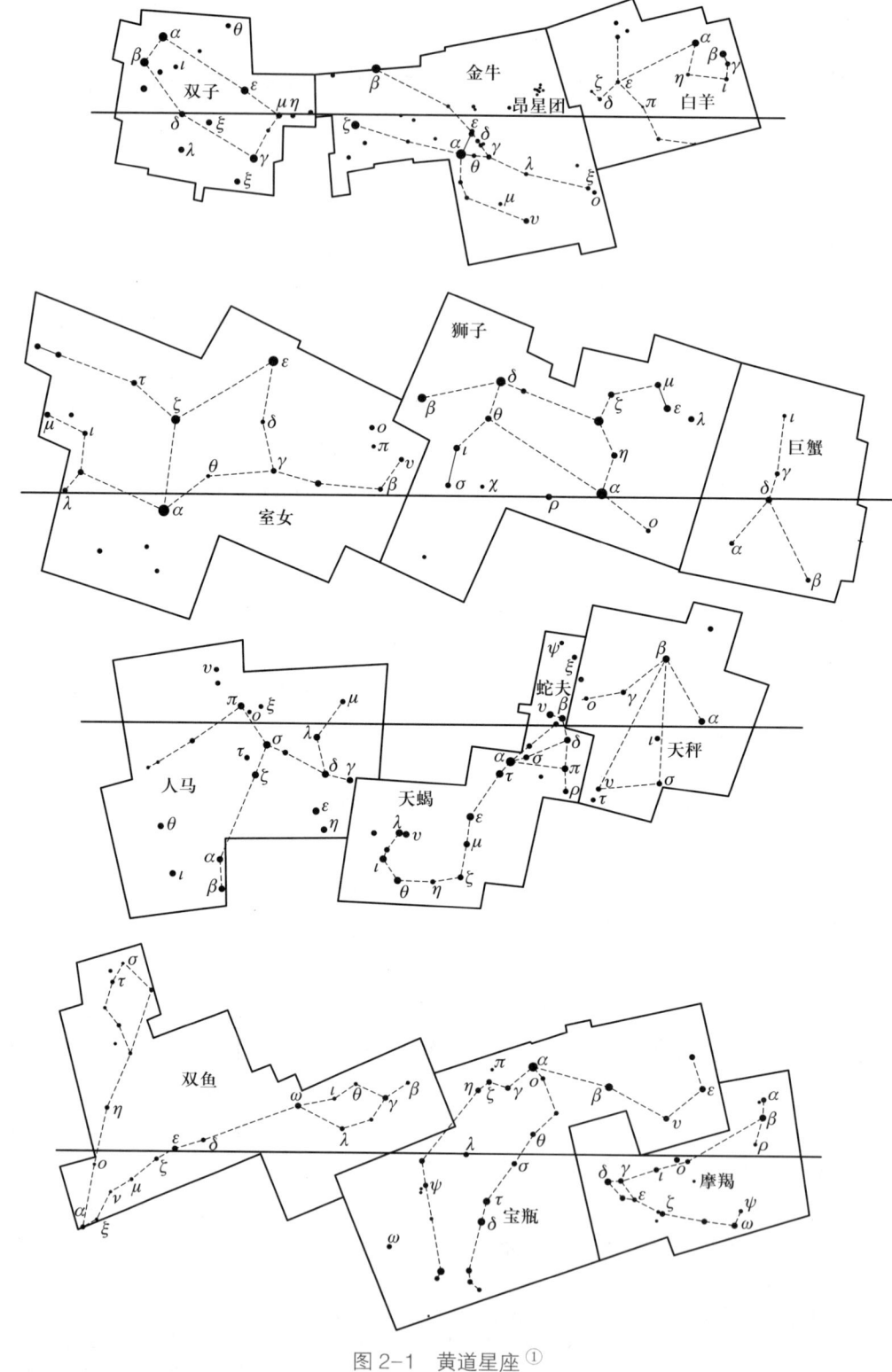

图 2-1　黄道星座 [①]

① 弗拉马里翁. 大众天文学［M］. 李珩，译. 桂林：广西师范大学出版社，2003：599. 图中中心代表黄道，星座的界限是公认的。

规、南三角、孔雀、南鱼、玉夫、天炉、雕具、天兔、天鸽、大犬、船尾、罗盘、唧筒、半人马、矩尺、杜鹃、网罟、剑鱼、飞鱼、船底、苍蝇、南极、水蛇、山案、蝘蜓、天鹤、南十字。

星座里的恒星用希腊字母和数字标出。星座中的各个恒星，按其亮度顺序，逐一标上小写的希腊字母，并在其后写上该星座的拉丁名，当希腊字母用完时，则采用编号的方法，次序是由东向西。在历史上，不同的国家和民族都先后发展了自己的星空区划，特别是对亮星各有一套专用名称，甚至是地方性俗称。因此，对同一颗亮星，不同的国家和民族叫法不一。

（二）星空分布①

面对茫茫星海，我们将星空化整为零，化繁为简，以便更好地认识它们。具体做法如下。

划分星区：把球形天空（天球）按其赤经分成四个枣核形的星区。每一个星区北起天北极，南至天南极，各跨赤经90°。每个星区各以其主要的拱极星座命名，由西向东依次为仙后星区、御夫星区、大熊星区和天琴星区，简称为后、御、熊、琴。

删简星区：全天共有88个星座，平均每个星区占有22个星座。经过删简，只选其中的20个，平均每个星区只选5个星座。

简化被选星座：全天肉眼可见的恒星约有6 000颗，平均每个星座拥有68颗。我们只选其中比较明亮的1/10，平均每个星座只含6颗，全部共120颗。

经过简化后，全天星座可用四瓣简明星图（图2-2）表示。

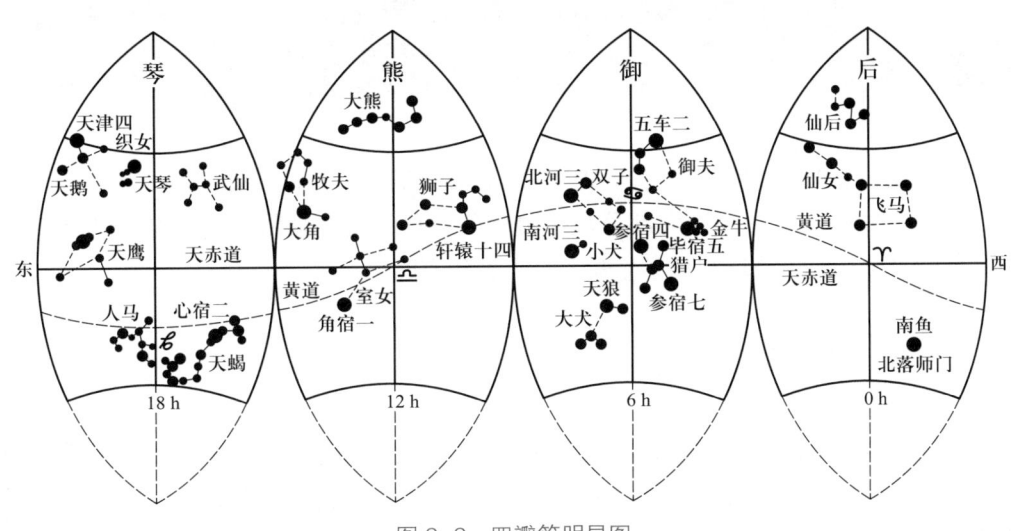

图2-2　四瓣简明星图

后、御、熊、琴四大星区，分别拥有1、7、3、4颗一等星。如果只列一等星，那么全天亮星（北半球中、低纬度所见）可用四瓣简略星图（图2-3）表示。

---

① 金祖孟. 地球概论［M］. 陈自悟，修订. 北京：高等教育出版社，1997：192，193.

四季星空

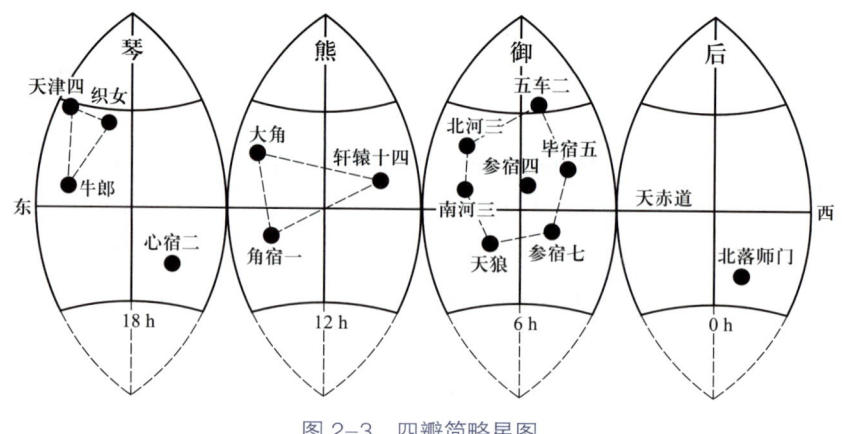

图 2-3　四瓣简略星图

　　尝试选用天文应用软件，模拟观察"星空"，寻找北斗七星、北极星以及大熊座、小熊座和仙后座等星座，感兴趣的可进一步查找二分二至时的北斗七星位置，体验运用星空判断方向与季节。

第二节　地球

　　地球是一颗独特的星球，它的地质活动的激烈程度在太阳系八大行星中首屈一指，它是太阳系中唯一表面大部分被水覆盖的行星，具有独特的内部结构和外部形态。更为重要的是，地球孕育了生命，是人类的家园。

一、地球及其起源

　　地球是我们共同的家园，有关地球的起源和演化，历来是自然科学研究的重大问题。进入 20 世纪以后，人类在这些基本问题的探索中取得一系列进展，对地球有了更为全面的认识。

（一）地球概况

　　地球是距太阳较近的内行星。在太阳系八大行星中，按距离太阳远近计，地球仅远于水星和金星，居第三位。日地平均距离约为 1.496×10^8 km（即 1 个天文单位）[1]。地球的这一位置对于接受太阳热辐射而言是适中的，因此在地球表面形成了适宜的温度，这对生命圈的出现十分重要。

地球（图2-4）的形状近似球形，是一个赤道略鼓、两极稍扁的椭球体。经人造卫星观测，准确的地球形态除了赤道半径大于两极半径外，还呈北极略突、南极略凹的"梨状体"形状。球状的形态使地球上各处太阳高度不同，造成了地球表面各处受热状况和自然环境的极大差异。

图2-4 地球概貌

地球的平均半径约 6.371×10^3 km，赤道半径约 6.378×10^3 km，极半径约 6.357×10^3 km。地球的体积约 1.083×10^{12} km³，质量约 5.965×10^{27} g，平均密度约 5.52 g/cm³。地球具有的巨大质量和体积形成了强大的引力，能够吸附包围它的地球大气，避免地表大气逸散到外层空间去，这对生命的存在是有利的。

地球还具有环绕自身旋转的卫星——月球。月球距地球 3.84×10^5 km，月球平均半径约为地球半径的 1/4，月球体积约为地球体积的 1/49。月球沿椭圆形轨道绕地球公转，其公转和自转的周期都是 27.3 日。月球由于距地球近，对地球所起的作用是极为显著的。除了月球在晚上起反射太阳光的照明作用外，地球的潮汐现象和日食现象都深受月球的影响。

（二）地球的起源

作为太阳系的一员，地球的起源问题实际上是太阳系的起源问题，这一问题直至科学发展到一定程度以后才有了较为合理的解释，但仍只是一些推测和假设。

在波兰天文学家哥白尼提出日心说后的 200 多年间，有 30 多种主要假说来说明太阳系的起源，其中最有代表性的是康德－拉普拉斯的星云假说。

1755 年，德国哲学家康德（Immanuel Kant，1724—1804）发表了一项学说，认为太阳和它的行星都是同时由一个旋转着的星云形成的。1796 年，法国数学家、物理学家拉普拉斯（Pierre-Simon Laplace，1749—1827）也发表了类似的学说。这一学说第一次科学地解释了太阳系的形成。

这个学说认为，形成太阳系的原始物质是由气体集聚而成的缓慢旋转着的气团，这种弥漫物质状的炽热气团叫作星云。星云在重力作用下逐渐收缩，体积变小，而旋转速度则不断加快，同时离心力也随着增强，于是星云越来越扁，最后变成了圆盘形。当星云进一步向中间收缩时，外围的气体脱离了星云体，成为绕着中心旋转的气体环。这种分离过程不断重演，逐渐产生好几个气体环，最后留在中间的星云收缩形

---

[1] 天文单位记作 AU，1AU＝$1.495\,978\,7 \times 10^8$ km。

成一个密度大的星体，这就是太阳。分离出来的各个气体环里质点相互吸引，使气环破裂，凝聚成为圆球体，这就是行星，并在原有气环的位置上绕太阳公转，地球就是这样的一颗行星。

星云说在当时似乎很合理地说明了太阳系的一些特征，但它最大的缺点是无法解释太阳呈圆球形且自身旋转很慢这一特点。按星云说，太阳理应是一个形体很扁、旋转很快的天体。这一假说到 20 世纪初逐渐受到冷遇，而其他一些假说，如灾变说、俘获说等随之兴起，但都存在明显的缺陷而遭到抛弃。

20 世纪以来，科学的发展使天文学家对宇宙的了解扩大了，这就能吸取星云说的合理部分进行新的解释了。他们所设想的星云团的规模要大得多，在这样巨大的物质团中会产生一系列旋涡和碰撞，此外还考虑到太阳磁场的作用像制动闸一样，会使太阳自转减慢。这样从星云到太阳系的形成过程中，首先是银河星云中产生了太阳星云，然后是太阳星云变成了星云盘，星云盘在进一步收缩中，其中心和主要部分变成原始太阳，原始太阳因持续收缩、不断增温而形成能进行热核反应使其自身发光的恒星。星云盘的周围部分物质则通过集聚过程和吸积过程碰撞结合，先形成星子，然后扩大形成行星。

二、地球圈层

地球具有明显的圈层结构，每个圈层的成分、性质等各不相同。地球各圈层相互渗透、相互影响，在漫长的地质年代中不断演化，制约着地球表层的地理过程，共同构成了复杂的地球表层系统。

地球从核心到外部由不同的圈层构成，每个圈层厚度各不相同，都有各自的物质成分、物质运动特点和物理化学等性质。但它们都以地心为共同的球心，这些圈层又被称为同心圈层。地球具有的这样的结构被称为圈层结构。

以地球的固体表面为界，整个地球主要划分为外部圈层和内部圈层两大部分。外部圈层指地球外部离地表平均 1 200 km 以内的圈层，包括大气圈、水圈和生物圈。内部圈层指固体地球内部的主要分层，由地表到地心依次分为地壳、地幔、地核，其中地壳及地幔顶部，由坚硬的岩石所组成，又称为岩石圈。

（一）地球的外部圈层

地球的外部圈层（图 2-5）包括大气圈、水圈、生物圈，各圈层之间并没有明显的分界。

1. 大气圈

大气圈是地球外部圈层中的最外圈层。大气圈是从地球海陆表面到星际空间的过渡圈层，没有明显的上

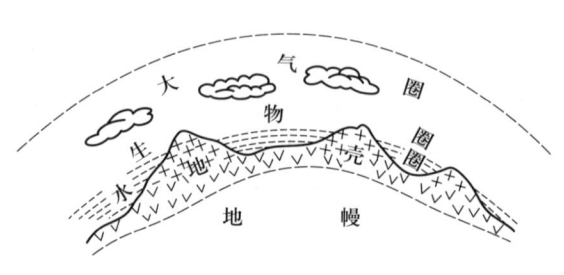

图 2-5 地球外部圈层示意

限，一直可以延续到 1 200 km 的高度，只是越向外大气越稀薄。

大气圈也可以分为若干个气体层（表 2-1），其中最重要的是底部的对流层，它的厚度不大，在两极是 9 km，赤道附近是 17 km，并随季节变化而异，夏季增厚而冬季变薄。但大气总质量的 70%~75% 都集中在这一层。人们所关心的天气变化、气候变异以及温室效应都主要发生在对流层。对流层以上还有平流层、中间层、热层和散逸层，它们各具不同的密度和温度特征。底层大气由干洁空气、水汽和尘埃微粒组成，干洁空气是多种气体的混合物，但以氮和氧为主要成分，在其总体积中，氮占78.08%，氧占 20.95%，余下的为氩（占 0.93%）、二氧化碳（占 0.03%）及微量的其他气体。

表 2-1　大气圈与自然现象和人类活动

大气圈中的气体层	自然现象和人类活动
对流层	地球上各种天气变化的源地
平流层	飞机主要飞行的区域 中、下部有臭氧层，可吸收大部分紫外线
中间层	保护地球不受流星体的撞击
热层	部分属于电离层，能将无线电波反射回地面，向远处传播
散逸层	地球卫星的轨道位置

大气圈对生物的形成、发育和保护有很大的作用。生物生存离不开空气。此外，大气圈的存在，还挡住了绝大多数飞向地球的流星体，拦截下太阳辐射中的大部分紫外线和来自宇宙的高能粒子流（这是因为平流层中、下部有臭氧层，可吸收大部分对生命有害的紫外线），保护了地球生命免遭外来的伤害。因此，大气圈是保护地球表面和生命的"盾牌"。

此外，散逸层中还存在着磁层，起始于离地表 600~1 000 km 处，磁层顶在向太阳一侧为 10.5 个地球半径，在背向太阳一侧可延伸到几百至上千个地球半径。

2. 水圈

水圈是一个连续但不规则的地球表面圈层。连续是指地表处处都有水，不规则是指尽管有水，但水的形态既有液态水，也有气态水和固态水，水体类型也包括海洋、江河、湖泊、沼泽、冰川和地下水等。

海洋水是水圈的主体，约占全球总水量的 96.5%，海洋面积占地球面积的 71%。陆地水大部分是固态水，即覆盖两极的冰原和高山冰川，而存在于河流、湖沼的地表水是有限的。此外，在土壤中有土壤水，陆地深处有地下水。气态水存在于大气层中，其含量在水圈中微不足道，主要集中于大气圈的对流层中。陆地水以淡水为主；海洋水则含有丰富的盐分，其化学成分以氯（约占海水质量的 1.9%）和钠（约占 1%）为主，此外还有镁、硫、钙、钾、碳等。

水圈是地球特有的环境优势。水圈的运动和循环影响了地球上各种环境条件的变化，影响各个圈层，使地球处在不断变化之中。如水体通过蒸发、水汽输送、降水、下渗和径流等形式构成水循环（图 2-6），直接影响大气的温度环流；水的径流可以对岩石圈表层"削高填低"，改造着地表形态。更重要的是，水是生命过程的重要介质，是地球上的生命之源，没有水就没有生命，水对各种生命以及人类能在地球上生存和发展，具有决定性的意义。

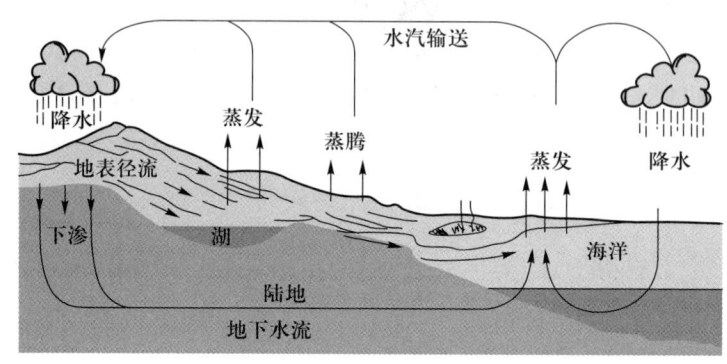

图 2-6　水循环示意

3. 生物圈

生物圈是太阳系所有行星中目前仅在地球上发现的一个独特圈层。生物圈是指地球表层生物有机体及其生存环境的总称，是一个有生命的特殊圈层。

生物圈是一个与大气圈、水圈甚至地壳交织在一起的圈层，是有机体活动和影响的范围。地球上的生物就生活在岩石圈的上层、大气圈的下层和水圈的全部，在陆地上深度一般为百余米。有机界的组成除了人类以外，还有植物、动物和微生物，是极其丰富多彩的。生物之间相互依存和制约，共同构成整个生态系统。

生物圈是地球特有的圈层，它是地球大气、水和地壳长期演化、相互作用的结果，又参与了对岩石、大气和水等其他圈层的改造，对地表物质的循环、能量转换和积聚具有特殊作用。例如，绿色植物能吸收大气层中的二氧化碳，释放氧气，调节气温；生物影响一些元素在水中的迁移和沉淀过程；生物体中的水通过被吸收和排除以及在生命系统内部的运动，参与着水圈的循环；生物对岩石圈进行生物风化作用和生物成矿作用；等等。

由此可见，地球上外部圈层的大气圈、水圈和生物圈既是相互区别和相互独立的，又是相互渗透和相互作用的。

（二）地球的内部圈层

地球外部的各圈层可以直接观测到，而地球内部的情况是无法直接观测到的，科学家常使用地震波探测等方法来研究，探测到地球内部是非均质体，各层物质的密度、压力、温度、物理状态和化学成分存在着明显差异。人们在地球内部发现两个明显的地震波不连续界面，即莫霍面和古登堡面，由此将地球内部分为地壳、地幔和地核三个同心圈层（图 2-7）。

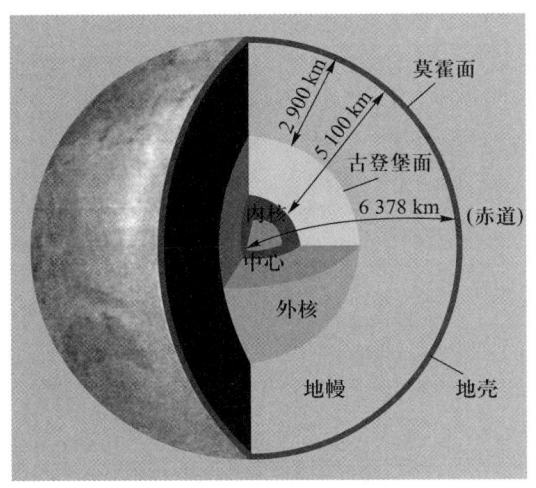

图 2-7 地球的内部圈层

1. 地壳

地壳是从地表到莫霍面的圈层，是地球表面的一层薄壳。其厚度不均匀，大陆地壳厚，平均厚度约 35 km；而海洋地壳薄，平均约 7 km。地壳的体积为地球总体积的 1%，质量约为全地球总质量的 0.72%，密度仅为地球平均密度的 1/2。地壳与人类关系密切，危害极大的大陆浅源地震，就发生在地壳这一层内。

地壳由低密度的富铝硅酸盐岩石组成，又可分为硅铝层和硅镁层两层，硅铝层为大陆地壳所特有，海洋地壳并没有这一层。因此，地壳又可分为双层结构的大陆型地壳和单层结构的大洋型地壳。

2. 地幔

地幔是从莫霍面到古登堡面之间的圈层，介于地壳和地核之间。古登堡界面位于地球内部约 2 900 km 的深处。地幔的体积约占地球总体积的 83%，质量约占地球总质量的 67.84%，密度向内逐渐增大。地幔主要由中等密度、固态富铁镁硅酸盐岩石组成，又被分为上、下地幔。

在距地球表面以下平均深度 60~400 km 处的上地幔上部有一层柔性的软流圈，它位于岩石圈的下界，是地震和火山等现象的根源。

3. 地核

地核指古登堡界面以下直至地心的地球核心部分，半径约 3 471 km，体积和质量分别约为全地球的 16% 和 31.42%，密度极大，温度也随深度而上升，在地心达到 5 500~6 000 K。地核主要由高密度的铁镍合金组成，分为外核和内核两部分。

综上所述，地球是由不同的圈层构成的（表 2-2），但并不是这些圈层的机械拼合，而是各个圈层相互接触、紧密联系、综合影响的一个整体。

表2-2 地球各圈层的基本数据

圈层	厚度 / km	体积 / $10^{21} m^3$	平均密度 / ($g \cdot cm^{-3}$)	质量 / 10^{24} kg	质量百分数 / %
大气圈 水圈 生物圈	3.8	0.001 37	1.03	0.001 41	0.02
地壳	35（大陆平均）	0.015	2.8	0.043	0.72
地幔	2 865.0	0.892	4.5	4.046	67.84
地核	3 471.0	0.175	10.7	1.874	31.42
全部地球	6 371.0（半径）	1.083	5.52	5.965	100.0

学习活动

结合图2-7"地球的内部圈层"，图示岩石圈范围，指出其与内部各圈层的相对位置关系。

（三）地球圈层的形成

约46亿年前，原始地球诞生了。从原始地球诞生之时起，也就开始了地球圈层的形成和发展演变过程。

地球的年龄

1. 地球内部圈层的形成和演变

从太阳星云分化出来以后，最初阶段在原始地球上各种物质混杂，并没有明显的分层现象。此时温度很低，物质以固态存在。随着地球内部放射性物质衰变产生的能量的大量积聚，地球温度逐渐升高，地内物质逐渐具有可塑性甚至呈熔融状态。在地球重力作用下，构成原始地球的各种物质发生分异，重物质下沉，轻物质上升，发生了圈层的分化。地球表层物质由于放热冷却固结成岩，出现一层硬壳而形成地壳，地球内部物质则进一步分化，出现不同层次。

2. 大气圈和水圈的形成和演变

在地球分化过程中，原先在地球内部的各种气体上升到地表，受地球引力作用集聚在地壳外围而成为原始大气圈，其主要成分是二氧化碳、一氧化碳、甲烷、氨等。而原先以结晶水形式存在于地球内部的大量水随着地内温度的升高成为水蒸气，通过火山活动进入大气层，最终以降雨的形式到达地面，形成原始的水圈。

3. 生物圈的形成和演变

约35亿年前，原始生命产生于原始海洋之中。从无生命物质到生命的转化是一个极为缓慢的过程。在太阳的紫外线、大气的电击雷鸣、地下的火山熔岩等作用下，原始大气中存在的甲烷、氨、水汽和氢转化成简单的有机物，最终在海洋中产生了生命。最初是异养细菌，靠水中有机物进行无氧呼吸。而当发展到自养生物，能进行光合作用，利用太阳能吸收矿物质营养和二氧化碳，放出氧气时，生物对地球自然环境的发展就产生了重大影响：改变了原始大气的成分，使大气中氧的含量逐渐增加；原始生物从厌氧生物发展成喜氧生物，逐渐形成生物圈；有机体的发展增加了太阳能在地球表层的存储，改变了地球表层的组成和结构。到4亿年前出现了生物的大发展，生物从海洋登上陆地，生物的数量和种类开始大幅度增加，在陆地和海洋都出现了动植物的大繁荣，进而发展成为完善的地球生物圈，使地球的自然环境出现了大的变化。

生物圈形成以后，整个地球仍然在发展变化着。特别是大约300万年前，出现了作为高等动物的人类，开启了地球发展演化的新阶段，这是影响地球自然环境的重大飞跃。

值得指出的是，地球存在一个特殊部分——"地球表层"，这是指内、外圈层相互接触处，即地球表面附近，上界以大气圈底部的对流层高度为限，平均10 km，下界到岩石圈的上部，即陆地往下5~6 km，海洋往下约4 km。这里的各圈层是相互渗透甚至相互重叠的，主要是生物圈、水圈、大气圈、岩石圈多圈层相互渗透、彼此交织在一起，也正是人类生存的环境，这部分就被称为地球表层。

土壤在地理环境中的地位和作用

科学家精神

洪　堡

亚历山大·冯·洪堡（Alexander von Humboldt，1769—1859），德国自然科学家、探险家，近代地理学奠基人之一。曾学习经济、工程学，因对矿物学和地质学的热爱，遂转入弗赖贝格矿业学院（今弗赖贝格工业大学）。1799—1804年赴中、南美洲考察，历时5年。1808—1827年留居巴黎，用法文写成《新大陆热带地区旅行记》（30卷），这是世界上第一部区域地理巨著。1829年又赴乌拉尔、西伯利亚、中亚等地考察。晚年著有《宇宙：物质世界概要》（5卷），这是集中总结其一生研究和发现的重要著作。洪堡掌握的自然科学基础宽广，涉及自然地理学、地质学、气候学、生物学、地球物理学等各个方面。他认为自然界为一巨大整体，各种自然现象相互联系，强调从直接观察的事实出发，运用比较法，揭示自然现象之间的因果关系。洪堡首创世界等温线图，研究气候差异，并探讨气候同植物水平和垂直分异的关系，创建植物地理学；发现地磁强度从极地向赤道递减的规律，以及火山分布与地下裂隙的关系等。他的主要著作还有《植物地理学论文集》《墨西哥》《中部亚洲》等。（《辞海》第7版）

第三节　自然界的物质

自然界的物质各种各样，不同物质的性质既存在差异又存在相似处。物质的组成和结构与其性质有很大关联。通过研究物质的组成、结构与性质之间的联系和变化规律，我们可以认识不同物质之间存在的内在联系，掌握物质变化的规律。

一、物质的组成和元素周期律

物质的组成和结构决定物质的性质。随着物质组成和结构的变化，物质性质的变化是有规律可循的。

（一）物质的组成

长期的研究证明，地球上的各种物质都是由元素按不同形式结合而成的。

元素是具有相同核电荷数的同一类原子的总称。现在，人们认识的元素有 100 多种，其中，自然界存在的元素有 90 多种，其余为人造元素。元素可分为金属元素和非金属元素两类，典型金属具有明显的金属性，典型非金属没有金属性，金属与非金属之间没有严格的界限。

当物质的组成相似时，它们的性质也相似。因此我们可以根据组成对物质进行分类，并通过各类物质的代表物找出组成和性质的关系，得到物质间变化的规律。物质可分为混合物和纯净物两大类。由同种元素组成的纯净物，称为单质；由两种或两种以上元素组成的纯净物，称为化合物。单质分金属和非金属两类；化合物可分为无机化合物和有机化合物。物质的分类可用图 2-8 表示。

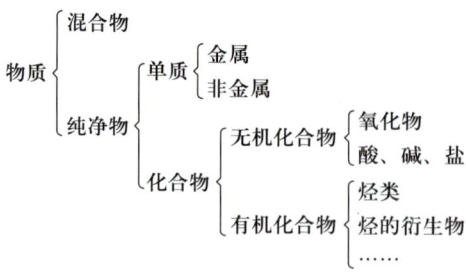

图 2-8　物质的分类

为了便于认识和研究物质，我们可用化学式来表示物质的组成。例如，氧气的化学式为 O_2，水的化学式为 H_2O。前者为单质，后者为化合物。

在化合物中，不同元素的原子以一定的个数比相结合，这是由元素的化合价所决

物质的量

定的。在化合物中各元素的化合价的代数和为零。

（二）构成物质的微粒

构成物质的微粒有分子、原子或离子等。分子也是由原子构成的，原子得失电子后变成离子。

1. 原子的结构

原子是参与化学反应的最小微粒。原子是由带正电荷的原子核和带负电荷的核外电子构成的。原子核由带正电荷的质子和不带电子的中子构成。质子数相同的一类原子是同一种元素。质子数相同而中子数不同的同一元素的不同原子互为同位素。例如，氢元素的原子核中一定有 1 个质子，普通氢的原子核中没有中子，称为氕；有 1 个中子的，称为氘（重氢）；有 2 个中子的，称为氚（超重氢）。氕、氘、氚是氢元素的三种同位素。

原子核外电子的运动状态，与化学反应有密切关系。除氢原子外，其他原子核外都不止一个电子。

近代光谱实验证明，电子在原子核外作高速运动，在含有多个电子的原子里，各电子的能量并不相同。通常，能量较低的在距核较近的区域运动；能量较高的在距核较远的区域运动。为了便于说明问题，科学上把原子核外能量不同的电子运动的区域，划分为若干个"电子层"：把能量最低、离核最近的称为第一层（K 层），能量稍高、距核较远的称为第二层（L 层），以此类推，称为第三层（M 层）、第四层（N 层）、第五层（O 层）、第六层（P 层）、第七层（Q 层）。这样，电子可看作在能量不同的电子层上运动，称为核外电子的分层排布。

2. 核外电子排布规律

科学家在对原子核外电子分层排布状况做了仔细研究以后，总结出核外电子分层排布遵循的规律。

（1）在原子核外各个电子层上运动的电子数目是有限制的。若用 n 代表电子层数，则各电子层上最多只能有 $2n^2$ 个电子。例如，第一电子层（K 层）最多有 2 个电子；第二电子层（L 层）最多只能有 8 个电子；第三电子层（M 层）最多有 18 个电子；其他电子层以此类推。

（2）在通常情况下，原子核外的电子排布要符合能量最低原理。即电子应首先排布在能量最低的电子层里，然后依次排布到能量较高的电子层里。因此，电子首先排入第一层，第一层排满再排入第二层，第二层排满再排入第三层。

（3）任何原子的最外层电子层最多有 8 个电子，次外电子层最多只能有 18 个电子，而从外往里数第三层最多只有 32 个电子。

（三）元素周期律

1. 元素原子结构的递变规律

我们把原子序数为 1—20 的元素按核电荷数的增加从左到右依次排列，按电子层数的增加从上到下依次排列，得到图 2-9。

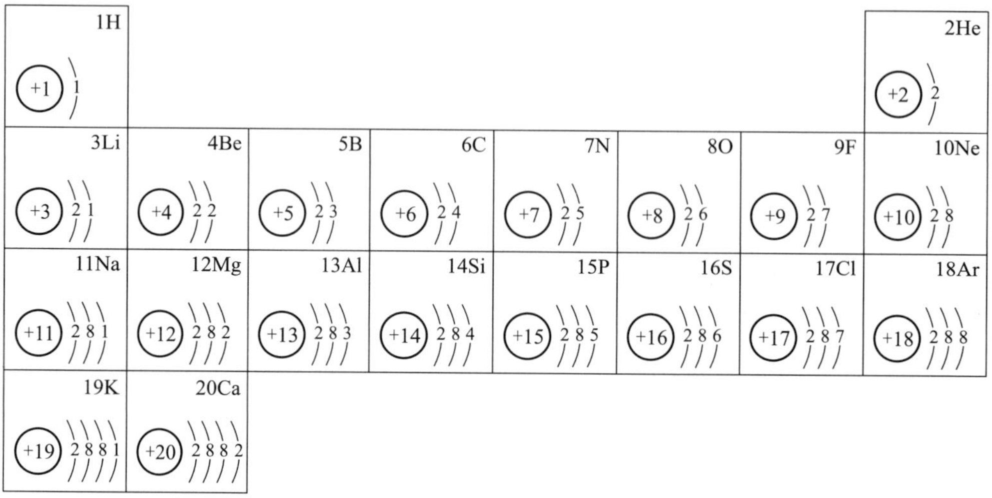

图 2-9 元素周期表的一部分（第 1—20 号元素）

从图 2-9 中可以看出，同一横行具有相同的电子层数，第一横行有一个电子层，只有 2 种元素，第二横行有 2 个电子层，共有 8 种元素。而最外电子层的电子数由 1 增加到 8，当达到 8 以后，核电荷数再增加时，电子就增加到新的电子层上，即增加一个电子层，形成第三横行，电子数又从 1 增加到 8，然后进入第四横行。

从图 2-9 中我们还可以看出，同一纵行最外层电子数相同（除第一周期氢元素外），从上到下电子层数逐个增加。

元素的原子结构每隔若干元素反复出现相似的现象，称为周期性变化。

2. 元素周期表

把已知元素按照原子核正电荷增加的次序和元素的原子核外电子层结构的周期性变化排列起来，得到元素周期表（表 2-3）。在元素周期表里，每一横行元素称为一个周期，共有七个周期。周期的序数就是该周期元素的原子具有的电子层数。

每个周期里含有元素的数目有的相同，有的相差很大。第一周期只有 2 种元素；第二、第三周期都有 8 种元素；第四、第五周期随着电子层数的增多，次外层可容纳的电子数增加，第 20 号元素以后，电子增加在次外层上，可以有 18 种元素；到第六周期有六个电子层，当核电荷增加时，电子增加在倒数第三层上，第六周期有 32 种元素。到目前为止，已正式命名的元素超过 100 种，共有七个周期。

每个周期的元素种类不超过 8 种的，称为短周期。超过 8 种元素的，称为长周期。周期表中有三个短周期、四个长周期。第六周期的镧系和第七周期的锕系，电子进入倒数第三层上的这些元素放在表外，另排两行。

从纵行来看，元素周期表中有 18 个纵行，除了第 8、9、10 三个纵行称为第Ⅷ族元素外，其余 15 个纵行每个纵行都称为一族，族有主族和副族之分。含有短周期元素的第 1、2 和第 13、14、15、16、17 纵行是主族元素，分别用 IA—ⅦA 表示。最右边的第 18 纵行是稀有气体元素，称为零族，用 0 表示，国际纯粹与应用化学联合

表2-3　元素周期表

图例：原子序数 → 19 K ← 元素符号；钾 ← 元素名称；注*的是人造元素

	IA	IIA	IIIB	IVB	VB	VIB	VIIB	VIII			IB	IIB	IIIA	IVA	VA	VIA	VIIA	VIIIA
1	1 H 氢																	2 He 氦
2	3 Li 锂	4 Be 铍											5 B 硼	6 C 碳	7 N 氮	8 O 氧	9 F 氟	10 Ne 氖
3	11 Na 钠	12 Mg 镁											13 Al 铝	14 Si 硅	15 P 磷	16 S 硫	17 Cl 氯	18 Ar 氩
4	19 K 钾	20 Ca 钙	21 Sc 钪	22 Ti 钛	23 V 钒	24 Cr 铬	25 Mn 锰	26 Fe 铁	27 Co 钴	28 Ni 镍	29 Cu 铜	30 Zn 锌	31 Ga 镓	32 Ge 锗	33 As 砷	34 Se 硒	35 Br 溴	36 Kr 氪
5	37 Rb 铷	38 Sr 锶	39 Y 钇	40 Zr 锆	41 Nb 铌	42 Mo 钼	43 Tc 锝	44 Ru 钌	45 Rh 铑	46 Pd 钯	47 Ag 银	48 Cd 镉	49 In 铟	50 Sn 锡	51 Sb 锑	52 Te 碲	53 I 碘	54 Xe 氙
6	55 Cs 铯	56 Ba 钡	57 镧系-71	72 Hf 铪	73 Ta 钽	74 W 钨	75 Re 铼	76 Os 锇	77 Ir 铱	78 Pt 铂	79 Au 金	80 Hg 汞	81 Tl 铊	82 Pb 铅	83 Bi 铋	84 Po 钋	85 At 砹	86 Rn 氡
7	87 Fr 钫	88 Ra 镭	89 锕系-103	104 Rf 𬬻*	105 Db 𬭊*	106 Sg 𬭳*	107 Bh 𬭛*	108 Hs 𬭶*	109 Mt 鿏*	110 Ds 𫟼*	111 Rg 𬬭*	112 Cn 鿔*	113 Nh 鿭*	114 Fl 𫓧*	115 Mc 镆*	116 Lv 𫟷*	117 Ts 鿬*	118 Og 鿫*

镧系	57 La 镧	58 Ce 铈	59 Pr 镨	60 Nd 钕	61 Pm 钷	62 Sm 钐	63 Eu 铕	64 Gd 钆	65 Tb 铽	66 Dy 镝	67 Ho 钬	68 Er 铒	69 Tm 铥	70 Yb 镱	71 Lu 镥
锕系	89 Ac 锕	90 Th 钍	91 Pa 镤	92 U 铀	93 Np 镎	94 Pu 钚	95 Am 镅*	96 Cm 锔*	97 Bk 锫*	98 Cf 锎*	99 Es 锿*	100 Fm 镄*	101 Md 钔*	102 No 锘*	103 Lr 铹*

会（IUPAC）称 18 族元素（ⅧA）。不含短周期元素的第 3—7 纵行和第 11、12 纵行是副族元素，分别用ⅢB—ⅦB 和 I B、ⅡB 表示。

原子的电子层结构和族有什么关系呢？主族元素的族数等于该族元素原子的最外层电子数。同一族元素最外层具有相同电子数，不同元素的原子具有不同的电子层数。主族元素有金属元素，也有非金属元素。

副族元素稍有不同，它们全部都是金属元素，其原子的最外层电子数不超过 2 个，次外层上电子数有 8~18 个，原子失去的电子数目可以超过最外层电子数，即除了能失去最外层电子外，还可以失去次外层上的部分电子。

主族元素的原子核外电子数的变化发生在最外层电子层上，各族间性质有明显的差别；副族元素的原子核外电子数的变化还可以发生在次外层上，它们的性质变化比较缓慢；而锕系和镧系元素的原子核外电子数的变化发生在倒数第三层上，它们的化学性质非常相似，常常混合在一起，很难分离开来。

3. 元素周期律

周期表中同一主族的元素，通常金属性自上而下增强，非金属性自下而上增强。在同一周期中，一般来说，主族元素的金属性自右到左增强，非金属性自左到右增强。以第三周期为例，可看出元素的化合物的性质变化（表 2-4）。

表 2-4　第三周期元素的化合物的性质比较

族	元素	最高价氧化物	最高价氧化物对应的水化物及其酸碱性	气态氢化物及其稳定性
I A	Na	Na_2O	NaOH，强碱	
Ⅱ A	Mg	MgO	$Mg(OH)_2$，中强碱	
Ⅲ A	Al	Al_2O_3	$Al(OH)_3$，两性	
Ⅳ A	Si	SiO_2	H_2SiO_3，弱酸	SiH_4，很不稳定
Ⅴ A	P	P_2O_5	H_3PO_4，中强酸	PH_3，不稳定
Ⅵ A	S	SO_3	H_2SO_4，强酸	H_2S，较稳定
Ⅶ A	Cl	Cl_2O_7	$HClO_4$，最强酸	HCl，稳定

它们的最高价氧化物的对应水化物的酸碱性强弱，可以说明元素的金属性是 $Na > Mg > Al$，元素的非金属性是 $Cl > S > P > Si$。气态氢化物的热稳定性也可以说明元素的非金属性是 $Cl > S > P > Si$。

铝的氢氧化物有两性，是指它既能跟酸发生中和反应生成盐和水，又能和碱发生中和反应生成盐和水。

$$Al(OH)_3 + 3HCl === AlCl_3 + 3H_2O$$

$$H_3AlO_3 + NaOH === NaAlO_2 + 2H_2O$$

综上所述，元素的性质随着元素原子核电荷的递增而呈周期性的变化，这个规律称为元素周期律。

元素周期律和元素周期表指导人们对元素的单质和化合物性质进行系统的研究，推动了现代物质结构理论的建立，也为寻找新材料、新化合物提供了线索。例如，半导体材料往往在金属和非金属的交界区；一些副族元素常被首选为制造耐腐蚀合金钢的材料；等等。

二、单质、无机物

单质是由同种元素组成的纯净物。无机物是无机化合物的简称，通常指不含碳元素的化合物。少数含碳的化合物，如一氧化碳、二氧化碳、碳酸盐、氰化物等也属于无机物。

（一）卤族元素

卤族元素包括非金属元素氟、氯、溴、碘、砹。它们的原子结构的共同点是，最外电子层上都有 7 个电子，具有相似的化学性质，在元素周期表里位于第七主族。除砹是一种人工放射性元素外，其余元素在自然界都以化合态存在。

1. 卤族元素的性质

我们以氯元素为例来研究卤族元素的性质。氯元素的单质是氯气（Cl_2），它是一种黄绿色、有刺激性气味的气体，能溶解于水，比相同条件下空气的密度大。氯气易液化，液态氯贮于钢瓶中。

氯气是一种化学性质非常活泼的非金属单质，几乎所有的金属和非金属都能跟它发生反应。

（1）氯气与钠、铁等金属的反应

相应的化学反应方程式为：

$$2Na + Cl_2 \xrightarrow{\text{点燃}} 2NaCl$$

$$2Fe + 3Cl_2 \xrightarrow{\text{点燃}} 2FeCl_3$$

（2）氯气跟氢气的反应

相应的化学反应方程式为：

$$H_2 + Cl_2 \xrightarrow{\text{点燃（或光照）}} 2HCl$$

我们可从原子结构来分析这两类反应的发生过程。

钠原子的最外电子层上有 1 个电子，容易失去。氯原子的最外电子层上有 7 个电子，容易得到 1 个电子。它们都有使最外电子层达到 8 个电子稳定结构的倾向。在一定条件下，当钠跟氯气发生反应时，钠原子的最外电子层上的 1 个电子转移到氯原子的最外电子层上，形成带正电荷的钠离子，氯原子得到电子成为带负电荷的氯离子。静电引力使钠离子和氯离子相互靠近。随着相互接近，两种离子间电子与电子、核与核之间静电斥力增大。当阴、阳离子接近到一定距离时，吸引力与斥力相等，离子间维持一定的距离，形成氯化钠（图 2-10）。这种使阴、阳离子结合成化合物的静电作用，称为离子键。由离子键形成的化合物，称为离子化合物。NaCl 可用电子式 $Na^+[:\overset{..}{\underset{..}{Cl}}:]^-$ 表示。

氯和氢都是非金属元素。氢原子只有一个核外电子，它与原子核的距离又近，这个电子失去比较困难，也有得到 1 个电子变成 2 个电子稳定结构的倾向。这样氯原子和氢原子都只能把对方的 1 个电子移向自己，这 2 个电子同时受到 2 个原子核的作用，形成共用电子对。这种原子之间通过共用电子对形成的相互作用称为共价键。由共价键形成的化合物，称为共价化合物。氯化氢分子的电子式用 $H:\overset{..}{\underset{..}{Cl}}:$ 表示。氯化氢的形成过程如图 2-11 所示。

氯化氢的水溶液具有酸的通性，称为氢氯酸或盐酸。

氯元素在含氧酸中可显示为 +1、+3、+5 和 +7 价，它们形成的化合物的化学式分别为 HClO（次氯酸）、$HClO_2$（亚氯酸）、$HClO_3$（氯酸）和 $HClO_4$（高氯酸）。它们都具有酸性和氧化性，可作氧化剂。

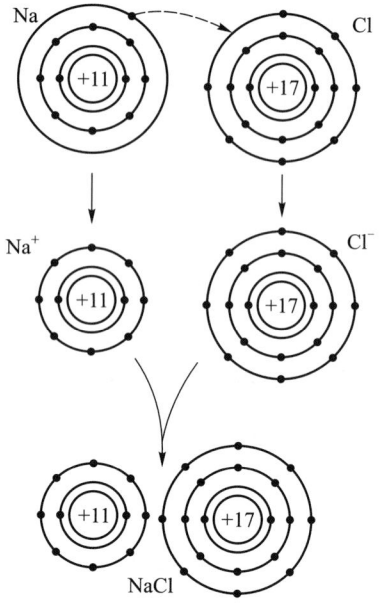

图 2-10　氯化钠的形成

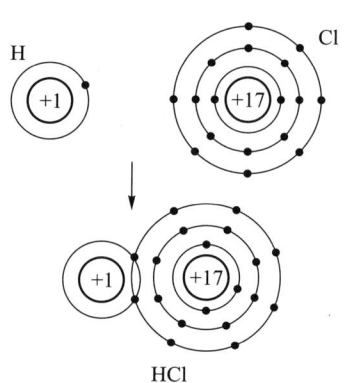

图 2-11　氯化氢的形成

2. 卤族元素比较

在卤族元素中，氯元素和其他卤族元素氟（F）、溴（Br）和碘（I）的原子结构以及氯气与其他卤素单质的性质，既相似也有差异（表 2-5）。

表 2-5　卤族元素的原子结构和单质的物理性质

元素名称	元素符号	核电荷数	原子结构示意图	单质化学式	常温下状态	颜色	常温下密度	沸点/℃	熔点/℃
氟	F	9	(+9) 2 7	F_2	气体	淡黄绿	1.690 g/L	−188.1	−219.6
氯	Cl	17	(+17) 2 8 7	Cl_2	气体	黄绿	3.214 g/L	−34.6	−101
溴	Br	35	(+35) 2 8 18 7	Br_2	液体	深红棕	3.119 g/cm³	58.78	−7.2

元素名称	元素符号	核电荷数	原子结构示意图	单质化学式	常温下状态	颜色	常温下密度	沸点/℃	熔点/℃
碘	I	53	$(+53)$ 2 8 18 18 7	I_2	固体	紫黑	4.930 g/cm³	184.4	113.5

卤族元素最外电子层都有 7 个电子，但因核电荷数不同，电子层数不同，随着核电荷数增大，原子半径增大，熔点、沸点增高，它们在常温时的状态由气体到固体，颜色逐渐加深。

在卤族元素中，氟对电子的亲和力最大，表现在它的化合价只有 −1 价，不像其他卤族元素那样有含氧酸存在，在含氧酸中其他卤族元素显示正的化合价。卤族元素对电子的亲和力不同还表现为它们在与氢气反应时需要的条件不同，产物的稳定性不同，反应放出的热量也不同。相应的热化学方程式为：

$$H_2(g)+F_2(g)\Longrightarrow 2HF(g)+542.2\ kJ$$

$$H_2(g)+Cl_2(g)\xrightarrow{\text{点燃（或光照）}}2HCl(g)+184.6\ kJ$$

$$H_2(g)+Br_2(g)\xrightarrow{500\ ℃}2HBr(g)+103.7\ kJ$$

$$H_2(g)+I_2(g)\xrightarrow{\triangle}2HI(g)-9.4\ kJ$$

氟气与氢气在暗处就能剧烈反应；氯气与氢气在常温下点燃（或光照）反应；溴与氢气在 500 ℃时才能反应；而碘与氢气在不断加热下反应，生成的碘化氢也不稳定，同时发生分解反应。因此，卤族元素的活泼性是 F＞Cl＞Br＞I，单质的氧化性是 $F_2＞Cl_2＞Br_2＞I_2$。前者的单质能从后者的盐中将其置换出来，例如，氯气（或溴）从溴盐（或碘盐）中置换出溴（或碘），可用离子方程式表示为：

$$2Br^-+Cl_2\Longrightarrow 2Cl^-+Br_2 \qquad 2I^-+Br_2\Longrightarrow 2Br^-+I_2$$

氟、氯、溴、碘单质都具有氧化性，并依次减弱，而它们的离子的还原性则依次增强。这是因为卤族元素在原子结构上的差异，虽然它们最外电子层的电子数相同，但由于核电荷数不同，电子层数依次增加，原子半径依次增大，原子核对最外层电子的引力减小，原子得电子的能力依次减弱。因此它们的单质氧化性依次减弱，而相应的离子的失电子能力则依次增加，还原性依次增强。

3. 氧化还原反应

氧化和还原是矛盾中既对立又相互依存的两个方面，共存于同一氧化还原反应中。以金属钠和氯气反应为例：

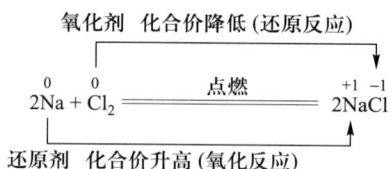

从这个氧化还原反应来分析：由钠原子变成钠离子，钠元素的化合价从 $0 \to +1$，化合价升高，进行的是氧化反应；由氯原子变成氯离子，氯元素的化合价从 $0 \to -1$，化合价降低，进行的是还原反应。钠是还原剂，氯气是氧化剂。而化合价发生变化的原因是，在反应中 1 个钠原子失去 1 个电子，钠元素的化合价从 $0 \to +1$；由于 1 个氯原子得到 1 个电子，氯元素的化合价从 $0 \to -1$。在氧化还原反应中，一种（几种）物质失去电子数的总和与另一种（几种）物质得到电子数的总和相等。Na 与 Cl_2 发生氧化还原反应的方程式可表示如下：

$$\overset{\overset{\displaystyle 2e}{\big\downarrow}}{2Na} + Cl_2 \xrightarrow{\text{点燃}} 2NaCl$$

从电子转移的观点来看，凡是有电子转移的反应，均称为氧化还原反应。物质失去电子（化合价升高）的反应是氧化反应；物质得到电子（化合价降低）的反应，称为还原反应。在氧化还原反应里失去电子的物质称为还原剂。还原剂显示还原性，容易失去电子的物质显示强还原性，是强还原剂。得到电子的物质称为氧化剂。氧化剂显氧化性，容易得到电子的物质显示强氧化性，是强氧化剂。常见的氧化剂有 O_2、Cl_2、Fe^{3+}、Cu^{2+}、$KMnO_4$、$KClO_3$、H_2O_2、HNO_3、浓 H_2SO_4 等，常用的还原剂有 Na、Mg、Al、Zn、Fe^{2+}、Cu^+、H_2S、CO 等。

（二）氧族元素

氧族包括氧（O）、硫（S）、硒（Se）、碲（Te）、钋（Po）五种元素，位于元素周期表第六主族。钋是放射性元素。这些元素组成一族是由于它们最外电子层上都有 6 个电子，具有相似的性质。

1. 氧族元素比较

主要的氧族元素（不含 Po）的原子结构和单质的物理性质见表 2-6，它们的物理性质的递变规律与卤族元素基本相同。

表 2-6　氧族元素的原子结构和单质的物理性质

元素名称	元素符号	核电荷数	原子结构示意图	单质化学式	常温下状态	颜色	常温下密度	沸点/℃	熔点/℃
氧	O	8	(+8) 2 6	O_2	气体	无色	1.32 g/L	-183	-218.4
硫	S	16	(+16) 2 8 6	S	固体	黄色	2.07 g/cm³	444.6	112.8

元素名称	元素符号	核电荷数	原子结构示意图	单质化学式	常温下状态	颜色	常温下密度	沸点 / ℃	熔点 / ℃
硒	Se	34	(+34) 2 8 18 6	Se	固体	灰色	4.81 g/cm³	684.9	217
碲	Te	52	(+52) 2 8 18 18 6	Te	固体	银白色	6.25 g/cm³	1 390	452

在氧族元素中，氧对电子的亲和力最大，表现为在跟氢化合时，氧气跟氢气反应最容易，也最剧烈，生成物水（H_2O）也最稳定；硫或硒跟氢气要在较高温度下才能直接化合，生成物硫化氢（H_2S）或硒化氢（H_2Se）较不稳定；而碲通常不能跟氢气直接化合，生成的化合物碲化氢（H_2Te）最不稳定。

除氧以外，硫、硒、碲都有 +4、+6 价的氧化物和对应的水化物，水化物都是酸，这些含氧酸的酸性通常按硫、硒、碲依次减弱。

氧族元素能跟大多数金属直接化合。

氧族元素随着核电荷数的增加，原子半径增大，原子得电子能力依次减弱，失电子倾向增强。也就是说，非金属性减弱，金属性增强。

2. 氧族元素与卤族元素比较

氧族元素中的硫元素与卤族元素中的氯元素，它们的原子核外同样具有 3 个电子层，但硫原子的核电核数是 16，最外层上有 6 个电子；而氯原子的核电荷数是 17，最外电子层上有 7 个电子。两者原子结构上的不同，反映出它们的性质也有不同。

（1）跟氢气反应

反应所需的条件不同，生成的氢化物的稳定性也不同。氯化氢不跟氧气反应，当硫化氢点燃时，它与氧反应生成水和硫。

氯气跟氢气的反应：$H_2 + Cl_2 \xrightarrow{\text{点燃（或光照）}} 2HCl$

硫蒸气跟氢气的反应：$H_2 + S \xrightarrow{\triangle} H_2S$

硫化氢跟氧气的反应：$2H_2S + O_2 \xrightarrow{\text{点燃}} 2H_2O + 2S$

（2）跟金属反应

例如，硫和氯分别与铁反应，反应的条件不同，产物中铁元素的化合价也不同。

$$\overset{0}{2Fe} + \overset{0}{3Cl_2} \xrightarrow{\text{点燃}} 2\overset{+3\,-1}{FeCl_3}$$

$$\overset{0}{Fe} + \overset{0}{S} \xrightarrow{\triangle} \overset{+2\,-2}{Fe\,S}$$

铁跟氯气反应，铁的化合价从 0 → +3；而当铁跟硫反应时，铁的化合价从 0 → +2。从反应条件看，铁跟硫反应比铁跟氯反应要难一些。

硫在含氧酸中可显示 +4 和 +6 价，对应的酸是亚硫酸（H_2SO_3）和硫酸（H_2SO_4）。亚硫酸有还原性，浓硫酸有氧化性。氯元素的所有含氧酸都有氧化性。

（三）碱金属

碱金属包括锂（Li）、钠（Na）、钾（K）、铷（Rb）、铯（Cs）、钫（Fr）六种元素。钫是放射性元素。这些金属元素的原子在最外电子层上都只有 1 个电子，很容易失去电子，达到稳定结构。它们的氧化物的水化物都可溶于水。

1. 钠的性质

钠是大家熟悉的一种元素，它跟氯元素组成的化合物叫氯化钠，俗名食盐。健康人每天要摄取 5 g 左右的食盐。人的体液中氯化钠浓度约为 0.9%，过高或过低都有碍健康。人在生病需要补液时，也使用这种浓度的氯化钠溶液，通常称为生理盐水。氯化钠大量存在于海水中，1 L 海水大约含有 29 g 氯化钠。

金属钠呈银白色，具有金属光泽。在常温下，钠很容易和空气中的氧气发生反应，生成钠的氧化物。加热时，氧化反应变得很剧烈而引起燃烧，发出黄色火焰，生成淡黄色过氧化物。

$$4Na + O_2 = 2Na_2O$$

$$2Na + O_2 \xrightarrow{\triangle} Na_2O_2$$

钠除了能跟氯气、单质硫直接反应外，还能跟水发生剧烈反应，生成氢氧化钠和放出氢气。

$$2Na + 2H_2O = 2NaOH + H_2 \uparrow$$

氢氧化钠是一种强碱，对皮肤和织物有很强的腐蚀作用，万一触及皮肤，应先用清水冲洗，再用 2% 的硼酸（弱酸）洗涤。

钠的化合物非常重要。氯化钠是生活必需品，也是制造氢氧化物、碳酸钠等的重要原料；氢氧化钠在制皂、印染、造纸、油脂和石油精炼等很多工业生产中都要用到；碳酸钠和碳酸氢钠广泛应用于纺织、玻璃、造纸、冶金等工业生产中。

2. 碱金属元素比较

碱金属的原子结构有共同点，性质也有相似点。主要的碱金属（不含 Fr）的原子结构和单质的物理性质见表 2-7。

表 2-7 碱金属原子的原子结构和单质的物理性质

元素名称	元素符号	核电荷数	原子结构示意图	常温下状态	颜色	密度 / ($g \cdot cm^{-3}$)	沸点 / ℃	熔点 / ℃
锂	Li	3	(+3) 2 1	固体	银白色	0.534	1 347	180.54
钠	Na	11	(+11) 2 8 1	固体	银白色	0.97	882.9	97.81

元素名称	元素符号	核电荷数	原子结构示意图	常温下状态	颜色	密度 / $(g \cdot cm^{-3})$	沸点 / ℃	熔点 / ℃
钾	K	19	(+19) 2 8 8 1	固体	银白色	0.86	774	63.65
铷	Rb	37	(+37) 2 8 18 8 1	固体	银白色	1.532	688	38.89
铯	Cs	55	(+55) 2 8 18 18 8 1	固体	略带金色	1.879	678.4	28.40

　　碱金属元素的原子最外电子层都有 1 个电子，但随着核电荷数递增，电子层数增多。与具有相同电子层数的氧族元素和卤族元素的原子相比，碱金属原子的半径要大得多。所以，碱金属原子因容易失去一个电子而变成阳离子。此时，半径显著减小。

　　碱金属能跟多种非金属单质（氧气、氯气等）直接化合，生成离子化合物。碱金属跟水剧烈反应，铷和铯遇水立即燃烧，甚至发生爆炸。碱金属的化学活泼性随核电荷数的增加而增强，因为随着核电核数的增加，原子核外电子层数增多，核对最外层电子的引力减小，更容易失去电子。由于它们的原子容易失去电子，成为带一个正电荷的阳离子，所以碱金属是强还原剂。

三、有机物

　　有机化合物都是碳的化合物（碳的氧化物和碳酸盐除外），简称有机物。绝大多数有机物易燃烧，熔点、沸点低，难溶于水，易溶于结构相似的有机溶剂。有机化合物的反应一般很慢，经常要利用催化剂、光辐射或加热等方法加速反应，反应较复杂，得到的产物往往是混合物。

　　有机化合物的结构特征是：有机化合物分子中碳和碳之间的共价键特别强，碳原子之间可以用一个、两个或三个共价键联结，分别形成单键、双键或三键。例如，乙烷（CH_3-CH_3），乙烯（$CH_2=CH_2$），乙炔（$CH\equiv CH$）。

　　有机化合物的同分异构现象很普遍。例如，丁烷（C_4H_{10}）有两种异构体：正丁烷和异丁烷。

（一）烃类
　　仅由碳和氢两种元素组成的有机化合物，通称为烃。它是一切有机物的母体，其他有机物都可视为烃的衍生物。

1. 饱和链烃
　　饱和链烃是碳原子间以单键连接的烃，也称为烷烃。最简单的烷烃是甲烷

（CH_4）。

甲烷是天然气和沼气的主要成分。人工制造沼气有多重价值，既有利于扩大肥源，提高肥效，又能改善环境卫生，还能为农村需要的燃料开辟新来源。

甲烷能作为燃料，燃烧时放出大量的热。

$$CH_4 + 2O_2 \xrightarrow{\text{点燃}} CO_2 + 2H_2O + 890 \text{ kJ}$$

空气中若含 5%～14% 体积的甲烷，遇火会发生爆炸。在有天然气的矿井中，人们必须采取恰当的安全措施。

甲烷在光照或加热条件下，跟氯气发生一系列反应，生成一氯甲烷、二氯甲烷、三氯甲烷和四氯甲烷（或称为四氯化碳）。

$$CH_4 + Cl_2 \xrightarrow{\text{光照（或加热）}} CH_3Cl + HCl$$

$$CH_4 + 2Cl_2 \xrightarrow{\text{光照（或加热）}} CH_2Cl_2 + 2HCl$$

$$CH_4 + 3Cl_2 \xrightarrow{\text{光照（或加热）}} CHCl_3 + 3HCl$$

$$CH_4 + 4Cl_2 \xrightarrow{\text{光照（或加热）}} CCl_4 + 4HCl$$

有机物分子里的某些原子或原子团，被其他原子或原子团替代的反应，称为取代反应。被卤族元素取代的称为卤代反应，产物称为卤代烃。

饱和链烃除了甲烷外，还有乙烷（C_2H_6）、丙烷（C_3H_8）等，它们的结构相似，在分子组成上相差一个或若干个 CH_2 原子团，这样一系列的化合物称为同系物，这种系列称为同系列。烷烃同系列的通式是 C_nH_{2n+2}。在常温下，$n=1～4$ 的烷烃是气态的，$n=5～16$ 的烷烃是液态的，$n \geqslant 17$ 的烷烃是固态的。在一般情况下，烷烃很稳定。

2. 不饱和烃

（1）烯烃

分子中含有 C＝C 结构的不饱和烃，称为烯烃。

最简单的烯烃是乙烯（$CH_2 = CH_2$）。乙烯分子里含有双键，其中一个键较易断裂，所以它的化学性质比较活泼。它和甲烷一样能燃烧，放出大量的热。

$$CH_2 = CH_2 + 3O_2 \xrightarrow{\text{点燃}} 2CO_2 + 2H_2O + 141 \text{ kJ}$$

乙烯不但能和氧气直接反应，还能被氧化剂氧化。例如，我们把乙烯通入高锰酸钾溶液中，立刻可以观察到紫红色溶液褪色。

我们把乙烯通入溴水中，可以观察到溴水的颜色消失。这是因为乙烯和溴水中的溴发生了下列化学反应：$CH_2 = CH_2 + Br_2 \rightarrow CH_2Br — CH_2Br$。

这种有机化合物分子中不饱和的碳原子跟其他原子或原子团直接结合生成别的物质的反应，称为加成反应。

乙烯的其他加成反应有加氢、加卤化氢、加水等。

$$CH_2 = CH_2 + H_2 \xrightarrow[200\sim300\ ℃]{Ni} CH_3 - CH_3$$

$$CH_2 = CH_2 + HBr \longrightarrow CH_3 - CH_2Br（溴乙烷）$$

$$CH_2 = CH_2 + H_2O \xrightarrow[300\ ℃,\ 加压]{H_3PO_4/硅藻土} C_2H_5OH（乙醇）$$

在一定条件下，乙烯分子双键中的一个键在断开后，会相互联结成很长的链，形成高分子化合物聚乙烯。

$$nCH_2 = CH_2 \longrightarrow \text{+}CH_2 - CH_2\text{+}_n$$

这种由低相对分子质量的不饱和化合物结合成高相对分子质量化合物的反应，称为聚合反应。它是制造塑料、合成纤维、合成橡胶（三大合成高分子材料）的基本反应。

乙烯也有同系物，形成的同系列称为烯烃，其通式是 C_nH_{2n}（$n \geqslant 2$）。在常温下，乙烯、丙烯、丁烯是气态的，$C_5 \sim C_{18}$ 的烯烃是液态的，C_{19} 以上的烯烃是固态的。烯烃也有同分异构体现象，除了和烷烃相似的支链异构体外，双键位置不同也能形成同分异构体。

（2）炔烃

分子中含有 $C \equiv C$ 结构的不饱和烃，称为炔烃。

最简单的炔烃是乙炔（$CH \equiv CH$）。乙炔可以用电石（碳化钙）加水制取：$CaC_2 + H_2O \rightarrow Ca(OH)_2 + C_2H_2 \uparrow$。但这种生产方法耗电很大，现在转向用石油或天然气作为原料来制取乙炔。

乙炔跟氧气反应释放出大量的热。

$$2C_2H_2 + 5O_2 \xrightarrow{点燃} 4CO_2 + 2H_2O + 2\ 599\ kJ$$

利用乙炔在氧气里燃烧能达到 3 000 ℃以上的高温，我们可以焊接或切割金属。

空气中若含有 2.5%~80% 体积的乙炔，遇火就会引起爆炸，使用乙炔气必须注意安全。乙炔能和氧化剂反应，把乙炔气通入高锰酸钾溶液，也能使溶液褪色。

乙炔是不饱和烃，也能起加成反应，得到的产物通常是混合物。乙炔也是重要的化工原料。

乙炔的聚合反应在不同条件下，可得到不同产物。如用氯化铜做催化剂可得到乙烯基乙炔，它是合成橡胶的一种原料。

$$2CH \equiv CH \xrightarrow[80\sim85\ ℃]{CuCl_2（NH_4Cl）} H_2C = CH - C \equiv CH$$

用活性炭或铬作催化剂，在 600~650 ℃条件下，乙炔可以聚合成苯。

$$3C_2H_2 \xrightarrow[600\sim650\ ℃]{活性炭（或铬）} \text{苯}$$

炔烃同系物的通式是 C_nH_{2n-2}。炔烃也有同分异构现象，例如，分子式为 C_4H_6 的炔烃化合物有：$CH \equiv C - CH_2 - CH_3$ 和 $H_3C - C \equiv C - CH_3$。

同样的分子式可能是炔烃，也可能是二烯烃（含有两个 $C = C$ 的化合物）。例如，C_4H_6 也可能是丁二烯，其结构式为：

$$CH_2 = CH - CH = CH_2; \qquad H_2C = C = CH - CH_3$$

1,3 - 丁二烯　　　　　　　1,2 - 丁二烯　（不稳定）

因此，含有相同碳原子的二烯烃跟炔烃彼此互为同分异构体。

3. 环烷烃

烃类分子结构除了链状以外，也可以呈环状，称为环烃。分子中碳原子间全部以单键结合的环烃，称为环烷烃。例如，环丙烷（C_3H_6）、环丁烷（C_4H_8）等。

它们的性质与烷烃相似，但通式与烯烃相同，是 C_nH_{2n}。因此，环烷烃跟相同碳原子数的烯烃互为同分异构体。

4. 芳香烃

苯是芳香烃中最简单、最基本的化合物，其结构式为：

或简写成

苯跟浓硫酸发生取代（磺化）反应，生成苯磺酸。苯在浓硫酸作用（催化、脱水）下，跟浓硝酸发生取代（硝化）反应，生成的化合物为硝基苯。

苯也可以和氢发生加成反应，生成环己烷；苯在空气中燃烧生成二氧化碳和水。

苯是很好的有机溶剂，也是化工生产中最重要的基本原料。

以下物质都是苯的同系物：

甲苯　　乙苯　　对二甲苯　　邻二甲苯　　间二甲苯

属于芳香烃的化合物还有萘（$C_{10}H_8$）、蒽（$C_{14}H_{10}$）等。萘有特殊气味，易升华，曾作防蛀剂，因对人体有毒害，现已被禁用。萘和蒽都可作为生产染料的原料。

（二）烃的衍生物

1. 卤代烃

烃的分子里的一个或几个氢原子被卤族元素原子替代而生成的化合物，称为卤代烃。例如，一氯甲烷（CH_3Cl）、氯乙烯（$CH_2 = CHCl$）等。卤代烃的重要反应有：

（1）取代反应

例如，氯乙烷跟氰化钾作用，生成丙腈。

$$CH_3CH_2Cl + KCN \longrightarrow \underset{\text{丙腈}}{CH_3—CH_2—CN} + KCl$$

（2）消去反应

例如，氯乙烷跟强碱在醇溶液中共热，脱去一分子氯化氢，生成乙烯。

$$CH_3—CH_2Cl + NaOH \xrightarrow[\text{加热}]{\text{乙醇}} CH_2 = CH_2 + NaCl + H_2O$$

2. 羟基（—OH）化合物

直链烃上的一个（或几个）氢原子被羟基取代得到的化合物，称为醇（或几元醇）。最熟悉的羟基化合物是乙醇，其分子式为 C_2H_6O，结构简式为 CH_3CH_2OH。

乙醇的重要反应有以下几种：

（1）跟金属钠反应

$$2CH_3CH_2OH + 2Na \longrightarrow 2CH_3CH_2ONa + H_2 \uparrow$$

（2）跟浓硫酸共热发生脱水反应

$$CH_3CH_2OH \xrightarrow[170\,℃]{\text{浓 }H_2SO_4} CH_2 = CH_2 + H_2O$$

在实验室中可用此法制取乙烯。

（3）跟氧气反应

$$2CH_3CH_2OH + O_2 \xrightarrow[\text{加热}]{Cu（\text{或 }Ag）} 2CH_3CHO（\text{乙醛}）+ 2H_2O$$

乙醇若不加控制在空气中点燃，燃烧时就会释放出大量的热，可以作燃料。

$$CH_3CH_2OH + 3O_2 \xrightarrow{\text{点燃}} 2CO_2 \uparrow + 3H_2O + 1\ 368\ kJ$$

乙醇除了可作燃料外，还是重要的化工原料和溶剂。70% 的乙醇能使蛋白质变性，医疗上常用作消毒剂。

分子中含有两个或两个以上羟基（—OH）的称为多元醇，在多元醇中人们最熟悉的是甘油，其化学名称是丙三醇。它对皮肤有保湿作用，是化妆品的原料之一。它的一个重要用途是制造被称为硝化甘油的烈性炸药。

苯环上的一个（或几个）氢原子被羟基取代，得到的化合物称为酚。最简单的酚是苯酚（简称酚），其结构简式为 C_6H_5OH，结构式为 $\begin{array}{c} \bigcirc\!\!\!\!-OH \end{array}$。

苯酚水溶液显弱酸性，能和氢氧化钠发生中和反应。

苯酚用于制造酚醛塑料（俗称电木）、合成纤维、炸药、药物、农药等。苯酚还可以作环境消毒剂。

3. 羰基化合物

分子里含有羰基（$\overset{}{\underset{}{\diagdown}}C = O$）的化合物，称为羰基化合物。羰基的碳原子跟氢原子相连成的称为醛基（$H - \overset{O}{\overset{\|}{C}} -$），含醛基的化合物称为醛，如甲醛（HCHO）、乙醛（CH_3CHO）；羰基与两个烃基相连的化合物，称为酮，如丙酮（CH_3COCH_3）等。

甲醛广泛用于有机合成工业中，是生产塑料、合成纤维的原料，是重要的化工原料；甲醛有杀菌消毒作用，可作为消毒剂。丙酮是优良的有机溶剂，也是有机化工原料。

4. 羧酸和酯

分子里含有羧基（—COOH）的化合物，称为羧酸。最常见的羧酸是乙酸（CH_3COOH），俗称醋酸。食醋的主要成分是乙酸和水，乙酸是有机合成的重要原料，也是一种溶剂。

羧酸的水溶液显酸性，能和碱作用生成盐。12~18 个碳组成的羧酸（脂肪酸）钠盐，是肥皂的主要成分。

羧酸和醇发生反应生成的化合物，称为酯，这类反应称为酯化反应。例如，乙酸和乙醇在无机酸的催化作用下，生成乙酸乙酯。

$$CH_3COOH + C_2H_5OH \underset{}{\overset{H^+}{\rightleftharpoons}} CH_3COOC_2H_5 + H_2O$$

酯化反应是一个可逆反应，反应物不能全部转化成产物。

酯是优良的有机溶剂，用于溶解和稀释清漆、喷漆和硝化纤维素等。

5. 含氮有机化合物

含氮有机化合物包括硝基化合物和氨基化合物。

烃分子里的氢原子被硝基（—NO_2）取代后生成的化合物，称为硝基化合物。硝基在苯环上的化合物称为芳香族硝基化合物，这是一类比较重要的化合物，也是重要的化工原料。硝基苯结构式为 $\langle\!\!\!\!\!\!\bigcirc\!\!\!\!\!\!\rangle$—NO_2（$C_6H_5NO_2$），人体在吸入其蒸气后，会发生慢性中毒。硝基苯在酸性条件下可被铁粉还原为苯胺。

$$\langle\!\!\!\!\!\!\bigcirc\!\!\!\!\!\!\rangle\text{—NO}_2 + 3\text{Fe} + 6\text{HCl} \longrightarrow \langle\!\!\!\!\!\!\bigcirc\!\!\!\!\!\!\rangle\text{—NH}_2 + 3\text{FeCl}_2 + 2\text{H}_2\text{O}$$

烃分子中的氢原子被氨基（—NH_2）取代后生成的化合物称为胺，胺都显碱性。氨基可以在碳链上，也可以在苯环上。例如，苯胺的氨基是在苯环上。苯胺是合成染料的重要原料。

在有机化合物分子中比较活泼，并反映某类有机化合物共同特性的原子或基团，称为官能团，亦称为功能团或功能基。一些重要的官能团见表 2-8。

表 2-8 一些重要的官能团

官能团		对应的化合物
名称	结构	
卤族元素	—X（Cl、Br、I）	卤代烃
羟基	—OH	醇或酚
醛基	$-\overset{\displaystyle O}{\underset{\displaystyle H}{C}}$	醛
羰基	$\diagdown C=O$	酮
羧基	$-\overset{\displaystyle O}{\underset{\displaystyle OH}{C}}$	羧酸
硝基	—NO_2	硝基化合物
氨基	—NH_2	胺
氰基	—CN	腈

四、分散系

（一）分散系及其分类

在分散系中被分散的物质，称为分散质或分散相。通常，分散质在分散系中含量较少，是不连续的。另一种在分散质周围的物质，称为分散剂或分散介质。通常，分散剂在分散系中含量较多，是连续的。

根据分散质颗粒的大小不同，分散系可分为粗分散系、胶体分散系和分子（包括离子）分散系三类。由于分散质颗粒大小不同，所形成的分散系在性质上有不同特点（表2-9）。

表2-9 分散系按分散质颗粒大小的分类

维度	分散系		
	粗分散系	胶体分散系	分子分散系
颗粒大小	>100 nm	1～100 nm	<1 nm
主要性质	分散质不能透过滤纸，不透明、不均一、不稳定、易分层，可能有丁达尔现象	分散质能透过滤纸，透明、均一、较稳定、不分层，有丁达尔现象	分散系能透过滤纸，透明、均一、稳定、不分层，无丁达尔现象
实例	泥浆水（悬浊液）、牛奶（乳浊液）	氢氧化铁胶体、淀粉胶体	蔗糖水溶液（分子）、食盐水溶液（离子）

（二）不同分散系的性质

1. 粗分散系

由于分散质的颗粒较大，分散系不透明、不均一、不稳定、易分层，通常称为浊液。若分散系是固体物质，称为悬浊液；分散质是液体物质，称为乳浊液。

要使乳浊液稳定，一般有两种方法：

（1）剧烈振荡使油滴粒子变小。如加压力使牛奶通过很小的细孔，可以使大滴油脂碎裂成极微小的油滴，称为牛奶均匀化。均匀化后的牛奶，其中的脂肪不易聚集，牛奶就不易分层。

（2）加乳化剂，使乳浊液保持稳定。

2. 胶体分散系

丁达尔现象是胶体分散系的一个重要的性质。由于胶粒的直径要比溶液中的溶质大，它对光线产生散射现象。如果在黑暗的地方，让光线通过胶体溶液，就可以从侧面看到胶体里有一条光亮的通路，这种现象称为丁达尔效应。丁达尔现象可以用来鉴别溶液和胶体。

胶体分散系的另一个重要的性质是胶体的微粒带有电荷，当同一种胶体颗粒在同一种溶液里时，总是吸附着相同电荷的离子。在电场的作用下，这些微粒就会定向移动，即胶体微粒总是向一个电极方向移动，称为电泳。

在胶体分散系中，加入另一种带有相反电荷的胶体，会产生凝聚作用。例如，用明矾或三氧化铁可净化水，这是因为它们在水溶液中会产生带正电荷的氢氧化铝或氢氧化铁胶粒，而水中的杂质是带负电荷的，二者电性相反，相互吸附凝聚而下沉。

3. 分子分散系

通常指的是溶液（或真溶液）。分散质可以是气体、液体或固体，分散剂是水和有机溶剂。

（1）溶液的溶沸点

水是一种常用的溶剂，在一定的温度下，纯水有一定的饱和蒸气压。水的饱和蒸气压和大气压相等时的温度，称为水的沸点。在标准大气压下，水的沸点是 100 ℃，水的凝固点是 0 ℃。当水中加入食糖或食盐等非挥发性溶质时，虽加热到 100 ℃，但溶液仍不能沸腾，必须继续提高温度才能达到沸点。这是因为非挥发性的溶质，占据了溶液的表面，使溶液的饱和蒸气压比同温度时纯水的饱和蒸气压低，溶液的蒸气压达到大气压时的温度会升高到 100 ℃以上，这就是溶液的沸点上升。

经测定不同溶质的溶液沸点发现，在相同质量的纯溶剂中，加入相同物质的量的非挥发性的非电解质溶质，溶液的沸点升高值是相同的。

水的凝固点是水和冰具有相同饱和蒸气压时的温度，在常压下是 0 ℃。同样由于溶液蒸气压的下降，水和冰两者的蒸气压不相等，要使两者的蒸气压相等，温度要降到 0 ℃以下，这就是溶液凝固点下降。如果溶质是电解质，由于电离作用，生成了离子，使微粒数增加，溶液的凝固点下降得更多，溶液的沸点上升得也更多。

溶液凝固点下降现象在实际生活中有很多的应用，利用这个原理，可制成防冻剂、制冷剂等。例如，在汽车水箱里加入一些甘油或乙二醇等溶质，由于凝固点的下降，可防止水箱结冰。在冰水里加入足量的食盐，可以获得 -21 ℃的低温；加入氯化钙（$CaCl_2 \cdot 6H_2O$），甚至可以获得 -55 ℃的低温。

（2）溶液的酸碱性

溶液的酸碱性可以用 pH 表示。当 pH $<$ 7 时，溶液呈酸性；当 pH $>$ 7 时，溶液呈碱性；当 pH $=$ 7 时，溶液为中性。pH 大小是如何确定的呢？

因为水是弱电解质，纯水中只有极少量水分子能电离成正负离子：

$$2H_2O \Longrightarrow H_3O^+ + OH^- \text{ 或 } H_2O \Longrightarrow H^+ + OH^-$$

在 24 ℃时，实验测得 H^+ 和 OH^- 的浓度都是 1.0×10^{-7} mol/L，H^+ 和 OH^- 的浓度乘积用 K_w 表示，称为水的离子积。在一定温度下，K_w 是一个常数，如在 24 ℃时，$K_w = c(H^+) \cdot c(OH^-) = 1.0 \times 10^{-14}$（mol/L）^{2}。

随着温度变化，K_w 也有变化，若温度变化不大，可以视作常数。

pH 是溶液中氢离子浓度对数的负值，表示为 pH $= -\lg c(H^+)$。

中性溶液：$c(H^+) = 1.0 \times 10^{-7}$ mol/L，pH $= -\lg 1.0 \times 10^{-7} = 7$。

酸性溶液：$c(H^+) > 1.0 \times 10^{-7}$ mol/L，pH $<$ 7。

碱性溶液：$c(H^+) < 1.0 \times 10^{-7}$ mol/L，pH $>$ 7。

若已知 $c(H^+) = 1.0 \times 10^{-5}$，则 pH $= -\lg 1.0 \times 10^{-5} = 5$。

又因为 $c(H^+) \cdot c(OH^-) = 1.0 \times 10^{-14}$（mol/L）^{2}，所以 $c(OH^-) = \dfrac{1.0 \times 10^{-14}}{1.0 \times 10^{-5}}$ mol/L $= 1.0 \times 10^{-9}$ mol/L。

同样，若已知 pH $=$ 4，就可知 $c(H^+) = 1.0 \times 10^{-4}$ mol/L，而 $c(OH^-) = 1.0 \times 10^{-10}$ mol/L。

溶液的 pH 可以用 pH 试纸测定；若要精确测定 pH，可以使用酸度计。pH 试纸利用有些物质在一定 pH 范围内结构发生变化而显示出不同的颜色的性质，来指示溶液的 pH。这种物质称为酸碱指示剂（简称指示剂）。指示剂发生颜色变化的 pH 范围，称为指示剂的变色范围。不同指示剂有不同的变色范围。例如，石蕊是一种指示剂，它的变色范围是 pH＝5~8，当 pH<5 时显红色，当 pH>8 时显蓝色，当 pH 介于 5~8 时显紫色。当强酸和强碱中和滴定用石蕊作指示剂时，溶液显紫色表示达到滴定终点。酚酞的变色范围是 pH＝8~10，此时溶液显粉红色，当 pH<8 时，溶液无色，而当 pH>10 时，溶液显红色。用混合指示剂做成的 pH 试纸，可以在不同 pH 时显示不同的颜色。当溶液滴到 pH 试纸上时，将试纸的颜色与标准色对照，我们就可以知道待测溶液的 pH 了。

酸度计是利用玻璃电极作指示电极，可以把电势与 pH 的关系反映出来，从酸度计上直接读出溶液的 pH。

在钠的盐类中，氯化钠是强酸（盐酸）跟强碱（氢氧化钠）组成的盐，它的水溶液呈中性；其他如碳酸钠、碳酸氢钠等，它们的水溶液能使酚酞指示剂显红色，这是因为它们是由强碱弱酸组成的盐，溶解于水时会发生水解作用，水溶液呈碱性；如果是由强酸弱碱组成的盐（如硫酸铵），水溶液则呈酸性。

为什么水解作用会使盐溶液显示一定酸碱性呢？下面以醋酸钠为例来分析这种钠盐水溶液呈碱性的原因。

$$CH_3COONa \rightleftharpoons CH_3COO^- + Na^+$$

$$H_2O \rightleftharpoons H^+ + OH^-$$

由于醋酸是弱电解质，CH_3COO^- 跟 H^+ 结合成醋酸分子，为了保持 $c(H^+) \cdot c(OH^-) = 1.0 \times 10^{-14} (mol/L)^2$，水分子进一步电离，从而改变了溶液中的 $c(H^+)$ 和 $c(OH^-)$ 的相对浓度，使溶液中 $c(OH^-) > c(H^+)$，所以醋酸钠溶液呈碱性。同样，碳酸钠、碳酸氢钠的溶液也呈碱性；硫酸铵的溶液则呈酸性。

学习活动

生活中的物品酸碱性测试

身边的物品酸碱性是各不相同的，比如食盐、醋、洗洁精、小苏打等。请同学们小组合作自备待测的样品，用清洁的玻棒或棉签蘸取少量物品滴到 pH 试纸上，对比标准比色卡读出 pH，判断它们的酸碱性。其中液体可以直接测，固体需要先用适量蒸馏水溶解。测试结果记录在表 2-10 里。

表 2-10 实验：酸碱性测试

实验物品	pH 试纸颜色	pH	酸碱性

续表

实验物品	pH 试纸颜色	pH	酸碱性

思考与练习

2-1　简答：哲学上和物理学上宇宙的含义各是什么？

2-2　简答：支持宇宙大爆炸理论的主要天文观测事实有哪些？

2-3　名词解释：星座

2-4　简答：全天共多少个星座？哪些属于黄道上的星座？

2-5　简答：地球的形状是怎样的？

2-6　简答：星云假说的合理性和不足之处是什么？

2-7　简答：地球的外部圈层有哪些？内部圈层的划分依据是什么？

2-8　简答：地球表层的范围及其特点是什么？

2-9　简答：举出元素、单质、无机化合物和有机化合物各五种。

2-10　简答：对于同主族或同周期的元素来说，元素的金属性和非金属性的递变规律有哪些？最高价氧化物的通式及酸碱性的递变规律是什么？

2-11　完成下列化学方程式，指出哪些反应是氧化还原反应，并分析哪种物质是氧化剂，哪种物质是还原剂。

（1）$Cl_2 + H_2O \rightarrow$

（2）$CaO + H_2O \rightarrow$

（3）$H_2 + Cl_2 \rightarrow$

（4）$Na_2CO_3 + HCl \rightarrow$

2-12　完成下列化学方程式，并说明反应类型。

（1）甲烷与氯气反应，生成一氯甲烷

（2）乙烯与水反应

（3）用乙烯制取聚乙烯

2-13　简答：为什么胶体中加入少量的电解质会发生凝聚作用？试举一例。

参考答案

拓展阅读导航

1. 陈效逑. 自然地理学［M］. 北京：北京大学出版社，2001.

该书运用系统科学的思想和方法，以全新的体系阐述地球表层系统及其子系统的组成、结构、功能、空间特征、时间动态，以及各子系统之间相互作用的基本过程、驱动力量和基本规律。请重点阅读第 13 章。

2. 帕迪利亚. 科学探索者：物质构成［M］. 华曦，译. 杭州：浙江教育出版社，2007.

这套书是美国的研究性学习教材，探索科学奥秘、指导性学习、知识与能力方法并重，让学习者动手动脑，趣味无穷。全套书共 15 本分册，《物质构成》一书中包括来自植物的化学品、了解物质、物质的变化、元素和元素周期表、碳化学等。

第三章　自然界的运动性

学习目标

1. 了解不同层次的天体系统。

2. 理解岩石圈和大气圈的主要运动形式，理解世界气候分类，理解位置、位移、速度、加速度的概念，理解匀速圆周运动的加速度，理解简谐运动位置、速度、加速度随时间变化的规律，理解冲量、动量、功、机械能的概念。

3. 掌握地球运动的特征及其地理意义，掌握牛顿运动定律、动量定理及动量守恒定律、动能定理、机械能守恒定律，并会综合运用以上规律解决实际问题。

4. 感受天体运动和变化的韵律，领略大自然"沧海桑田""风云变幻"的奥秘，感受科学家创新、求实的探究精神。

思维导图

```
                              ┌─────────────┐
                   ┌──────────┤   天体系统   │
         ┌─────────┤ 天体的运行 ├─────────────┤
         │         │          │   地球运动   │
         │         └──────────┴─────────────┘
         │                    ┌─────────────┐
自  ┌────┤                    │   地壳运动   │
然  │    ├──地球主要圈层的运动──┤─────────────┤
界  │    │                    │   大气运动   │
的  │    │                    └─────────────┘
运  ┤    │                    ┌─────────────┐
动  │    │                    │   运动的描述  │
性  │    ├────运动和力─────────┤─────────────┤
    │    │                    │  牛顿运动定律 │
    │    │                    └─────────────┘
    │    │                    ┌─────────────┐
    └────┤                    │  动量及其守恒律│
         └────动量和机械能──────┤─────────────┤
                              │ 机械能及其守恒律│
                              └─────────────┘
```

情境链接

　　斗转星移，沧海桑田，云卷云舒，花香袭人，这些成语里都暗含着本章的一个关键词，那就是运动。我国东汉时期的《尚书纬·考灵曜》曾记载："地恒动不止，而人不知，譬如人在大舟中，闭牖而坐，舟行而人不觉也。"这与一千多年后伽利略的描述颇为相近，为何"舟行而人不觉"呢？你将在学习完本章后，明白其中的道理。宋代陈与义有诗云："飞花两岸照船红，百里榆堤半日风。卧看满天云不动，不知云与我俱东。"（《襄邑道中》），是云动还是诗人在动，抑或都在运动？学习完本章后，你将能加深对运动本质的理解，再欣赏这首古诗词时，定会有别样的体会。

　　自然界中的一切物质，大到宇宙、地球，小到分子、原子都在运动，运动是绝对的。不同层次的物质有其独特的属性和运动规律。通过引入位置、速度、加速度等物理量，我们可以描述运动，通过分析力、动量和能量等，可以加深对运动本质的理解。

第一节　天体的运行

　　宇宙中的天体无时无刻不在运动着，恒星、行星、卫星的运动都具有一定的规律。地球是宇宙中的一个普通天体，但它的运行规律对生活在地球上的人类具有重大影响。

一、天体系统

　　宇宙中的天体是不断运动的。运动着的天体形成不同层级的天体系统。地球及其卫星月球组成的天体系统称为地月系，地月系是太阳系的一部分，而太阳系又是银河系的一部分。银河系和河外星系统称为总星系，它是目前人类所知的最高一级的天体系统。

（一）恒星与银河系

1. 恒星

　　恒星是构成宇宙，也是构成银河系的基本单元。恒星是指由炽热气态物质组成，能自行发热发光的球形或接近球形的天体。

"恒星"的本意是"固定的星"，以区别于行星。所谓"固定"，是指它们在天球上的相对位置保持不变。如北斗七星，尽管不停地"斗转星移"，却始终保持"斗"的形状不变。但是，恒星彼此间的相对位置的不变性，也只是近似的。事实上，恒星在空间上也在不断地运动，其速度可高达数百千米每秒。

恒星相对于行星如地球而言，体积和质量都比较大，但它们之间有很大的差别。最小的恒星质量大约为太阳的百分之几，最大的则有太阳的几十倍。恒星一般都有发光的能力，但有强有弱。恒星表面的温度也有高有低。由于每颗恒星的表面温度不同，它们发出的光的颜色也不一样。一般说来，恒星表面的温度越低，它的光越偏红；温度越高，光则越偏蓝。因此，我们观察到的恒星是有不同颜色的。例如，太阳看上去是黄颜色的，它的表面温度是 6 000 K；织女星则发出白色光，它的表面温度大约 10 000 K。恒星的寿命长短不一，这取决于恒星的质量。大质量的恒星中心温度比小质量的恒星高得多，其蕴藏的能量消耗也快，因而存在时间短，而小质量恒星的寿命则要长得多。恒星的存在形式也是复杂多样的，一般的恒星是单个存在的；但两颗恒星紧靠在一起，并互相绕转着就成为双星；三四颗或更多颗恒星聚集在一起的就成为聚星；十颗以上，甚至成千上万颗星聚集在一起组成的称为星团，例如，银河系中心方向的武仙座球状星团就是由大约 250 万颗恒星组成的。

恒星是从太空中的星际气体和尘埃中诞生的，恒星有形成、发展、死亡和再生的过程。极其稀薄的物质凝聚成星云，并进一步收缩、升温，直到触发恒星中心由氢原子核聚变为氦原子核的热核反应，从而释放出巨大的核能，使中心天体炽热发光，并发出热辐射，恒星就诞生了。恒星的演化经历了从主序星到红巨星的过程。恒星的主序星是其一生中最长最稳定的黄金阶段，占据了它整个寿命的 90%。到晚期恒星的热核反应会产生巨大辐射压力，自恒星内部往外传递，并将恒星的外层物质迅速推向外围空间，形成又红又亮的红巨星。当恒星的核燃料耗尽时，恒星也走到了它一生的尽头。恒星的归宿有三种不同的结局，即白矮星、中子星和黑洞。

2. 银河系

无月的晴夜，在不受灯光影响的地方，人们仰望天空，可以看到一条贯穿长空的白茫茫光带，天文学上称之为银河（图 3-1）。银河其实是银河系主体在天球上的投影。我国古人也把它形象地称为天河、星河，欧洲人则称之为"乳白色的道路"（Milky Way）。

图 3-1 银河拱桥

银河系是一个中型恒星系，直径约为 8 万光年，包含 1 000 亿~2 000 亿颗恒星。总质量是太阳质量的 1 400 亿倍，其中 90% 以上是恒星的质量。银河系的形态如同铁饼状的圆盘体，中部较厚而四周较薄。整个星系都环绕着银河系中心旋转，圆盘体就是在旋转中形成的。银河系有三个主要组成部分：银核、银盘和银晕（图 3-2）。

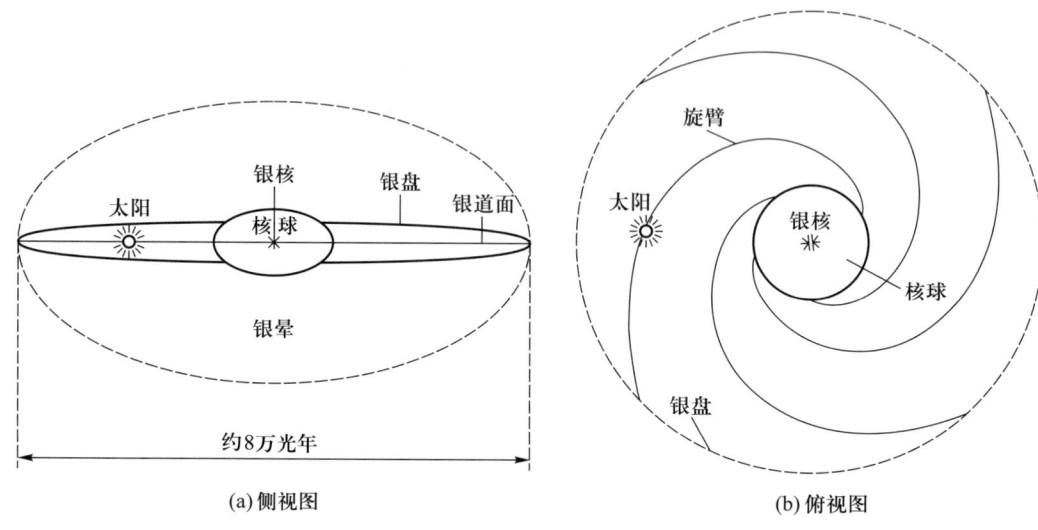

图 3-2 银河系的结构

（1）银核

银河系的中心凸出部分，是一个很亮的球状体，称为核球，直径为 1.0 万~1.3 万光年，厚约 1.2 万光年。核球的中心部分叫银核，半径为 20~30 光年；银核的中心叫银心，半径约 1 光年。银核中恒星密集，有强烈的宇宙射线辐射，整个银河系都围绕银心作高速旋转。

（2）银盘

银盘是银河系的主体，直径约为 8 万光年，内侧较厚，2 400~4 800 光年，外侧较薄，约 800 光年。银盘主要是由无数年轻的恒星组成的，环绕形成了四条巨大的旋臂。太阳处于银盘的边缘，位于其中的猎户座臂上。

（3）银晕

银晕是弥散在银盘周围的一个球形区域，直径约为 7.8 万光年，这里恒星的密度很小。

研究发现，在银晕外还存在一个巨大的大致呈球形的射电辐射区，称为"银冕"（galactic corona），它的半径可达 30 万光年。

（二）太阳系

1. 太阳

太阳（图 3-3）是恒星的典型代表，也是银河系中的一颗普通恒星，它位于银河系银盘的一个旋

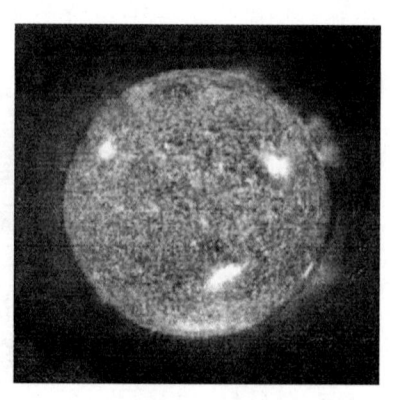

图 3-3 太阳

臂上，距银心约 2.4 万光年，以 250 km/s 的速度和 2.5 亿年的周期绕银河系中心公转。太阳对人类居住的地球而言十分重要。

与地球相比，太阳是一个巨大的球体，它的直径为 139.2 万 km，是地球直径的 109 倍。太阳体积是地球体积的 130 万倍。太阳质量为 1.989×10^{30} kg，是地球质量的 33 万倍。太阳平均密度约为地球平均密度的 1/4，为 1.41 g/cm^3；而太阳表面的重力加速度则远大于地球表面的，是地球表面重力加速度的 27.9 倍。

太阳是一个炽热的气态球体，并无固态表面。太阳在结构上可分为内、外两大部分：内部为稠密的气体，处于高温、高压的状态下；外部为稀薄的气体，称为太阳大气。

人们对太阳内部情况所知不多，只能推断。外部太阳大气可以直接观测到，分为三个圈层：光球、色球和日冕。

（1）光球

光球位于太阳大气的底层，厚度约 500 km。厚度虽不大，却是太阳大气中密度最大的部分，也是整个太阳中最明亮的部分，强烈的光辐射就是从这一层发出的。人们就以该层来衡量太阳的大小和温度。光球上周期出现"暗黑"的斑点——太阳黑子，这是太阳活动的反映。

（2）色球

色球是太阳大气的中层，厚度约 2 000 km。色球的亮度仅及光球的千分之一，使人无法看见，密度也较光球小。耀斑是太阳色球爆发的突出表现。色球的边缘呈锯齿形，这由强烈的上升气流所致，形成的气柱称为日珥。

（3）日冕

日冕是太阳大气的最外层，其厚度相当于太阳半径的几倍，达几百万千米，但它的密度却很小。日冕的亮度是极弱的，仅为光球的百万分之一。日冕的气体粒子不断向外扩散，形成太阳风，对地球等行星影响很大。

根据太阳光谱测得太阳光球的有效温度是 5 770 K。在光球以内，太阳的温度随深度而增加，据推算太阳中心的温度可高达 1 500 万 K。反常的是，太阳大气的温度从光球向外也是增加的，在色球上距光球 2 000 km 处，温度上升到 10 万 K，而到了日冕低层温度可达 100 万 K 以上。

太阳的高温来源于太阳能，太阳能是在高温、高压条件下，从由氢核聚变为氦核的热核反应中产生的。据研究，在组成太阳的物质中氢占 71%，氦占 27%，因此，在相当长的时期内，太阳内部的热核反应是不会停止的。太阳是一颗典型的处在主序星阶段的恒星，它的主序星阶段长达 100 亿年，它已经在这一阶段"生活"了 50 亿年，还可以像现在这样再过 50 亿年。

太阳在不停地运动着，除了环绕银河系的中心旋转外，还有相对于邻近恒星的运动：以 20 km/s 的速度向武仙座的方向前进。太阳也有自转，其周期为 25 天。

2. 太阳系

太阳系是由受太阳引力约束的天体组成的系统（图 3-4），太阳系的成员有：恒

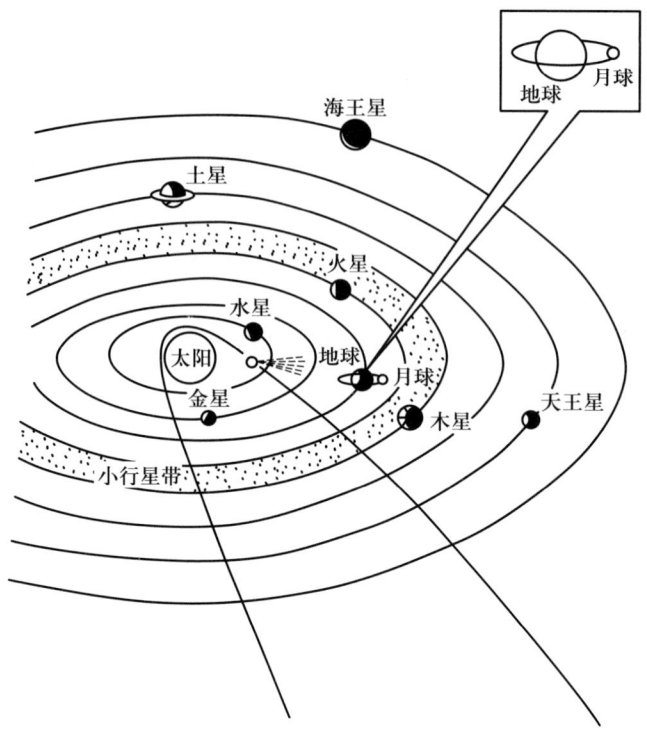

图 3-4　太阳系的组成

星太阳、包括地球在内的八大行星、矮行星、太阳系小天体（包括小行星、彗星和流星体等）、卫星以及大量尘埃物质和稀薄的气态物质。在太阳系中，太阳的质量占太阳系总质量的 99.8%，其他天体的总和不到总质量的 0.2%。太阳的引力控制着整个太阳系，使其他天体绕太阳公转。

　　行星是指围绕太阳运转、自身引力足以使天体呈球状，并且能够清除其轨道附近其他物体的天体。太阳系有八大行星（图 3-4），包括水星、金星、地球、火星、木星、土星、天王星、海王星，都在接近同一平面的近圆轨道上，沿同一方向绕太阳公转。

　　八大行星按物理性质可分为两类：第一类是类地行星，以地球为代表，包括水星、金星、地球和火星，离太阳的距离近，类地行星的共同特点是半径和质量较小，但密度较大，由石质和铁质构成；第二类是类木行星，以木星为代表，包括木星、土星、天王星和海王星，距离太阳较远，共同特点是它们的质量和半径均远大于地球，但密度却较小，主要由氢、氦、氖等构成，石质和铁质只占极小的比例。

　　八大行星绕日运动都遵循一定的规律。它们的轨道具有近圆性、共面性和同向性特点。近圆性指所有行星轨道的偏心率都很小，几乎近于圆形。共面性是说所有行星的公转轨道面都是比较接近的，大体在一个平面上，与地球轨道面的交角都不大。同向性指行星绕日公转的方向都是相同的，也同太阳自转的方向一致（表 3-1）。

表 3-1 太阳系八大行星的基本参数

名称	离太阳平均距离		相对于黄道的轨道倾角	赤道直径		相对体积（地球体积为1）	相对质量（地球质量为1）	平均密度/（g·cm⁻³）
	/10⁶ km	/AU		/km	相对直径（地球直径为1）			
水星	57.9	0.39	7°	4 880	0.38	0.06	0.055 4	5.44
金星	108.2	0.72	3.4°	12 100	0.95	0.88	0.815	5.2
地球	149.6	1	0°	12 756	1.00	1.00	1.000	5.52
火星	227.9	1.52	1.9°	6 787	0.53	0.15	0.107 5	3.95
木星	778.3	5.20	1.3°	142 800	11.19	1 316.0	317.89	1.314
土星	142.7	9.54	2.5°	120 000	9.41	755	95.18	0.7
天王星	2 869.6	19.18	0.8°	51 800	4.06	67	14.63	1.2
海王星	4 496.6	30.06	1.8°	49 500	3.88	57	17.2	1.7

　　太阳系中的小天体包括小行星、彗星和流星体。小行星主要分布在火星和木星之间的区域，目前已获得永久编号的小行星已有 10 000 多颗。小行星形状各异，一般直径都不超过 1 000 km，杂乱无章地围着太阳运转，其轨道经常受到木星等大行星的扰动。太阳系中大多数彗星以椭圆形轨道绕太阳公转，典型的彗星分为彗核、彗发和彗尾三个部分，迄今为止一共约有 1 600 颗彗星有记录。太阳系中还有数量众多的大小流星体，一旦进入地球大气层，就会摩擦生热、汽化而发出光芒，成为晴朗夜空经常能见到的流星，大流星体降落到地面成为陨星。其中石质陨星叫陨石，铁质陨星叫陨铁。

（三）月球与地月系

1. 月球

　　月球俗称月亮。它在天空中与太阳有同样的视大小，所以自古以来，人们总是日、月并提，把前者叫作太阳，后者叫作太阴。月球是地球唯一的天然卫星，也是迄今人类足迹所至的第一个天体。1962 年至 1972 年，美国曾实施阿波罗登月计划，分 6 批共 12 人次乘飞船登上月球，进行实地科学考察和研究。我国 2004 年也正式开展月球探测工程，命名为"嫦娥工程"。到 2023 年，我国已进行月球样品自动取样返回探测，完成世界首幅 1∶250 万月球全月地质图的研制。表 3-2 列出了月球的基本参数。

表 3-2 月球的基本参数

主要物理量	数据	与地球比较/%
平均半径	1 738 km	27.25
表面积	3.79×10^7 km²	7.4

续表

主要物理量	数据	与地球比较 / %
体积	2.2×10^{10} km³	2.03
平均密度	3.341 g/cm³	60.5
质量	7.348×10^{22} kg	1.23
重力加速度	1.622 m/s²	16.67

从地球上看到的月球表面，明亮部分是月球表面的高原和山地，暗灰色部分是月球表面的平原和盆地。整个月面遍布一种四周凸起、中部低凹的环形隆起，叫环形山，或叫月坑。

月球上基本没有水和空气，没有声音的传播，到处是一片寂静的世界。月球本身不发光，天空永远一片漆黑，太阳和星星可以同时在空中出现。太阳光是笔直的，日光照到的地方很明亮，照不到的地方就很暗。在月球上观察星星，星光已不再闪烁。月球上的昼夜温差很大。白天，在太阳光直射的地方，温度高达 127 ℃；夜晚温度可低到 −183 ℃。就是一个大石块的明暗两面，温度也会相差几百摄氏度，向阳的一侧温度可以高达 120 ℃以上，而背阳的阴影里温度仅为 −150 ℃左右。由于没有大气的阻隔，月球表面太阳辐射强度比地球表面强约 1/3，紫外线强度也比地球表面强得多。

2. 地月系

月球绕转地球，构成地月系。由于地球质量远大于月球，所以这个天体系统的中心天体是地球。严格地说，是月球和地球对于它们的共同质心的绕转。但由于地月系质心十分接近地球质心，因此，人们一般把地月系的运动简单描述为月球对于地球的绕转运动。月球公转轨道是一个椭圆，其在天球上的投影称为白道，近地点（离地球最近时）平均距离为 36.33 万 km，远地点（离地球最远时）平均距离为 40.55 万 km，相差 4.22 万 km。月球绕地球公转一周称为一个"恒星月"，平均是 27.32 日。

月球在绕地球公转的同时，自身也在自转。月球的自转周期和公转周期相等，且方向都是自西向东。这样的自转称为同步自转。正是这个原因，地球上所见到的月球，大体上是相同的半个球面，直到 1959 年人类发射的探测器绕到月球背面传回照片后，人们才洞悉了月球的全貌。

3. 月相

"月有阴晴圆缺"，月球有时似一钩斜挂，有时如玉盘高悬。地球上观察的月亮这种圆缺变化称为月相。

月球本身并不发光，我们夜晚所看到的月光是月球反射太阳光的结果。在月球绕地球公转一周的过程中，由于日、地、月三者的相对位置不断发生变化，因此地球上所看到的月球被太阳照亮的部分也在不断发生变化，形成了月相。

当月球运行到太阳和地球之间时，面对地球的是黑暗的月半球。人们看不到它，这便是新月，也叫朔。当月球运行到太阳的对面，和太阳分处地球的两侧时，面对地球的是明亮的月半球，人们看到的是一轮满月，也叫望。当月球运行到介于新月和满月之间的位置，地球与月球和太阳的连线成 90° 角时，面对地球的是各占一半的亮面和暗面，人们看到的月球呈半圆形，称为弦月。弦月有上弦月和下弦月之分。每次新月之后，月相的变化依次是上弦月、满月、下弦月、新月。月相由缺到圆，再由圆到缺，这样循环一个周期，叫作一个朔望月，平均时间为 29.53 日。

月相的圆缺变化给人深刻的印象，我国古代的人们很早就掌握了月相变化的周期性规律，并用朔望周期来定月制定了阴历，后来又演变成现在的农历。农历把每次新月作为月首，定为初一，其他的日期依此类推，如上弦月为农历的初七或初八，满月为农历的十五或十六，下弦月为农历的廿二或廿三。现在除部分国家和地区采用阴历外，其他国家和地区已不用。

历法

二、地球运动

地球的运动形式有许多种，其中最重要、最显著的是地球的自转和公转。

（一）地球的自转
1. 地球自转的特征
地球自转具有确定的方向、周期和速度。

地球自转的方向是自西向东转，如果在北极上空俯瞰，其方向是逆时针的。

地球的自转是周期性的运动，自转的周期是一日。严格地说，地球自转 360° 是一个恒星日，所需时间是 23 h 56 min 4 s[①]。人们在生活中实际应用的周期是太阳日，一个太阳日所需时间是 24 h，实际自转 360°59′。太阳日不同于恒星日是由于参考点不同，太阳日是地球相对太阳的自转周期。

地球自转的速度有角速度和线速度之分。角速度是单位时间内地球上某点绕地轴转过的角度，这在全球都是一致的。地球自转角速度约为 15°/h，或 15′/min，15″/s。地球自转的线速度是单位时间内地球某点所转过的线距离，线距离因所处纬度和高度而不相同。赤道上的线速度最大，山顶上的线速度大于山麓处的线速度。

地理坐标

地球自转的速度不是一成不变的。3 亿多年前每年有 400 天左右，目前地球自转有变慢的趋势，日长在 100 年内大约增长 1~2 ms。其原因主要是月球和太阳对地球的潮汐作用。

2. 地球自转的影响
地球自转产生的影响是重大的。自转所引起的惯性离心力是地球形状成为一个扁球体的原因。此外，天体的周日运动、地转偏向力的作用和时差也都是地球自转最显著的表现。

（1）天体的周日运动
天体的周日运动是指每天可以看到天体东升西落的现象有规律地重复出现。太阳

---

① 时间单位符号分别是 s（秒），min（分），h（时），d（日或天）。

的周日运动是地球上表现最为明显的，太阳每天从东方地平线升起，直达天空最高位置，然后转向西方逐渐落入地平线下，导致地球上昼夜交替，也使地表各种自然过程具有昼夜节奏，使地表热量平衡，有利于生物正常生存。

（2）地转偏向力

地转偏向力是指地球上水平运动着的物体因地球自转而产生的使水平运动方向偏离的力。地转偏向力只改变物体水平运动的方向，不改变物体运动的速率。它的方向同物体水平运动的方向相垂直，在北半球它指向物体运动方向的右方，使物体向原来运动方向之右偏转；在南半球则相反，使物体向原来运动方向之左偏转。地转偏向力的大小同物体运动的速率和所在纬度有关，物体静止时或位于赤道则不受地转偏向力的作用。地转偏向力对地球大气和洋流的运动方向产生很大的影响。

（3）时差

时差是指在地球上不同经度的地方，有不同的地方时。如当北京在早晨 6 时迎接黎明时，莫斯科则午夜刚过。时刻分有地方时和标准时。

地方时是指本地经度的时间，这是根据太阳的位置确定的时刻，在北半球把太阳正南的时刻作为中午 12 时。很显然在不同的经线上各地都有自己的正午时刻。地方时因地方经度差异而不同，经度相差 1°，地方时刻相差 4 min；经度差 1′，地方时刻相差 4 s。不同的地方时给人们的交往和联系带来不便，为适应国际交流和科学技术的发展，需要建立统一的国际时间计量系统，这就规定了标准时。

标准时是指一定时区共同使用的时间，又分为区时和法定时。区时对应各理论时区。这是在 1884 年华盛顿国际经线会议上规定的。全球按统一标准划分时区，实行分区计时制。整个地球被分为 24 个时区，每个时区跨经度 15°，以格林尼治天文台所在的经线作为标准经线（零度经线），由该经线分别向东、向西计量经度，以 15° 的倍数的经线为标准时线。标准时线的东、西各 7.5° 的范围属同一时区。零度经线所在时区称零时区，向东分别为东 1 区到东 12 区，向西为西 1 区到西 12 区，东、西 12 区都是半时区，相交于 180° 经线。各时区内以标准时线的地方时作为全区的统一时间。这就称为区时。这样各时区的分、秒时间相同，相差值为整小时，相邻时区则相差 1 h。时区的划分便于各时区之间的时间换算（表 3-3）。

表 3-3　世界主要城市和地区所在理论时区

-1	0	+1	+2	+3	+4	+5	+6	+7	+8	+9	+10	+11	+12-	-11	-10	-9	-8	-7	-6	-5	-4	-3	-2
达喀尔	伦敦	巴黎	开罗	莫斯科	阿布扎比	新德里	内比都	曼谷	北京	东京	墨尔本	所罗门群岛	惠灵顿	太平洋	太平洋	檀香山	安克雷奇	温哥华	尼克斯	芝加哥	纽约	圣地亚哥	巴西利亚	大西洋中部

注：表中数字表示理论时区、"+" 表示东时区，"−" 表示西时区。

法定时是指现实时区采用的标准时，这是各国以地理经度为标准，再参考政区界线及自然经济等因素调整后定出的。例如，我国所跨经度位置广，应属东 5 区到东 9 区五个时区，但为方便统一，都采用首都北京所在的东 8 区的区时为全国统一时间，称北京时间，这就是我国的法定时。东 8 区的标准时线为东经 120°，与北京（116°19′）相距 3°41′，因此与北京地方时相差 14.7 min，而与乌鲁木齐的地方时则要相差 2 h 10 min。

大体以东、西经 180° 为界确定了国际日界线，一线之隔时刻相同，日期则相差一天，而且，从西向东越过该线日期要减少一天，从东向西过该线日期则要增加一天。这是为了避免日期混乱而做出的必要规定。因此，居住在紧靠该线西侧地区的人们最早迎接一天的到来。现实的日界线有若干处偏离了 180° 经线（图 3-5），以保持在一个国家内日期上的统一。

（二）地球的公转

地球在自转的同时，还沿着一定的轨道环绕太阳做旋转运动，这就是地球的公转。地球公转所环绕的中心是太阳和地球的共同质量中心，但由于太阳的质量远大于地球的质量，日地共同质心十分接近太阳质心，一般可将地球公转看成地球环绕太阳的运动。

1. 地球公转的特征

地球公转具有严格的轨道、确定的方向、周期和速度。

地球公转的轨道是一个椭圆，其长半轴为 $1.496\ 0 \times 10^8$ km，短半轴为 $1.495\ 8 \times 10^8$ km，两者相差 2×10^4 km，周长为 9.4×10^8 km，太阳就位于椭圆的一个焦点上。地球在公转轨道上运行时，有一点距离太阳最近，为 1.471×10^8 km，称近日点；有一点距太阳最远，为 1.521×10^8 km，称远日点。地球于 1 月初经过近日点附近，7 月初经过远日点附近（图 3-5）。

地球公转的轨道面称黄道面。在地球沿轨道公转时，地轴并不与黄道面垂直，而是与黄道面成 66°34′ 的交角，始终指向遥远的北极星，即地球自转的赤道面与黄道面并不重合，黄赤交角为 23°26′（图 3-6）。

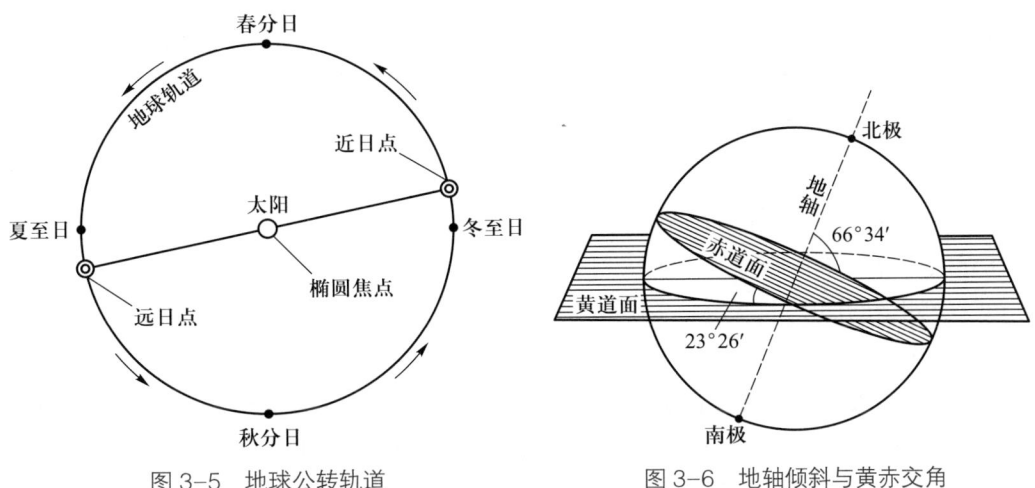

图 3-5 地球公转轨道　　　　　　　图 3-6 地轴倾斜与黄赤交角

黄道面与天球相交的大圆叫黄道，这样在地球上看来太阳始终在黄道上运动。赤道面与天球相交的大圆叫天赤道。黄道与天赤道在天球上有两个交点，分别称春分点（春分日）和秋分点（秋分日）。黄道上春分点和秋分点之间的中点，分别称为夏至点（夏至日）和冬至点（冬至日）。

地球公转的方向与地球自转的方向是一致的，从北极星方向往地球看，也是自西向东逆时针方向。

地球公转的周期是一年，具体地说，地球公转360°所需的时间是365 d 6 h 9 min 10 s，称恒星年。这是地球公转的真正周期。人们实际常用的是回归年，这是太阳在黄道上连续两次过春分点的时间间隔，为365 d 5 h 48 min 46 s，稍短于恒星年，这是因为春分点每年在轨道上有西移现象。回归年与季节变化密切相关。

地球公转的速度同样有角速度和线速度之分。地球公转的平均角速度是每年360°，即59′/d。地球公转的平均线速度是29.78 km/s。由于日地距离的周年变化造成太阳对地球引力大小不同，地球公转的速度有季节变化。在近日点地球受太阳的引力最大，所以公转线速度较快，为30.2 km/s；相反，在远日点地球线速度较慢，为29.3 km/s。

2. 地球公转的影响

地球以倾斜的姿态和特定的轨道绕太阳公转，对地球本身产生了一系列重大影响，最直接的是造成了地球上各地正午太阳高度和昼夜长短的季节变化与纬度差异，而这种太阳辐射能在地球上时空分布的变化和差异，最终导致了地球上四季和五带的出现。

（1）正午太阳高度和昼夜长短

太阳高度是太阳对于地平面的角距离，就某一地点而言太阳位于天顶时它的高度为90°，位于地平面时高度为0°。在一日内正午太阳高度达到最大值。正午太阳的高度与地理纬度和不同季节有直接的关系。由于地球的公转，在一年内正午太阳高度是不断变化的，除了南、北回归线之间的纬度带外，正午太阳高度都以所在半球的夏至日为最高，然后逐渐减小，到冬至日为最低。正午太阳高度在很大程度上决定了各地在不同季节接受太阳辐射的强度差异，显然正午太阳高度越大太阳辐射越强。

地球上各地的昼夜长短也在不断变化着。随着地球公转太阳直射点在南、北回归线之间移动，直射点的移动便引起地球上晨昏线（昼夜两半球之间的界线）的移动，使各纬线上面向太阳和背向太阳部分的长短发生变化，从而产生了昼夜长短的不同。这同样使各地接受太阳辐射的时间发生变化。

（2）四季的产生

一年中的春、夏、秋、冬四季，是有一定气候意义的。但四季首先是一种天文现象，因此四季的产生与划分有显著的天文特征。

地球运行从春分点到秋分点，是北半球的夏半年和南半球的冬半年，此时太阳直射在北半球，北半球昼长夜短，正午太阳偏高；北极地区有极昼现象，南极地区有极夜现象。从秋分点到春分点，是北半球的冬半年和南半球的夏半年，在此时期太阳直射在南半球，南半球昼长夜短，正午太阳偏高；南极地区有极昼现象，北极地区有极夜现象。

在这基础上全年划分为四季（图3-7），每季3个月，太阳在黄道上运行90°。夏季是一年中白昼最长、太阳最高的季节，冬季则相反，春、秋两季是冬、夏间的过渡季节。

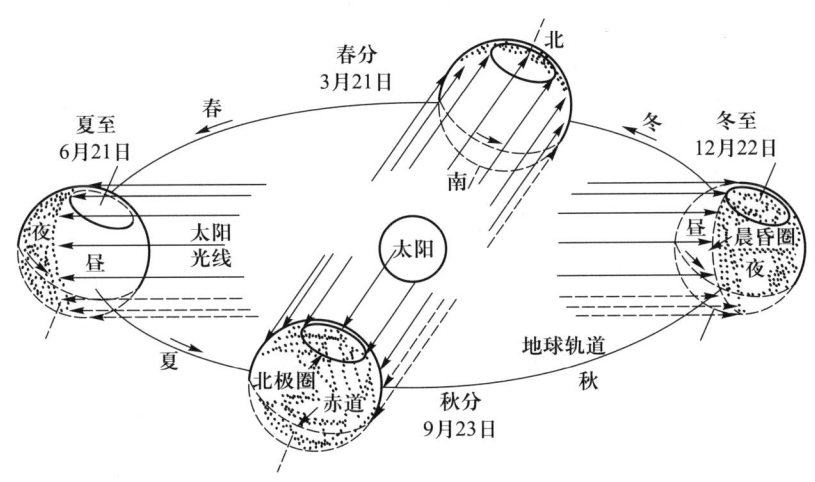

图 3-7　四季的产生

（3）五带的划分

地球上的五带指热带，南、北温带和南、北寒带（图3-8）。这是天文上的分带，是以正午太阳高度和昼夜长短为标准定出的纬度地带。这种划分不考虑地表的差异，只强调太阳的光照情况。

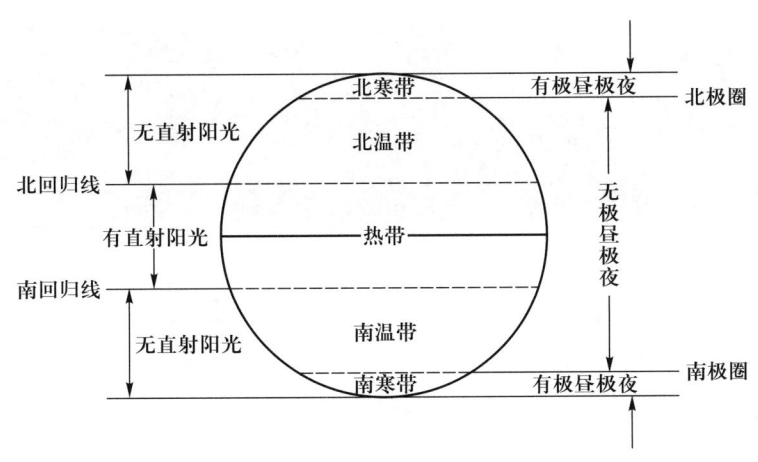

图 3-8　五带的划分

划分五带的纬度界线是南、北回归线和南、北极圈，南、北回归线是太阳直射点最南和最北的界线，南、北极圈是有无极昼和极夜现象的纬度界线，这四条界线将地球分为五带，各带均有明显的天文特征。

热带是南、北回归线之间的地带，即从南纬 23°26′ 到北纬 23°26′ 之间的低纬度地区，在全球总面积中，热带占 39.8%。本带内最大的天文特征是除南、北回归线外，太阳每年直射两次。

南、北温带是南、北回归线分别与南、北极圈之间的地带，即南、北纬 23°26′ 到 66°34′ 之间，宽度都是 43°8′。这两个纬度带的面积共占全球总面积的 51.9%。温带地区太阳终年不会直射，正午太阳高度的极大值随纬度的增加而降低，昼夜长短的变化幅度则随纬度的增加而显著增大。

南、北寒带是南、北极圈分别到南、北极之间的高纬度地带，即从纬度 66°34′ 到 90° 之间。寒带的面积是五带中最小的，合起来仅占地球总面积的 8.3%。寒带最显著的天文特征是出现极昼和极夜现象，夏季出现极昼，冬季出现极夜。另一个现象是太阳高度很小。极昼期间尽管太阳终日不落，太阳却始终很低。寒带内白昼光照强度低，终年得不到充足的太阳辐射是其寒冷的真正原因。

南温带、南寒带和北温带、北寒带的天文特征是共同的，但出现这些特征的时间则相差半年。同一时间出现的特征是相反的，当北温带是昼长夜短的夏季时，南温带则是昼短夜长的冬季；同样，当北寒带出现极昼现象时，南寒带则出现极夜现象。

学习活动

测算学校所在地的经纬度。经度测算方法：以立杆测影的方法推算学校所在地的正午时刻和正午太阳高度，利用时差推算学校所在地的经度。纬度测算方法：利用学校所在地的正午太阳高度与太阳直射点所在地的正午太阳高度差，推算学校所在地的纬度。

第二节　地球主要圈层的运动

整个地球是由一系列具有不同物理和化学性质的物质圈层所构成的。各圈层相互联系和相互作用，通过大气循环、地质循环等圈层运动，彼此进行着复杂的能量转化和物质交换，从而形成一个完整、有序的地球表层系统。

一、地壳运动

地壳自形成以来，各个部分和各个质点都是运动着的，并促使地壳的构造不断变化和发展。地壳内部物质运动是普遍的，永恒的。有些可以直接感受到，如地震、山崩、火山喷发等迅速、剧烈的运动；但更多的不被感觉到，因为这些运动极其缓慢，如沧海桑田的变化。在自然科学的发展中，形成了许多种有关地壳运动机制的解释，目前比较盛行的是板块构造学说。

（一）构造变动

构造变动亦称"地壳运动"，是地壳受内力作用的影响而产生变位或变形的运动。构造变动可分为两大类：褶皱变动和断裂变动。

1. 褶皱变动

岩层在地壳运动作用下，产生一系列波状弯曲，但未丧失其连续完整性的，就是褶皱变动。褶皱变动的基本单位是褶曲。褶曲是岩层的一个弯曲。两个或两个以上褶曲的组合叫褶皱。褶皱的规模可以长达几十到几百千米，也可以小到在手标本上出现。

褶皱变动是地壳运动的结果，世界上许多高大的山脉，如喜马拉雅山脉、阿尔卑斯山脉、安第斯山脉等都是褶皱山脉。但某些外力作用如冰川、流水作用也能形成岩层的弯曲，则不包括在褶皱变动中。

褶曲有各式各样的形态，但基本形式只有两种，即背斜和向斜（图3-9）。背斜在外形上一般是岩层向上突起的弯曲，岩层自中心向外倾斜；向斜一般是岩层向下突出的弯曲，岩层自两侧向中心倾斜。在地形上背斜常成为山岭，向斜常成为谷地或盆地。但是，也有不少褶皱构造的背斜顶部因受张力，岩层被破坏，容易被侵蚀成谷地；向斜槽部受到挤压，岩层坚硬而不易被侵蚀，反而成为山岭（图3-10）。

图 3-9 背斜和向斜示意

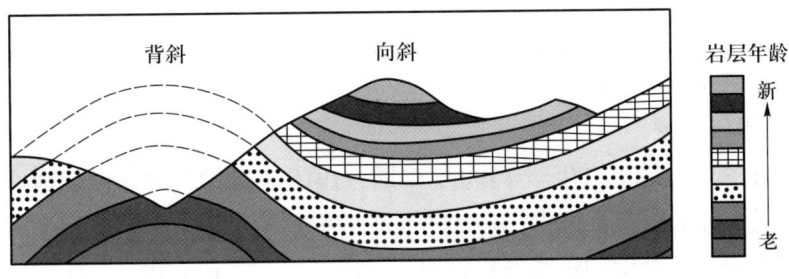

图 3-10 背斜成谷、向斜成山示意

正确的解释应当根据组成褶曲核部（褶曲的中心部分）与两翼（褶曲核部两侧的岩层）的新老关系来进行。褶曲的核部是老岩层，而两翼是新岩层，就是背斜；相反，褶曲的核部是新岩层，而两翼是老岩层，就是向斜。因此，背斜和向斜与褶曲的突出方向并没有必然的关系。

2. 断裂变动

岩石受力而发生变形，最后引起岩层的连续完整性的破坏，称为断裂变动。断裂构造分为劈理、节理、断层三大类。简而言之，劈理是指微细的断裂变动，还没有明显破坏岩石的连续性；节理是指岩层发生了裂开（岩石的连续性明显破坏）但两侧岩石没有发生明显的相对位移的断裂变动；而断层则是断裂两侧的岩石又发生了明显的相对错动、位移的构造变动。

断层包括断裂和位移两重意义。岩层断裂后沿其位移的破裂面称为断层面，断层面与地表的交线称为断层线（图3-11）。断层是地壳运动中产生的一种很广泛的构造形态，其规模大小不等，从小于1米到数百米、数千米、数千千米。

在地形上，断层常形成裂谷或陡崖，如著名的东非大裂谷、我国华山北坡大断崖等。同地区有多条断层，可组合形成各种构造形态，较为典型的是地垒和地堑（图3-12）。中间岩块相对于两侧岩块上升的为地垒，成为块状山地或高地，如我国的庐山和泰山；中间岩块相对于两侧岩块下降的为地堑，则形成谷地或低地，如我国的渭河平原和汾河谷地。地垒和地堑常常共生，形成相间排列的谷地和山岭。在断层构造地带，由于岩石破碎，易受风化侵蚀，常发育成沟谷、河流。

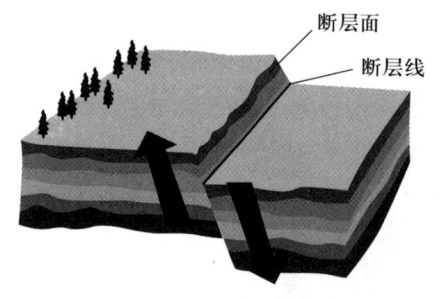

图3-11 断层示意

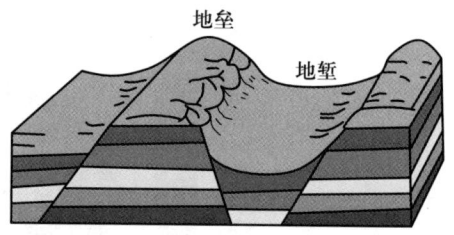

图3-12 地垒和地堑示意

（二）板块构造

板块构造理论的形成，是在大陆漂移学说、海底扩张学说的基础上发展起来的，也是科学技术不断进步的结果。

1. 大陆漂移学说

大陆漂移的思想最早产生于19世纪中期，1915年德国气象学家、地球物理学家魏格纳出版《海陆的起源》一书，形成了系统的大陆漂移说。魏格纳注意到非洲西海岸的轮廓与南美洲东海岸的轮廓非常相似，他以古气候、古冰川、古生物以及地质构造和大洋两侧的岩石相吻合等为依据，提出今天所知的南北美洲大陆、非洲大陆、欧亚大陆、南极大陆等是由两三亿年前的一块"超级大陆"分裂，经过漫长岁月的移动最终形成的。也就是说今天的大陆是在地质历史中大规模的水平移动造成的。这一学说与传统的大陆固定论针锋相对，轰动一时。但由于魏格纳未能提出一种真正令人信服的漂移机制，以及该假说中存在的一些矛盾和缺陷，这一假说一度失去了支持。

2. 海底扩张学说

20 世纪 50 年代以后，随着现代科学技术特别是海洋探测技术的飞速发展，地球科学家们从陆地转向海洋，开始了对海洋盆地以及洋底岩石学的研究。科学家逐渐揭示出洋底的基本面貌，如：发现了全球性的洋脊系统，也就是各大洋底部中央存在着连续的海岭；还发现洋底离大洋中部越远，火山岛测出的年龄就越老的不寻常现象。1960—1962 年，美国海洋地质学家、地球物理学家赫斯与美国海洋和大气管理局的迪茨（Robert Sinclair Dietz，1914—1995）提出了"海底扩张说"，这个学说以地幔对流说为基础，认为地球内部的地幔物质在大洋中部上涌，向两边溢流，并推开旧有的洋底物质逐渐向两侧对称地扩张，形成新的洋底，旧的洋壳则在大洋两侧海沟处俯冲入地幔深处消失。这就解释了大陆漂移的机制，是大陆漂移学说的重要发展。同时古地磁研究的成果也提供了重要证据，科学家发现大洋中部两侧存在着相间排列的磁异常条带，有证据说明大陆或海底的位置是经历过相对移动的。

3. 板块构造学说

1968 年，法国地质学家勒皮雄（Xavier Le Pichon，1937—　）等根据当时已经发现的诸多新的地质现象，把大陆漂移和海底扩张的概念发展成为著名的"板块构造学说"。板块构造学说提出后，又被许多科学家不断完善。现代地球科学以板块构造学说的建立为标志，进入了新的理论发展时期。

板块构造学说的基本观点如下：

（1）岩石圈板块是在软流圈上滑动的

地球内部圈层的最上部沿垂直方向可划分为两层：上层是坚硬的岩石圈（包括地壳和上地幔一部分），其下部为部分熔融的软流圈。岩石圈分为若干个刚性板块，每个板块都"浮"在软流圈之上，这样岩石圈板块就可以在软流圈上滑动，大陆漂移实际上就是板块滑动的结果。这些板块以每年 1~10 cm 的速度在移动。

（2）地球的岩石圈划分为六大板块

岩石圈分为若干个板块，各个板块可以不断移动，而各个板块内部则相对比较稳定。全球岩石圈可以划分为六大板块：亚欧板块、非洲板块、美洲板块、印度洋板块、南极洲板块和太平洋板块。岩石圈板块的厚度一般是 70~100 km，大陆板块厚，海洋板块薄。

（3）地球板块之间在相互运动

相对于比较稳定的板块内部，板块与板块之间在不断活动。板块相对移动而发生张裂或彼此碰撞，形成了地球表面的基本面貌。今天从地球表面所看到的深谷或隆起的高山，都与板块运动密切相关。

板块与板块在相互运动中可以分为三种状态：

• 汇聚型板块。这是由板块相撞、挤压造成的。如果是大洋板块和大陆板块相撞，大洋板块较薄，便俯冲到大陆板块之下，两者之间形成海沟，这是海洋中最深的地方；而大陆板块则上拱隆起，成为岛弧和海岸山脉。例如太平洋西部边缘的深海沟——岛弧链是太平洋板块与亚欧板块相撞形成的。如果两个大陆板块彼此碰撞，汇聚型板块边界就成为大陆与大陆间的冲突带，有可能形成巨大的山脉，例如喜马拉雅山脉就是亚欧板块和印度洋板块碰撞产生的。

● 分离型板块。这是由于板块张裂、彼此远离而形成的，造成了裂谷或海洋，如东非大裂谷和大西洋就是这样形成的，大洋底部的海岭就是分离型板块的边界。

● 转换型板块。边界两侧的板块相互移动交错，最具代表性的是沿北美大陆西海岸分布的圣安德烈斯断层，这是在太平洋板块和北美大陆板块之间形成的。

（4）板块作用的驱动力是地幔对流作用

地幔对流体存在于岩石圈之下，对流体上升的地区正对应着大洋的海岭，在对流体的作用下，海底岩石受力破裂，地幔物质上升到达顶部冷却凝结而形成海岭，以后继续上升的地幔物质从海岭顶部的巨大开裂处涌出，形成新的大洋地壳，又把早先形成的大洋地壳以每年几厘米的速度推向两边，使海底不断更新和扩张。扩张着的大洋地壳在遇到大陆地壳时，便俯冲到大陆地壳之下的地幔中，逐渐熔化、消亡。海沟就对应着大洋板块下沉消融的地方。

根据海底扩张和板块构造理论，今天的大洋盆地是由于海底扩张作用而诞生的，海洋中由于洋壳分裂，地幔物质涌出会形成新的大洋地壳，因此洋壳是不断更新的，不会有比2亿年更古老的大面积海底。而地球上的大陆则形成久远，最古老的陆地年龄在35亿~37亿年以上。大陆表面可以破裂变形，可以移动聚合，但总体来说不会消亡。

板块构造学说的魅力及面临的问题

由于板块构造学说的进展，迄今被视为不解之谜的许多地球活动现象大多得到了解释。板块构造学说证实了魏格纳提出的"大陆漂移说"的正确性，在很长时间里不能解决的"大陆漂移"原动力问题，凭借板块运动理论迎刃而解。同时位于"环太平洋带"上的大地震和火山活动等十分活跃的现象，也可以用太平洋板块与周围板块的相互作用得到解释。

学习活动

牛顿有句名言："如果说我看得比别人更远，那是因为我站在巨人的肩膀上。"通过从大陆漂移学说、海底扩张学说到板块构造学说"三级跳"的学习，你对科学研究的继承与发展有什么体会？请小组讨论后在全班开展交流。

二、大气运动

大气时刻不停地运动着，它既有水平运动，又有垂直运动，这样的运动使不同地区不同高度的热量和水分得以传输和交换，并造成各地不同的天气现象和气候特征。

（一）大气环流

大气环流是指大气圈内空气进行不同规模运动的总称，大型的有行星环流、季风环流等，小型的有海陆风、山谷风等。大气的水平运动称为风。

造成大气环流的根本原因是太阳辐射，这是大气运动的能量。由于纬度位置、海陆分布及地表状态所受到的太阳热量不同，加上地球自转的影响，形成了不同类型的环流。

1. 行星环流

这是全球规模的大气环流，是假定在地球表面无海陆差异的状态下的全球低层盛行风带和气压带的总称，是大气环流的重要组成部分。大气运动的产生和变化直接取决于大气压力的空间分布和变化，气压变化的原因在于其上空大气柱中空气质量的增多或减少。在全球范围内气压的水平分布呈规律的纬向带状分布，并且高、低气压带交互排列（图3-13）。赤道地带终年受热多、气温高，空气受热膨胀上升，到高空向两侧分流，导致气柱中质量减小，在低空形成低压，称赤道低压带。两极地区受热少、气温低，空气受冷收缩下沉，积聚在低空，导致气柱中质量增大，在低空形成高压，称极地高压带。从赤道上空向极区流动的气流，在地球自转偏向力的作用下，流向逐渐趋于纬向（东西向），到纬度25°～30°处气流完全偏转成纬向，不再向高纬流动，于是积聚下沉，空气质量增大，形成高压带，称副热带高压带。在副热带高压带和极地高压带之间形成一个相对低压带，称副极地低压带。这就是全球气压带。

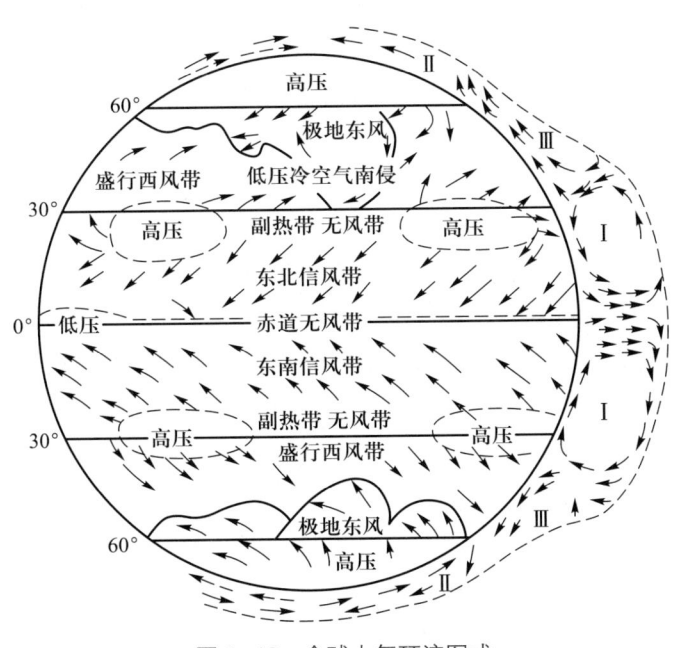

图 3-13　全球大气环流图式

高、低气压带的形成导致水平气压梯度的出现，空气由高压区流向低压区。于是在地面上就形成了由副热带高压带和极地高压带分别流向赤道低压带和副极地低压带的气流。由于地转偏向力的作用，上述气流发生偏向，形成三个环流圈，这就是行星风系。

（1）信风带气流自副热带高压带辐散，部分气流流向赤道，受地转偏向力的作用，在北半球形成东北信风，在南半球形成东南信风。

（2）西风带从副热带高压带辐散的气流另一部分流向副极地低压带，受地转偏向力的作用，转为偏西风向的西风带，风向很稳定，风力强。

（3）极地东风带自极地高压带向副极地低压带辐散的气流，因地转偏向力的作用变成偏东风，称为极地东风带。

上述气流交会地或源地则成为特殊地带：赤道无风带和副热带无风带，这是气流辐合或下沉辐散区，那里水平气流弱而成为无风带；极锋带，这是由于极地东风与盛行西风相互交会出现的过渡带。

2. 季风环流

与行星风系相比，季风不是全球性的，但在地球上分布很广。大范围地区的盛行风随季节变换发生显著改变的现象称为季风。形成季风的原因有多种，最主要的是海陆间的热力差异及其季节变化。大陆温度变化（吸热增温与散热降温）快，海洋温度变化慢。夏季大陆气温比同纬度的海洋高，使大陆上气压比海洋低，气压梯度由海洋指向大陆，气流由海洋流向大陆，形成夏季风；冬季则相反，气流由大陆流向海洋，形成冬季风。随着风向的转变，气候特点也发生变化，在冬季风的作用下，气候低温干燥；夏季风则造成高温多雨。

季风环流以我国所在的东亚地区最为显著，这是由面积广阔的太平洋和亚欧大陆的强烈海陆反差造成的。

大气环流是大气中热量、水分等要素输送交换的重要方式，是形成各种天气和气候的主要因素。

（二）天气系统

天气是指大气中冷热、阴晴、风雨、雷电等气象要素和天气现象的短时间的综合状况。天气随时间的演变过程，称为天气过程。

造成天气变化的原因是大气中存在着一个个移动着的大大小小的天气系统，大的范围可达 2 000 km 以上，小的不到 1 km，存在的时间也有长有短。在大气运动中这些系统相互作用和发展演变着，常见的天气系统有气旋、反气旋、锋面等，造成了复杂多变的天气现象。

1. 气团和锋

广大空间存在的水平方向物理属性（温度、湿度等）比较均匀的大块空气称为气团。其水平范围可达几百千米到几千千米，垂直范围也可达几千米到十几千米。同一气团内天气状况基本相似。

气团的形成必须具备大范围性质比较均匀的下垫面和比较稳定的环流条件，如广阔的海洋和冰封的大陆可以成为气团的源地。当环流条件发生变化时，气团就会移动，在移动过程中由于下垫面性质改变等，气团性质也会随之改变，如变暖变湿，这一过程称为气团变性。

气团的分类主要依据地理位置和下垫面的性质。根据气团源地的地理位置，气团可分为冰洋气团、极地气团、热带气团和赤道气团四大类，再根据下垫面性质分别定为海洋气团和大陆气团。除赤道气团不存在大陆型外，南、北半球各有七类气团（表3-4）。很显然，各类气团的物理属性和主要天气特征各不相同。

表3-4 气团的地理分布

名称	符号	主要天气特征	主要分布地区
冰洋（北极、南极）大陆气团	Ac	气温低水汽少，气层非常稳定	南极大陆、65°N以北冰雪覆盖的极地地区
冰洋（北极、南极）海洋气团	Am	性质与Ac相近，夏季从海洋获得热量和水汽	北极圈内海洋上，南极大陆周围海洋
极地（中纬度）大陆气团	Pc	低温干燥、天气晴朗、气团低层有逆温层、气层稳定	北半球中纬度大陆上的西伯利亚—蒙古—加拿大—阿拉斯加一带
极地（中纬度）海洋气团	Pm	夏季与Pc相近，冬季比Pc气温高，湿度大，可能出现云和降水	主要在南半球中纬度海洋和北太平洋、北大西洋
热带大陆气团	Tc	高温干燥、明朗少云，低层不稳定	北非、西南亚、澳大利亚和南美一部分
热带海洋气团	Tm	低层温暖潮湿且不稳定，中层常有逆温层	副热带高压控制的海洋上
赤道气团	E	湿热不稳定，天气闷热，多雷暴	在南、北纬10°之间

两个具有不同性质的气团相互接触所形成的过渡带称为锋。锋区宽度不大，一般近地面层只有几十千米宽，与气团大小相比显得很窄，可以看作一个几何面，因而常称为锋面。锋面与地面的交线称为锋线（图3-14）。锋是冷、暖气团间的过渡带，是重要的天气系统之一。锋区冷、暖空气异常活跃，常常形成广阔的云系和降水区，有时还出现大风、降温和雷暴等剧烈天气现象。锋面天气是十分复杂的，可以分为冷锋天气、暖锋天气和准静止锋天气。

2. 气旋和反气旋

气旋和反气旋就是低压和高压，都是占有三度空间的空气涡旋，气旋的中心气压比四周低，水平尺度一般在1 000 km左右；反气旋的中心气压比四周高，它的范围要比气旋大得多（图3-15）。

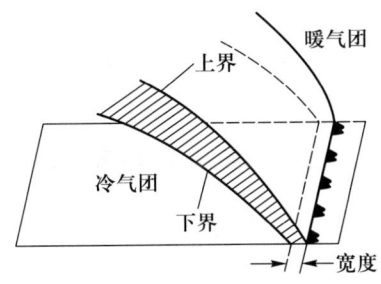

图3-14 锋在空间的状态

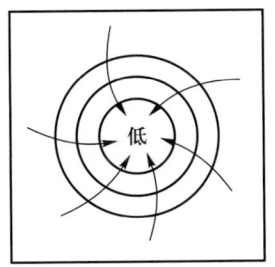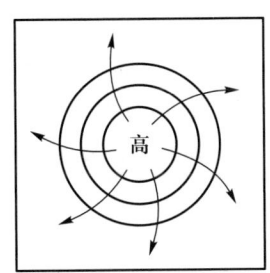

图3-15 北半球气旋（左）和反气旋（右）

气旋是气流辐合上升系统，气流自外围吹向中心，在北半球作反时针旋转。气旋天气是比较复杂的，往往产生云、雨甚至暴雨、大风。反气旋中心气流下沉，气流从中心流向外围，在北半球作顺时针旋转。反气旋低层大气较稳定，不易形成云、雨，多出现晴朗天气。

中纬度的气旋和反气旋属重要天气系统，对温带地区热量和水分交换及天气变化有很大的影响，尤其是活跃于我国的强大冷性反气旋（又称寒潮）是中纬度地区冬季最突出的天气过程，造成大范围的剧烈降温、霜冻和大风等灾害性天气。

（三）气候

气候是指长年天气特征的综合。气候与天气是两个既有联系又有区别的不同概念，天气是某地区短时间内气象要素（温度、湿度等）和天气现象（云、雾等）的综合表现，而气候则是指长时期内大量天气过程的综合，包括其平均状况及极端变化，一般至少是 30 年或更长时期记录的综合。

1. 气候形成的因素

全球气候现象十分复杂。造成气候形成和变化的原因有多方面，包括太阳辐射量的大小、大气环流因素和下垫面对大气的作用等。

（1）太阳辐射

全球太阳辐射量的分布是不同的，因纬度而异。全年获得太阳辐射最多的是赤道地带，而两极地区最少，只有赤道的 40%。不均衡的热量分布导致南、北气温产生差异，形成不同的温度气候带。

（2）大气环流

大气环流促进不同纬度间和海陆间热量和水分的交换，造成地区之间水热条件的相互影响，而不是单纯只受当地太阳辐射和地理条件的作用。夏季我国东部受太平洋海洋气流的影响，盛行东南季风，使气候高温多雨。

（3）下垫面因素

下垫面是大气的主要热源和水源，又是低层空气运动的边界面，因此对气候影响十分显著。由于海陆的差异，气候可分为海洋性气候和大陆性气候，二者具有不同的气温和水分特点；地形的差异也造成了各地辐射状况和气温的不同特征。作为"世界屋脊"的我国青藏高原气候具有显著的"高寒"特点。高大山系还有屏障作用，使山地两侧产生明显的气候差异。

2. 气候分类

气候形成条件在全球范围内的差异是很大的，造成世界各地的气候错综复杂，但仍有一定的规律，可以进行气候分类，划分气候带和气候型。国内外学者的气候分类方案很多，我国通行的气候分类法将世界气候分为三个纬度带和高山气候四大区，各纬度带又分为若干气候类和气候型。

（1）低纬度气候

低纬度气候主要受赤道气团和热带气团所控制，全年气温皆高，最冷月平均气温一般在 18 ℃以上。影响气候的主要环流系统有：赤道辐合带、信风、赤道西风、热带气旋和副热带高压带。低纬度气候包括：赤道多雨气候、热带海洋性气候、热带干湿季气候、热带季风气候、热带干旱与半干旱气候等。

（2）中纬度气候

中纬度是热带气团和极地气团相互角逐的地带，最冷月平均气温在 18 ℃以下，有 4~12 个月平均气温大多在 10 ℃以上，四季分明。影响气候的主要环流系统有：极锋、盛行西风、温带气旋和反气旋、副热带高压、热带气旋。本带气候错综复杂，类型最多。中纬度气候包括：副热带夏干气候、副热带湿润季风气候、副热带季风气候、副热带干旱与半干旱气候、温带海洋性气候、温带季风气候、温带大陆性气候、温带干旱和半干旱气候。

（3）高纬度气候

高纬度带内盛行极地气团和冰洋气团，太阳辐射值小，气温低，无真正的夏季，降水量也小。高纬度带气候包括副极地大陆性气候、极地长寒气候（苔原气候）和极地冰原气候。

（4）高山气候

在高山地区，高度的变化使高山气候具有明显的垂直地带性，随海拔增高，气压降低，日照增强，气温降低，降水往往随之增大而后减小。垂直地带性的特点因高山所在地的纬度不同而有所不同。

我国主要属中纬度气候，东部为副热带季风气候和温带季风气候，西北为温带干旱和半干旱气候，青藏高原则为高山气候。此外，南海部分地区有低纬度气候。

科学家精神

竺 可 桢

竺可桢（1890—1974），中国气象学家、地理学家、科学史家和教育家。字藕舫，浙江绍兴人。美国哈佛大学博士。历任武昌高等师范、南京高等师范、东南大学、南开大学教授，中央研究院气象研究所研究员兼所长，浙江大学校长。中华人民共和国成立后任中国科学院副院长，中华全国科学技术协会副主席，中国科学院综合考察委员会主任，中国气象学会会长、理事长，中国地理学会理事长。第一至第三届全国人大常委会委员。中国科学院学部委员（院士）。1962 年加入中国共产党。对建立和发展中国现代气象事业和自然资源综合科学考察事业有重要贡献，长期关注人口、资源、环境问题，是"可持续发展"思想与实践的先行者。研究领域涉及台风、季风、中国区域气候、农业气候、物候学、气候变迁、自然区划、自然科学史。代表作有《远东台风的新分类》《东南季风与中国之雨量》《二十八宿起源之时代与地点》《中国近五千年来气候变迁的初步研究》《物候学》等。有《竺可桢全集》21 卷，其中含 1936—1974 年的竺可桢日记。（《辞海》第 7 版）

第三节　运动和力

自然界的各种运动存在着不同的形态，比如前面讲的天体运行和大气运动。但所有的运动，都表现为物体在空间的位置变化，它们在本质上是相同的。我们可以通过一些物理量，首先描述运动，其次深入到运动的本质，探寻运动与力的关系。

一、运动的描述

描述物体的运动，离不开时间和空间。描述运动的物理量有：位置、位移、速度和加速度。描述运动的结果使我们能够确定物体运动的空间位置，以及该位置如何随时间变化，从而掌握物体运动的全部信息。

（一）运动描述的相对性

1. 参考系

描述物体的运动总是相对于其他物体而言的。我们把选作参考的物体称为参考系。

选取不同的参考系，即使对同一物体运动进行描述，其结果也是不同的，这叫作运动描述的相对性。比如坐在行驶着的火车里的人，相对于火车是静止的，而相对于地面上的某一物体（如房子）是运动的。所以，在描述物体运动情况时，我们必须指明是对什么参考系而言的。

参考系的选择是任意的，视研究问题的方便程度而定。在讨论地面上物体的运动时，我们通常选取地球的表面作为参考系，称为地面参考系。如要讨论嫦娥五号月球探测器的发射，则选取地球为参考系。

2. 坐标系

在选定参考系以后，为了定量地描述物体的位置和位置随时间的变化，我们必须在参考系上选择一个坐标系。常用的坐标系有直线坐标系和平面直角坐标系。

学习活动

再次吟诵本章情境链接里的诗文"卧看满天云不动，不知云与我俱东"，小组讨论"云不动"和"云与我俱东"分别选取了什么物体作为参考系。分小组检索涉及运动和参考系选取的其他诗句，小组选取代表上台向同学们分享和讲解。

（二）位置

物体的运动，表现为物体在空间的位置改变。如果在运动过程中，物体上所有各个点的运动状况都相同，并且研究的问题，只跟物体的质量有关，而跟物体的形状、大小无关，或者物体本身的大小对所研究的问题影响很小，即它的大小和形状可以忽略，我们就把物体当作一个有一定质量的点，这样的点通常称为质点。本节所研究物体一般都当作质点来处理。

为了确定质点在空间的位置，我们首先引入位置矢量 r，简称位矢。如图 3-16 所示，质点的位置可以表示为从坐标原点出发，指向质点所在空间位置的一根带箭头的线段，线段的长度代表位置矢量的大小，箭头的方向代表位置矢量的方向。

（三）位移

为了描述质点在运动过程中，从空间的一个位置运动到另一个位置的变化情况，我们引入位移矢量 Δr，简称位移。如图 3-17 所示，质点的位移，可以表示为从运动起始位置出发，指向运动结束位置的一根带箭头的线段，线段的长度代表位移矢量的大小，箭头的方向代表位移矢量的方向。

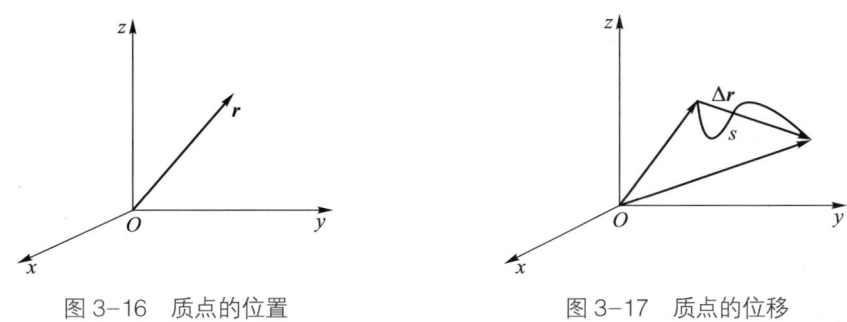

图 3-16　质点的位置　　　　　　　图 3-17　质点的位移

从空间的一个位置运动到另一个位置的轨迹长度，称为物体在运动过程中通过的路程，路程是一个标量，只有大小，没有方向。如图 3-17 所示，路程用 s 表示。从图中我们可以看出，位移和路程是两个完全不同的物理量，并且，一般而言，路程也不等于位移的大小。

（四）速度和加速度

1. 速度和速率

为了描述质点位置变化的快慢，我们引入速度这个物理量。如果质点在 t 到 $t+\Delta t$ 时间内的位移是 Δr，则我们把 Δr 与 Δt 的比值称为质点在这段时间内的平均速度。平均速度只是对运动的粗略描述。当观察时间越来越短，即 $\Delta t \to 0$ 时，Δr 与 Δt 的比值的极限称为质点在 t 时刻的瞬时速度 v，简称速度，速度也是一个矢量。速度的大小称为速率，速率是一个标量。

2. 加速度

质点在不同时刻的速度一般也是不同的。为了描述质点速度变化的快慢，我们引入加速度这个物理量。如果质点在 t 到 $t+\Delta t$ 时间内速度的改变量为 Δv，则我们把 Δv 与 Δt 的比值称为质点在这段时间内的平均加速度。平均加速度只是对速度变化快慢的粗略描述。当观察时间越来越短，即 $\Delta t \rightarrow 0$ 时，Δv 与 Δt 的比值的极限称为质点在 t 时刻的瞬时加速度 a，简称加速度。加速度也是一个矢量。

学习活动

百公里加速时间（也称零百加速），是指车辆从静止状态启动，到速度升至 100 km/h 所用的时间，该数据反映的是车辆的动力性能和驾车体验感。现有四款新能源汽车的百公里加速时间分别是 2.59 s、3.52 s、4.92 s 和 7.90 s，假设此段时间汽车做的是匀加速直线运动，请分别计算这四款新能源汽车的加速度，并和地球的重力加速度 g 比较。

（五）变速曲线运动举例

1. 匀速圆周运动

圆周运动是生活和生产中常见的一种曲线运动，如车轮上各点的运动。月球和人造地球卫星绕地球的运动，也可以近似地看作圆周运动。如果物体在圆周上运动，在任何相等的时间间隔内所通过的弧长都相等，那么这种以恒定的速率 v 在半径为 r 的圆周上的运动，就称为匀速圆周运动。

物体作匀速圆周运动时，虽然速率不变，但是速度的方向在不断改变，所以匀速圆周运动也是一种变速运动。那么它的加速度是多少呢？如图 3-18 所示，设物体在 a、b 两点上的速度分别为 v_a 和 v_b，从 a 点运动到 b 点经过的时间为 Δt，则根据加速度的定义，有

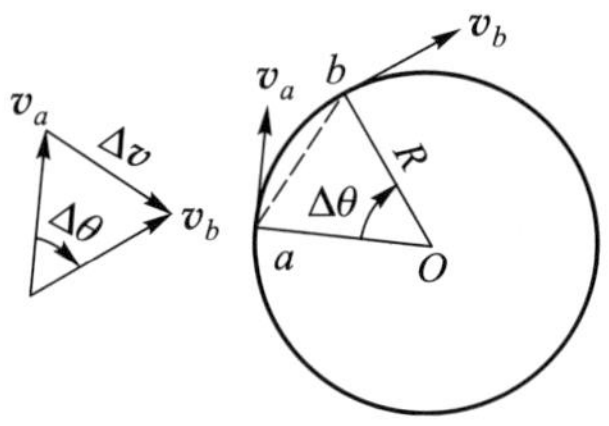

图 3-18　向心加速度

$$a = \frac{v_b - v_a}{\Delta t} = \frac{\Delta v}{\Delta t}$$

由于在 a 点、b 点的速率是相等的，即 $v_a = v_b$，从图 3-20 可以看出，v_a、v_b、Δv 所组成的三角形为等腰三角形，v_a 和半径 Oa 垂直，v_b 和半径 Ob 垂直，$\triangle aOb$ 又是一个等腰三角形，所以这两个等腰三角形相似。为方便起见，令 $v = v_a = v_b$，有

$$\frac{\Delta v}{v} = \frac{\overline{ab}}{R}$$

所以

$$\frac{\Delta v}{\Delta t} = \frac{v}{R} \frac{\overline{ab}}{\Delta t}$$

当 Δt 趋于零时，b 点趋于 a 点，弦长 $\overline{ab}$ 趋近弧长 $\overparen{ab}$，所以加速度 a 的大小为

$$a = \frac{\Delta v}{\Delta t} = \frac{v}{R} \frac{\overparen{ab}}{\Delta t}$$

当 $\Delta t \rightarrow 0$ 时，由于物体作匀速圆周运动，

$$\lim_{\Delta t \to 0} \frac{\widehat{ab}}{\Delta t} = v$$

所以

$$a = \frac{v^2}{R}$$

加速度 a 的方向可从图 3-20 看出，当 $\Delta t \to 0$ 时，$\Delta \theta \to 0$，Δv 与 v_a 垂直，指向圆心，所以加速度 a 的方向指向圆心。

例 1

背景资料： 飞行员在随机飞行的过程中，将作加速上升、加速下降、匀速圆周运动等复杂的运动，血液因此处于超重或失重状态，只有经过专门的训练，飞行员的心脏才能适应。

问题： 当飞机从俯冲状态往上拉时，飞行员会发生黑视现象，即眼前会发黑，看东西模模糊糊，甚至什么也看不见。请根据所学知识分析：

（1）发生黑视现象的生物学机理是什么？

（2）发生黑视现象的物理学机理是什么？

（3）为了使飞行员适应这种情况，要在一种仪器中对飞行员进行训练。若让飞行员坐在一个能在垂直平面作匀速圆周运动的舱内（$R = 20$ m），使飞行员承受的加速度为 6 倍的重力加速度（即 $a = 6g$），则仪器的转动速率需为多少？

解：

（1）黑视现象产生的生理学机理是：人的脑部血压降低，脑部供血不足，导致视网膜缺血，产生黑视；

（2）当飞机从俯冲状态往上拉时，飞行员血液处于超重状态，视重增大，心脏无法像平常一样向脑部输送血液，导致脑部血压降低；

（3）由 $a = \frac{v^2}{R}$ 变形可得 $v = \sqrt{aR}$，式中，$a = 6g = 6 \times 9.8$ m/s^2 = 58.8 m/s^2，$R = 20$ m，求得 $v = 34.29$ m/s，所以训练仪器的转动速率为 34.29 m/s。

2. 简谐运动

物体沿着直线或弧线，在某一位置（称为平衡位置）附近作往复运动，称为机械振动，简称振动。振动广泛地存在于宏观世界和微观领域，诸如击鼓时鼓面的振动、高温下分子的振动、微风中树枝的摇曳、气缸里活塞的往复、钟摆的摆动，以及乐器的弦和簧的颤动等都是振动的实例。在振动中最简单和最基本的是物体离开平衡位置的位移（或其他物理量）随时间作正弦（或余弦）规律变化的运动，称为简谐运动。很多复杂的振动（声振动等）都可以看作若干个简谐运动的合成。下面我们主要研究简谐运动的规律及对其进行描述。

声音的产生和传播

如果设物体沿 x 轴运动，其平衡位置 $x = 0$，那么在任意时刻 t 的位置 x 由下式给出：

$$x = A\sin\left(\frac{2\pi}{T}t\right) \qquad\qquad (3-1)$$

式中 A 为振幅，T 为周期。

当 $t = \frac{1}{4}T$ 时，位置是

$$x = A\sin\left(\frac{2\pi}{T} \cdot \frac{1}{4}T\right) = A\sin\frac{\pi}{2} = A$$

此时正弦值最大，物体偏离平衡位置的距离最大，即为振幅 A。当 t 进一步增大时，x 减小，直到 $t = \frac{1}{2}T$ 时，物体回到 $x = 0$ 位置。当 t 继续增加时，物体沿 x 轴负方向运动，当 $t = \frac{3}{4}T$ 时，

$$x = A\sin\left(\frac{2\pi}{T} \cdot \frac{3}{4}T\right) = A\sin\frac{3}{2}\pi = -A$$

此时物体位于 x 轴负方向，偏离平衡位置的距离最大。当 $t = T$ 时，物体又回到平衡位置，即开始运动的位置，其后重复以上运动。

图 3-19 表示的是作简谐运动的物体在 $\frac{3}{2}T$ 内位置及其速度和加速度的变化情况。

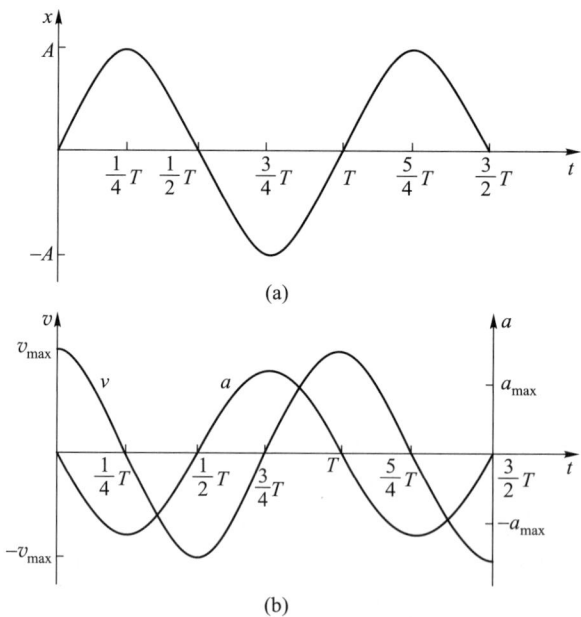

图 3-19　作简谐运动的物体位置、速度和加速度的变化

以上简谐运动在任意时刻物体的速度和加速度分别为

$$v = \frac{2\pi A}{T}\cos\left(\frac{2\pi}{T}t\right)$$

$$a = -\left(\frac{2\pi}{T}\right)^2 A\sin\left(\frac{2\pi}{T}t\right) \tag{3-2}$$

这些式子表明，物体的速度和加速度也是随时间 t 作周期变化的。

二、牛顿运动定律

物体间的相互作用称为力。某物体受力后，其运动状态将发生改变。力对物体的瞬时作用效果，就是牛顿运动定律研究的范畴。牛顿运动定律包括牛顿第一定律、牛顿第二定律和牛顿第三定律。

（一）牛顿第一定律

我们知道，房间里的桌子不推不动，列车没有机车牵引，也静止在原处。可见，任何静止的物体，在没有受到其他物体给它力的作用时，总是保持原有的静止状态。行驶在水平面路上的汽车在关闭发动机后，滑行一段时间后将停止。路面越平整光滑，汽车滑行的路程就越长。可以设想，如果没有摩擦力的作用，行驶的车辆将保持原有的速度做匀速直线运动。所以，任何运动着的物体，在没有受到其他物体对它施以力的作用时，也将保持原有的运动状态不变，维持匀速直线运动。

如果作用在物体上有几个外力，而合力为零，这时物体的运动和它不受外力作用时的运动情况就一样，将保持原有的运动状态不变，维持静止或匀速运动。

总结许多事实，我们可以得出如下结论：当物体不受外力作用（或所受外力的合力为零）时，它将保持静止或匀速直线运动状态，直到外力改变它的运动状态为止。这个结论称为牛顿第一定律。

力是维持物体运动的原因吗？

（二）牛顿第二定律

人们在长期的实践中，有这样的经验：同一物体，当受到大小不同的外力作用时，它的速度变化的快慢程度，即得到的加速度是不相同的。作用于物体的外力越大，它得到的加速度也越大；作用于物体的外力越小，加速度也越小。人们还有这样的经验：同一大小的力，作用在不同的物体上，它们得到的加速度也是不相同的。如前所述，满载的车的加速度较空载的小。原来，物体运动状态的变化，不仅和作用于物体的外力有关，而且还和物体本身的惯性有关。质量大（惯性大）的物体，其运动状态较之质量小（惯性小）的物体难以改变。总之，在相同的外力作用下，质量大的物体，加速度小；质量小的物体，加速度大。

综上所述，物体的加速度与作用于物体上的外力有关，与物体的质量有关。那么，它们之间在数量上有什么关系呢？设一个具有一定质量的物体，在外力 $\boldsymbol{F}$ 的作用下，作加速运动。实验表明，物体的加速度的大小与作用在物体上的合外力的大小成正比，加速度的方向与合外力的方向相同，即

$$\boldsymbol{a} \propto \boldsymbol{F}$$

此外，实验表明，当以一定的外力 **F** 作用于不同质量的物体时，它们的加速度的大小与它们的质量成反比，即

$$a \propto \frac{1}{m}$$

人们通过大量的科学实验和理论分析，总结出如下结论：当物体受到外力作用时，物体的加速度与作用在物体上的合外力成正比，与物体的质量成反比；加速度的方向与合外力的方向一致。这就是牛顿第二定律，其数学表达式为

$$\boldsymbol{a} = k\frac{\boldsymbol{F}}{m}$$

式中 k 为比例常数，它的数值取决于 **F**、m、**a** 三个物理量的单位的选取。

如果选取适当的单位，使上式中 $k=1$，这样，牛顿第二定律的数学表达式就简化为

$$\boldsymbol{F} = m\boldsymbol{a} \tag{3-3}$$

应用牛顿第二定律应注意以下几点：

（1）牛顿第二定律只适用于质点或可看成质点的物体的运动。

（2）在一般情况下，作用于物体的外力往往有好几个，这时式（3-3）中的 **F** 是这几个外力的合力。

（3）牛顿第二定律表示合外力与加速度之间的瞬时关系。也就是说，加速度只是在力作用时才产生，当力改变时，加速度也随着改变。当合外力为零时，物体就没有加速度，而维持原来的运动状态。所以，物体的运动方向与所受合外力及其初始速度有关。

（4）牛顿第二定律是矢量式（既包含数量关系，又包含方向关系）。在解题时，我们常用仅包含数量关系的代数式。如物体所受的力都在同一平面上，那么，式（3-3）在平面直角坐标系 x、y 轴上的代数式为

$$F_x = ma_x$$
$$F_y = ma_y \tag{3-4}$$

式中 F_x、F_y 分别表示物体所受合外力 **F** 在 x、y 轴上的分量，a_x、a_y 分别表示物体加速度 **a** 在 x、y 轴上的分量。

（5）在具体计算时，要注意力、质量和加速度的单位统一，要用同一单位制中的单位，不可混用。在国际单位制（SI）中，力的单位是牛顿（N），质量的单位是千克（kg），加速度单位是米 / 秒²（m/s²）。

例 2

如图 3-20 所示，质量为 45 kg 的滑水者，在水中从静止状态出发，假设在 2 s 内均匀加速到 10 m/s。问：（1）在加速期间作用在滑水者身上的合力是多大？（2）根据结果分析，为什么初学滑水者会感到困难。

解：

（1）滑水者在 $v_0 = 0$ m/s 至 $v = 10$ m/s 期间内，加速度的大小为

$$a = \frac{v - v_0}{t} = \frac{10 - 0}{2} \text{ m/s}^2 = 5 \text{ m/s}^2$$

根据牛顿第二定律，

$$F = ma = 45 \text{ kg} \times 5 \text{ m/s}^2 = 225 \text{ N}$$

合力 F 等于麻绳所施的 F_a 和水所施的摩擦力 F_f 之和。因为 F_f 和 F_a 的方向相反，所以合力 F 的大小应为两力大小之差，即

$$F = F_a - F_f$$

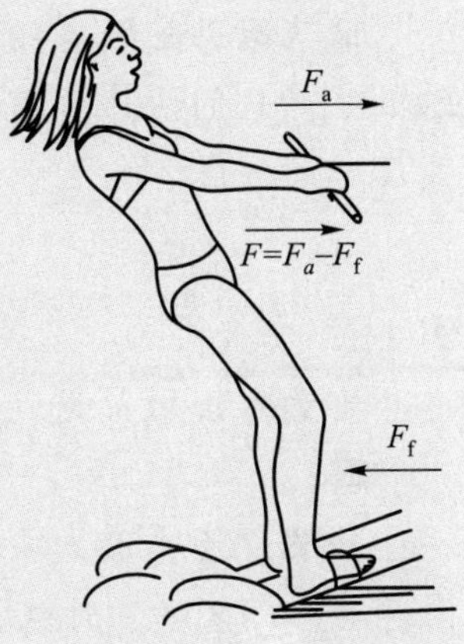

（2）若 $F_f = 75$ N，则 $F_a = 300$ N，人要拉住横杆保持与其相对静止，也要用这么大的力。此力较大，相当于拎起 30 kg 的物体，这也是初学滑水者要抓牢横杆的困难所在。

图 3-20 作用在滑水者身上的力

例3

估算近地人造卫星在轨时的速率以及绕地球一圈所用的时间。

解：

设卫星质量为 m，地球半径为 r，卫星离地面高度为 h。作用在卫星上的力只有重力 W，指向地球中心，卫星的向心加速度也是指向地球中心的。卫星的运动可看作匀速圆周运动。

根据牛顿第二定律和匀速圆周运动加速度公式

$$W = m \frac{v^2}{h + r}$$

此处作两个近似：第一，卫星在近地面轨道运行，地球半径约为 6 400 km，卫星高度约为 400 km，不到地球半径的 1/10，估算时可以忽略；第二，地球表面的重力加速度 $g = 9.8$ m/s²，但卫星处在离地面为 400 km 的高度，此处的重力加速度要比地面稍小一些，此处由于同样道理，也可忽略卫星高度的影响，直接用 g 估算。因此

$$mg = m \frac{v^2}{r}$$

$$v = \sqrt{gr} = \sqrt{9.8 \text{ m/s}^2 \times 6\ 400 \text{ km}} = 7.9 \text{ km/s}$$

此结果与卫星质量 m 无关，所以近地人造卫星在轨时的速率约为 7.9 km/s。卫星做匀速圆周运动，其绕地球飞行的周期 T 约为

$$T = \frac{s}{v} \approx \frac{2\pi r}{v} = \frac{2 \times 3.14 \times 6\ 400 \text{ km}}{7.9 \text{ km/s}} \approx 5\ 087.6 \text{ s} \approx 85 \text{ min}$$

低轨道卫星的周期实际为 90 min，这是自空间时代开始以来为人们所熟悉的数字。我们估算出的数值偏小，这是因为我们忽略了卫星在地球表面上方的高度。

例 4

质量为 m 做简谐运动的物体，处在任意位置 x 时，受力情况如何？

解：

如果设物体沿 x 轴运动，其平衡位置 $x=0$，当 $t=0$ 时，$x=0$，且向 x 轴正向运动，那么任意时刻 t 位置 x 为

$$x = A\sin\left(\frac{2\pi}{T}t\right)$$

任意时刻 t 加速度为

$$a = -\left(\frac{2\pi}{T}\right)^2 A\sin\left(\frac{2\pi}{T}t\right)$$

两式联立，消去 t，得

$$a = -\left(\frac{2\pi}{T}\right)^2 x$$

根据牛顿第二定律

$$F = ma = -m\left(\frac{2\pi}{T}\right)^2 x$$

因此，力的大小与 x 的大小成正比。负号表示 F 与 x 方向相反，即：当 x 为正时，力指向坐标轴的负方向；当 x 为负时，力指向坐标轴的正方向。也就是说，力总是倾向于把物体拉回到平衡位置。上式其实就是物体作简谐运动的条件，令 $k = m\left(\frac{2\pi}{T}\right)^2$，受力 $F = -kx$。

（三）牛顿第三定律

人们在日常活动中，逐步地认识到物体间的作用力都是相互的。当手提水桶时，手给桶一个向上的拉力，同时桶给手一个向下的拉力；当用篙撑船时，篙对河岸有作用力，同时河岸对篙也有作用力，使船离开河岸……无数事实表明，在甲物体对乙物体施加作用力的同时，乙物体也对甲物体施加作用力。在自然界中，不存在只有施力的物体，或者只有受力的物体。所谓施力与受力是相对的。我们通常把作用在作为主要研究对象上的力，称为作用力，而把另一个称为反作用力，但这仅是一种任意的习惯。当然，反之亦可。

在大量事实的基础上，我们可以得出物体之间的相互作用力有如下关系：两个物体之间的作用力 F 和反作用力 F' 在同一条直线上，大小相等，方向相反，分别作用

在两个物体上，这就是牛顿第三定律，数学表达式为

$$F = -F'$$ （3-5）

牛顿第三定律与所涉及的物体的运动无关，但对分析物体受力是很重要的，我们在理解中必须注意：

（1）作用力和反作用力成对出现，互以对方为自己的存在条件，同时产生，同时消失。

（2）作用力和反作用力分别作用在两个物体上，不能相互抵消。

（3）作用力和反作用力总是属于同种性质的力。如果作用力是万有引力、弹性力或摩擦力，那么反作用力也一定是万有引力、弹性力或摩擦力。

例5

如图 3-21 所示，在人的脊柱中，椎骨的大小是自上而下依次增大的，请根据所学力学知识分析其中的原因。

解：

在任何竖直的结构中，作用于结构底部的接触力大于作用于靠近结构顶部的接触力，这是因为每一部分要支持位于其上的所有部分的全部重力。人的脊柱也属于这种情况，故椎骨的大小是自上而下依次增大的。

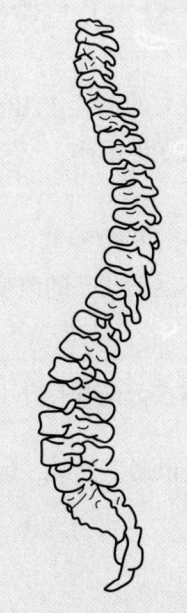

图 3-21 脊柱中的椎骨的
大小自上而下递增

学习活动

认真研读牛顿第三定律的内容，思考：若要实现本章导言所说的"舟行而人不觉"，对舟行的速度有什么要求？分小组查阅或检索本章情境链接里提到的伽利略相近的描述具体是什么，这两种现象背后的物理规律是什么？

除了研究力对物体的瞬时作用效果外，我们还可以研究力的持续作用效果，那就要引入动量和机械能两个物理量。而动量守恒定律和机械能守恒定律是最基本、最普遍的自然规律。

一、动量及其守恒律

研究力的持续作用效果，首先可以从时间的角度讨论力的累积效应，引入动量定理和动量守恒定律。

（一）冲量

物体运动状态的改变，不仅跟物体的质量和所受的力有关，而且还跟力的作用时间有关。

物体在力的作用下作匀变速直线运动，速度由 v_0 变为 v_t，加速度可由 $a = \dfrac{v_t - v_0}{\Delta t}$ 求得。再根据牛顿第二运动定律 $F = ma$，两式联立，得

$$F = ma = m\,\frac{v_t - v_0}{\Delta t}$$

或

$$F\Delta t = m(v_t - v_0) \tag{3-6}$$

上式表明，质量一定的物体的速度改变，由它所受到的作用力跟作用时间的乘积决定。不论是增大 F、减小 Δt，还是减小 F、增大 Δt，只要 F 和 Δt 的乘积不变，速度改变就相同。例如，对一定质量的车施力，使它从静止达到某一速度，可以用较大的力在较短的时间内完成，也可以用较小的力在较长的时间内完成。可见，力和时间的乘积对一定质量物体的速度改变起着决定作用。力和力的作用时间的乘积 $F\Delta T$ 称为冲量，用 I 表示。冲量是矢量，它的方向就是作用力的方向，它的单位是牛·秒（N·s）。若用 I 表示冲量，式（3-6）可改写为

$$I = mv_t - mv_0 \tag{3-7}$$

但在很多问题中，作用在物体上的力不是恒力，而是变力，如打乒乓球，球拍对球的作用时间虽然很短，但力的变化却十分复杂。在这种情况下，变力的冲量可以用在相同时间内平均作用力 $\overline{F}$ 的冲量来代替，$\overline{F}$ 就称为平均冲力，这样处理可使问题简化。

（二）动量

物体运动状态发生变化的难易程度，跟物体的速度和质量有关。质量相同的两辆车，若运动速度不同，则它们停止的制动力也不同，速度大的需要的制动力也大；反之亦然。所以质量 m 和速度 v 的乘积比速度 v 的变化更能反映物体运动状态的变化情况。我们把质量和速度的乘积 mv 称为动量，以 p 表示。动量也是矢量，它的方向和物体运动方向相同。动量的单位是千克·米/秒（kg·m/s）。

（三）动量定理

式（3-7）表明，物体动量的改变等于物体所受到的冲量，这个规律称为动量定理。

式（3-7）是一个矢量式，当 I、v、v_0 都在同一平面时，我们可用以下的分量式来进行代数运算。

$$I_x = mv_x - mv_{0x}, \quad I_y = mv_y - mv_{0y} \tag{3-8}$$

若用平均冲力乘以时间来表示冲量，则式（3-8）中

$$I_x = \overline{F}_x \Delta t, \quad I_y = \overline{F}_y \Delta t$$

从动量定理可以看出，如果物体的动量变化是一定的，那么力作用的时间越短，平均冲力就越大；反之，力作用的时间越长，平均冲力就越小。在日常生活中我们经常可以观察到这方面的事例。例如，玻璃杯掉在水泥地上，立刻破碎；如果掉在砂土上，由于砂土起到缓冲作用，延长了它和玻璃杯的作用时间，玻璃杯就不易破碎。在快速运输易碎品或精密仪器等时，我们常用纸屑、泡沫塑料等来填充它们周围的空间，就是这个道理。

（四）动量守恒定律

动量定理说明了物体在受到力作用一段时间后，它的动量变化的情况。但是，力的作用是相互的，一物体受到其他物体对它的作用力，同时它对其他物体就有反作用力，动量可以从一个物体传递给另一个物体。当我们研究它们的动量的相互联系和转移时，我们把所研究的诸物体看成一个系统。系统内各物体之间的相互作用力为内力，系统外的物体对系统的作用力为外力。如果系统不受外力作用，以两球对心碰撞为例，那么它们的动量如何变化呢？

如图3-22所示，设有两个质量分别为 m_1 和 m_2 的小球（$m_1 > m_2$），两球沿球心的连线向同一方向运动，各自的速度为 v_{10} 和 v_{20}，若 $v_{10} > v_{20}$，则两球必发生碰撞，碰撞后两球的速度分别变为 v_1 和 v_2。碰撞时，球 m_2 对 m_1 的作用力 F_{21}，和球 m_1 对 m_2 的作用力 F_{12} 为一对作用力和反作用力，对于这两个球组成的系统来说，它们均为内力。

若两球碰撞时间为 Δt，根据动量定理，对球 m_1 则有

$$F_{21} \Delta t = m_1 v_1 - m_1 v_{10}$$

对球 m_2 有

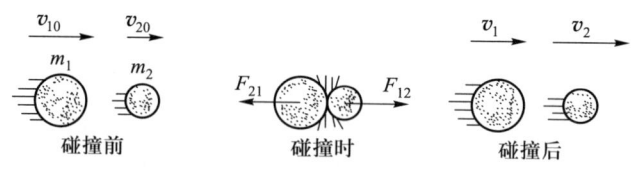

图 3-22　两球的对心碰撞

$$\boldsymbol{F}_{12}\Delta t = m_2\boldsymbol{v}_2 - m_2\boldsymbol{v}_{20}$$

因为 $\boldsymbol{F}_{21}=-\boldsymbol{F}_{12}$，可得

$$m_1\boldsymbol{v}_1 - m_1\boldsymbol{v}_{10} = -(m_2\boldsymbol{v}_2 - m_2\boldsymbol{v}_{20})$$

即

$$m_1\boldsymbol{v}_1 + m_2\boldsymbol{v}_2 = m_1\boldsymbol{v}_{10} + m_2\boldsymbol{v}_{20} \qquad (3-9)$$

等式左边是两球在碰撞后的总动量，右边是两球在碰撞前的总动量。式（3-9）表明，在碰撞前后两球的动量和保持不变。可以证明，任意个数的物体的相互作用在一般情况下也是成立的，即：如果系统内各物体所受合外力为零，那么系统的总动量保持不变。换句话说，系统的内力不能改变系统的总动量。这个规律称为动量守恒定律。

要注意：动量是一个矢量，系统的总动量不变是指系统内各物体动量的矢量和不变，而不是指哪一个物体的动量不变。在碰撞问题中，由于参与碰撞的物体相互作用的时间很短，相互作用力很大，一般的外力与这种作用力比较，可忽略不计，所以在碰撞过程的前后，我们可近似地认为参与碰撞的物体系统的总动量保持不变。

例 6

一艘宇宙飞船以 $v = 1.0 \times 10^4$ m/s 的速度在密度为 $\rho = 2.0 \times 10^{-5}$ kg/m^3 的微陨石云中飞行，如果宇宙飞船的最大正截面积为 $S = 5.0$ m^2，可以近似地认为微陨石与宇宙飞船碰撞后都附着在宇宙飞船上，则宇宙飞船受微陨石的平均作用力为多大？

解：

此题的关键在于在与微陨石的碰撞过程中，宇宙飞船的速度并没有发生变化。以宇宙飞船为参考系，则微陨石流以 $v = 1.0 \times 10^4$ m/s 的速度撞击宇宙飞船。设在极短时间 Δt 内撞到宇宙飞船上的陨石流的质量为 m，则

$$m = \rho \Delta V = \rho S \Delta t v$$

如果宇宙飞船对它的作用力为 $\overline{F}$，对这部分陨石流应用动量定理，有

$$\overline{F}\Delta t = mv$$

平均作用力大小为

$$\overline{F} = \frac{mv}{\Delta t} = \frac{\rho S \Delta t v^2}{\Delta t} = \rho S v^2 = 2.0 \times 10^{-5} \text{ kg/m}^3 \times 5.0 \text{ m}^2 \times (1.0 \times 10^4 \text{ m/s})^2 = 1.0 \times 10^4 \text{ N}$$

由牛顿第三定律可知，宇宙飞船受微陨石流的平均作用力大小也为 1.0×10^4 N。

在生产实践和科学实验中，动量守恒定律有广泛的应用，火箭和喷气式飞机的飞行就是动量守恒定律的应用。下面我们再看看心动冲击描记器。心脏每跳动一次，从

左心室以约为 0.30 m/s 的速率排出 0.07 kg 左右的血液，进入主动脉。排出的血液动量大小为

$$p_1 = m_1 v_1 = 0.07 \text{ kg} \times 0.30 \text{ m/s} = 0.021 \text{ kg} \cdot \text{m/s}$$

若把身体完全与外力隔离，则身体系统将以速度 v_2 反冲，速度 v_2 由动量守恒定律给出：

$$m_1 v_1 + m_2 v_2 = 0 \quad \text{或} \quad v_2 = -\frac{m_1 v_1}{m_2}$$

其中 m_2 为身体的质量，负号表示身体反冲的方向与血液流动的方向相反。对于 70 kg 的人来说，反冲速度的大小为

$$v_2 = \frac{0.021 \text{ kg} \cdot \text{m/s}}{70 \text{ kg}} = 3 \times 10^{-4} \text{ m/s}$$

可见这个反冲速度很小，一般不易发现，但可以通过特殊的仪器来研究。

如图 3-23 所示，与左心室相接的那一段主动脉，称为升主动脉，它位于与身体的头-足轴线接近平行的线上。因而排出的血液一开始向着头运动，身体就立即向着脚反冲。当血液到达升主动脉顶端（主动脉弓）时，血液的速度倒转为身体的速度。

身体的运动可以在心动冲击描记器上检测出来。这种仪器有一个水平悬浮在空气喷嘴上的轻质刚性平台（图 3-24）。这种悬浮方法的目的是最大限度地减少摩擦力。当把病人牢固地束缚在平台上时，病人即跟平台一起随每次心脏跳动而沿水平方向运动。运动借助电子探测，随时间描记的结果称为心动冲击图（BCG）。这种记录可以是测量平台的位移、速度，也可以是测量平台的加速度。分析心动冲击图，我们就有可能发现心动异常的患者。

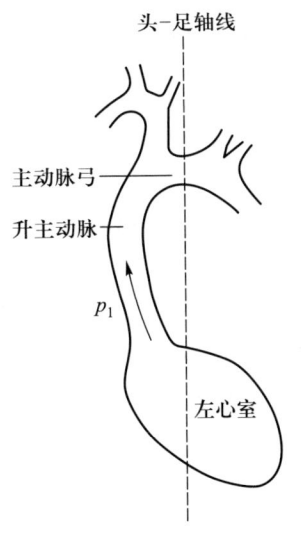

图 3-23 升主动脉位于与身体的头-
足轴线接近平行的线上

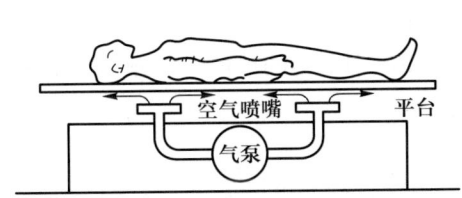

图 3-24 由一个悬浮在空气喷嘴上的平台
组成的心动冲击描记器

近代的科学实验和理论分析都表明：在自然界，大到天体间的相互作用，小到基本粒子间的相互作用，都遵守动量守恒定律，它是自然界中最重要、最普遍的客观规律之一。

二、机械能及其守恒律

研究力的持续作用效果，还可以从空间的角度讨论力的累积效应，引入功和能，继而讨论机械能守恒定律。

（一）功

把火箭送上高空、把管桩打入地下、动物奔跑等，都是物体受到了力的作用，并且在力的方向上有位移，这些情况我们都说力对物体做了功。

如果作用在物体上的力是一个大小和方向都不变化的恒力，而且物体移动的方向和力的方向一致，那么我们定义，力对物体所做的功等于作用在物体上的力和物体在力方向上移动的路程的乘积，即

$$W = Fs \tag{3-10}$$

式中 F 表示恒力的大小，s 表示物体移动的路程，W 表示力对物体所做的功，功是标量。

一般说来，作用在物体上的力的方向和物体移动的方向不一定都相同，如图 3-25 所示，这时，我们把力 $\boldsymbol{F}$ 分解成为一个与移动方向平行的力 $F_1 = F\cos\theta$ 和一个与移动方向垂直的力 $F_2 = F\sin\theta$。由于物体在垂直方向上没有移动，所以力 F_2 对物体不做功。这

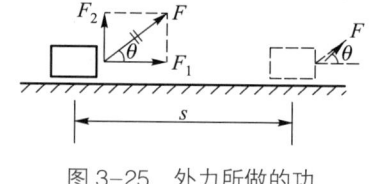

图 3-25 外力所做的功

样，当物体在水平方向移动的路程为 s 时，力 $\boldsymbol{F}$ 对物体所做的功就等于分力 F_1 对物体所做的功，即

$$W = F_1 s = F\cos\theta \cdot s$$

$$W = Fs\cos\theta \tag{3-11}$$

它表明力对物体所做的功等于力与物体移动的路程，以及力和物体移动方向之间夹角余弦的乘积。

功是一个只有大小而无方向的量，功的数值只有为正、为负或为零，它的物理意义与能量转换联系起来才有明确的含义。它的单位取决于力的单位和路程的单位。在国际单位制中，力的单位是牛顿（N），路程的单位是米（m），功的单位是焦耳（J）。

$$1J = 1N \cdot 1m = 1N \cdot m$$

（二）动能与动能定理

1. 动能

流动的河水能够使水轮机做功；飞行的炮弹能够击穿钢板；从高处落下的重锤能

够把管桩打进地里，克服阻力做功。物体之所以有做功的本领，是由于物体有能量。能有各种形式，物体由运动反映出它做功的本领，这种物体具有动能。

动能的大小由哪些因素决定呢？如图 3-26 所示，质量为 m 的汽车，当速度为 v_0 时关闭发动机，汽车克服阻力 F_f 做匀减速运动，经过位移 s 后停下来。在这个过程中，汽车克服阻力所做的功，等于汽车原来具有的动能。汽车在关闭发动机后，克服阻力所做的功为

$$W = F_f \cdot s$$

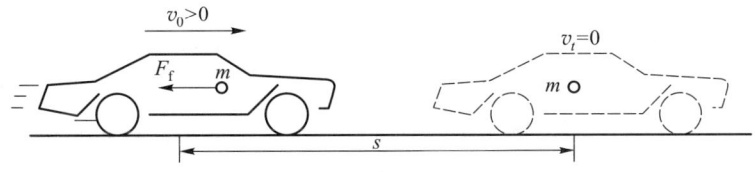

图 3-26 $v_0 \neq 0$ 的汽车克服阻力做功

由于

$$F_f = ma, \quad s = \frac{v_0^2}{2a}$$

代入可得

$$W = F_f \cdot s = ma \cdot \frac{v_0^2}{2a} = \frac{1}{2} m v_0^2 \tag{3-12}$$

因此，汽车在关闭发动机时，所具有的动能为

$$E_k = \frac{1}{2} m v_0^2$$

实践和理论证明：任何物体所具有的动能都可以用这个公式表示，即运动物体的动能等于它的质量跟它的速度平方的乘积的一半。

2. 动能定理

上述分析指出，物体具有动能就能克服外力做功，并在做功过程中，转化并消耗本身的动能。反之，如果外力对物体做功，物体的动能就会增大。

图 3-27 所示的是质量为 m 的汽车，在大小恒定的牵引力 F 和阻力 F_f 的作用下，在水平路面上位移 s 后，速度由 v_0 变为 v_t，汽车动能的改变可以用合外力做功的大小来量度。

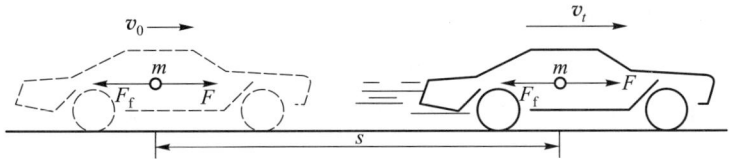

图 3-27 汽车在合力作用下做功

因为

$$F - F_f = ma, \quad s = \frac{v_t^2 - v_0^2}{2a}$$

所以

$$W = (F - F_f) \cdot s = ma \cdot \frac{v_t^2 - v_0^2}{2a}$$
$$= \frac{1}{2}mv_t^2 - \frac{1}{2}mv_0^2$$

或 $\qquad\qquad\qquad\qquad W = E_{kt} - E_{k0}$ $\qquad\qquad\qquad$（3-13）

式中，E_{kt} 是汽车的末动能，E_{k0} 是汽车的初动能，$E_{kt} - E_{k0}$ 就是汽车在合外力作用后的动能改变量。上式表明：合外力对物体所做的功，等于物体动能的改变量。这个结论称为动能定理。

对于动能定理的一个有意义的应用，能帮助我们理解动物奔跑的做功。动物一旦奔跑，如保持其身体做匀速运动，似乎并不需要做功。然而，每当一只脚与地撞击时，脚暂时地变为静止，而动物身体的其余部分则继续向前运动；当脚抬起时，脚由一组肌肉向前加速，以使其跟上身体；当脚超前于身体时，由一组对抗的肌肉使脚又停在地上。每组肌肉，或者在腿的动能从 0 变到 $\frac{1}{2}mv^2$，或者在腿的动能从 $\frac{1}{2}mv^2$ 变回到 0 时，都做了功。其中 m 是腿的质量。

现设一组肌肉施力为 F，收缩的距离为 d，那么肌肉做功 $W = Fd$，由动能定理可以得到

$$Fd = \frac{1}{2}mv^2 \quad \text{或} \quad v^2 = \frac{2Fd}{m}$$

即动物奔跑的速率决定于动物肌肉所施的力、肌肉收缩的距离和腿的质量。所以奔跑特别快速的动物必须具有格外轻的腿和格外发达的腿部肌肉。适应快速奔跑的大多数动物，如骏马、鹿和猎狗都有很细的腿和发达的腿部肌肉。

（三）重力势能与引力势能

由相互作用的物体或物体内部相对位置所决定而具有的能，称为势能。被压缩的弹簧、被举高的重锤都具有势能。被压缩的弹簧具有的势能称为弹性势能，被举高的重锤具有的势能则称为重力势能。

1. 重力势能

物体因为相对于地球的位置而具有的能，称为重力势能。具有重力势能的物体可以通过其位置的变化，释放或储存势能，对外做功。反之，重力对它做功的结果，使得物体所处的位置发生变化，从而反映出物体的重力势能发生变化。

从经验知道，打桩时，锤越重，提得越高，做功能力就越大。可见被举高的物体越重，离地面越高，重力势能就越大。

实验装置如图 3-28 所示，适当选择一个质量为

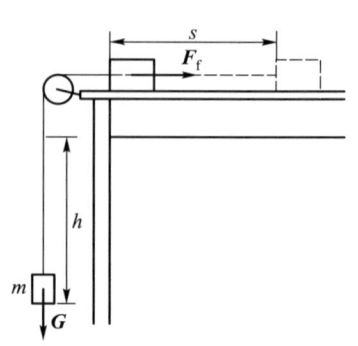

图 3-28　势能做功的实验

m，重力为 G 的砝码，使木块能克服桌面对它的摩擦力 F_f 匀速前进，砝码匀速下落的高度 h 等于木块通过的距离 s。由此可见，具有 h 高度的砝码有使木块克服阻力做功 $F_f \cdot s$ 的能力，这种能力就是砝码具有的重力势能 E_p，$E_p = F_f \cdot s$。因为 $G = F_f$，$h = s$，所以

$$E_p = mgh \tag{3-14}$$

这就是说，重力势能等于物体的质量、重力加速度跟它的高度的乘积。为了加深对重力势能的理解，我们应该知道，重力势能只有相对意义。通常，我们说质量为 m 的物体在距地面高 h 处的重力势能为 mgh，这就意味着选择地面作为重力势能的零点。

重力势能帮助我们理解许多体育项目的机理。例如，跳高时，运动员的腿肌首先做功，给身体初动能。在跳起时，这项初动能转换为越过横杆所需要的势能（高度）。为了把自己的重心提高一个高度，运动员必须以至少等于 mgh 的动能离地。然而重要之点是，h 并不是横杆距地的高度，而是运动员重心提升的高度。因为当跳高运动员从直立体位起跳时，其重心已大约高于地面 1 m，当运动员跨越横杆时，转动身体以使之水平，背跃式跳高这种方法使运动员的重心上升的高度 h 尽可能保持更小，做同样的功，能飞跃的横杆高度就更高。若采用合适的姿势，跳高运动员甚至可以在翻越栏杆时让身体重心一直低于横杆，相当于"从横杆下钻过去"。

重力势能属于"系统"

2. 引力势能

近地面时，我们认为重力是不变的，我们研究的势能称为重力势能。对于距地球表面遥远的物体，如人造地球卫星或月球本身，我们必须取随距离变化的引力计算。这个变化是由牛顿发现的。牛顿证明了维持月球在轨道上运动的地球作用于月球的力，性质上与地球作用在地表面物体的重力相同。进而牛顿还证明了重力不是地球所特有的，而是作用于任何两个物体之间的力。这种力称为万有引力，其规律如下：在两个相距为 r，质量分别为 m_1、m_2 的质点间的万有引力，其方向沿着它们的连线，其大小与它们的质量乘积成正比，与它们之间的距离平方成反比。其数学表达式为

$$F = G\frac{m_1 m_2}{r^2} \tag{3-15}$$

这个规律称为万有引力定律。式中 G 为引力常量，又称为万有引力常量，由实验测定，通常取

$$G = 6.67 \times 10^{-11} \text{ N} \cdot \text{m}^2/\text{kg}^2$$

应该注意，式中的 F 表示的是两个质点之间万有引力的大小。若要求得两个物体间的引力，严格来说，我们必须把每个物体分成很多小部分，把每个小部分看成一个质点，然后计算所有这些质点间的相互作用力。从数学上讲，这个计算通常是一个积分问题。计算表明：对于两个质量均匀分布的球体，我们可以用式（3-15）来直接计算它们之间的引力，其中距离 r 取两球心之间的距离即可。因为地球接近球形，所以式（3-15）可以用于地球表面的物体。

当我们用万有引力取代不变的重力时，我们引入的势能称为引力势能。当我们研

究距离地球表面较远的物体所受的引力时，要用万有引力取代不变的重力，我们称此时的势能为引力势能。用积分计算可以证明，m_2 在距 m_1 为 r 点的势能 E_p 是

$$E_p = -\frac{Gm_1m_2}{r} \tag{3-16}$$

重力势能的势能零点可以任意选取，视研究问题方便而定，通常选取地面为零势能点。而在引力势能式（3-16）中，我们一般取距地球无穷远处为势能零点。由式（3-16）可知，对于一切有限距离来说引力势能都是负值。

（四）机械能守恒定律

动能和势能统称为机械能。在一个物理过程中，如果一个系统只在内部发生动能和势能的相互转化，而系统的机械能始终保持恒定，则该系统机械能守恒。

能量守恒定律

从机械能守恒定律推广出去，人们研究发现，能量既不能消灭，也不能创生，只能从一个物体传递给其他物体，或者从一种形式转化为其他形式，这就是能量守恒和转化定律。能量守恒和转化定律与动量守恒定律一样，是物理学普遍规律之一。各种自然现象都服从这条定律。动能定律、机械能守恒都是这条定律在力学领域的实例而已。

例 7

在流星撞到地球的大气层顶部时，估算它的最小速率是多少。

解：

一颗流星，开始时可以认为是一小块星际碎石，在距地球很远的宇宙空间中到处游动。因为它离地球非常远，根据引力势能公式，它的引力势能几乎为零。如果它运动得很慢，则它的动能接近零，因此它的机械能近似为零。但是，星际碎石有向地球漂移的可能，一旦开始被地球吸引，即将增加落向地球的速率。由于物体的机械能是一个恒量，当它的动能增大时，它的势能一定减小，且两者相加等于零，因此我们可以通过计算它撞到地球的大气层顶部的势能，推算出它的动能，进而估算出它的最小速率。

假设流星的质量为 m，地球质量为 m_e，地球半径为 r，大气层厚度的数量级约为百公里，与地球半径相比可忽略不计，则当撞到地球的大气层顶部时，流星的引力势能为

$$E_p = -\frac{Gmm_e}{r}$$

流星的动能为

$$E_k = \frac{1}{2}mv^2$$

流星的机械能为

$$0 = E_p + E_k = -\frac{Gmm_e}{r} + \frac{1}{2}mv^2$$

因此，流星撞到地球大气层顶部的速率为

$$v = \sqrt{\frac{2Gm_e}{r}}$$

近地面物体所受重力为

$$mg = G\frac{mm_e}{r^2}, \quad 即\ g = G\frac{m_e}{r^2}$$

将 $g = 9.8\ \text{N/kg}$，$G = 6.67 \times 10^{-11}\ \text{N}\cdot\text{m}^2/\text{kg}^2$，$r = 6.4 \times 10^6\ \text{m}$ 代入上式，得

$$m_e = 6.02 \times 10^{24}\ \text{kg}$$

所以

$$v = \sqrt{\frac{2Gm_e}{r}} = \sqrt{\frac{2 \times 6.67 \times 10^{-11}\ \text{N}\cdot\text{m}^2/\text{kg}^2 \times 6.02 \times 10^{24}\ \text{kg}}{6.4 \times 10^6\ \text{m}}} = 1.12 \times 10^4\ \text{m/s} = 11.2\ \text{km/s}$$

　　这就是流星进入大气层时的最小速率。当处于这样高的速率时，由空气给流星的摩擦力非常之大，以至于流星通常被点燃，所以，我们的地球基本上是安全的。宇宙飞船在返回大气层时，必须有一个特殊设计以防御产生的高温，也就是这个道理。

科学家精神

睿智崇理，胸怀家国——科学巨擘杨振宁

　　杨振宁（1922—　　），物理学家。出生于安徽合肥。1938—1944 年在国立西南联合大学物理系读书，先后获学士、硕士学位。1948 年获美国芝加哥大学哲学博士学位。清华大学高等研究院名誉院长、教授，香港中文大学博文讲座教授。历任普林斯顿高级研究所教授、纽约州立大学石溪分校爱因斯坦讲座教授兼理论物理研究所所长、洛克菲勒大学董事，美国国家科学院、美国物理学会以及巴西科学院、委内瑞拉科学院、西班牙皇家科学院等的院士，英国皇家学会外籍会员、俄罗斯国家科学院外籍院士、日本科学院荣誉院士。

　　杨振宁在粒子物理、统计物理和凝聚态等领域做出了里程碑性的贡献。20 世纪五六十年代先后创立杨 - 米尔斯规范场论，提出杨 - 巴克斯特方程。因与李政道共同提出弱相互作用中宇称不守恒原理而获得 1957 年诺贝尔物理学奖。曾获美国国家科学奖章、美国费城富兰克林研究所的鲍威尔科学成就奖、费萨尔国王国际奖的科学奖。著有《杨振宁论文选集（1945—1980）》《杨振宁文集》《曙光集》《晨曦集》等。发表论文约 300 篇。

　　杨振宁胸怀家国，以接受中国文化教育而自傲。他在接受诺贝尔物理学奖时的致辞中说："我深深察觉到一桩事实：在广义上说，我是中华文化和西方文化的产物，既是双方和谐的产物，又是双方冲突的产物，我愿意说我既以我的中国传统为骄傲，同样的，我又专心致力于现代科学。"杨振宁曾在 1964 年加入美国国籍。但杨振宁对祖国怀有深情，1971 年及之后多次回国，向国家提

出各种中肯建议，同时向世界热情介绍中国，为中国的科教发展做出了巨大贡献。2015 年，杨振宁放弃美国国籍，重回中国国籍。2019 年，杨振宁以"最高的科学成就、令人高山仰止的家国情怀以及为祖国科学事业所做出的贡献"获得"求是终身成就奖"。

思考与练习

参考答案

3-1 简答：何谓天体系统？绘图说明天体系统的层级。

3-2 简答：太阳系的天体组成。

3-3 简答：地球自转给地理环境带来的影响。

3-4 简答：四季和五带是如何形成的？

3-5 简答：板块构造学说的基本观点是什么？

3-6 应用举例：列举不同板块交界形成的地貌形态。

3-7 简答：行星风系的组成和成因。

3-8 简答：列表比较北半球的气旋和反气旋的区别。

3-9 简答：影响气候形成和变化的因素有哪些？

3-10 简答：在一艘内河轮船中，两名旅客有这样的对话——

甲：我静静地坐在这里好半天了，我一点也没有运动。

乙：不对，你看看窗外，河岸上的物体都飞快向后掠去，船在飞快前进，你也在很快地运动。

甲究竟是在运动，还是静止的？你如何理解运动和静止这两个概念？

3-11 计算：某品牌小汽车进行刹车试验，从速度为 8 m/s 均匀减速到停止，共用 1 s。按规定，速度为 8 m/s 的小汽车在刹车后，滑行路程不得超过 5.9 m。该品牌小汽车能够安全上路吗？

3-12 简答：你是怎样接住对方猛掷过来的篮球的？为什么要这样去接？试用物理学原理加以解释。

3-13 计算：一机枪质量为 13.8 kg，弹头质量为 9.47 g，火药质量为 3.2 g，弹头出枪口速度为 800 m/s，求子弹出枪口时枪身的反冲速度的大小。

3-14 简答：人在车上推车，车不能前进；但在地上推车，车就能前进。为什么？

3-15 应用举例：一个物体可否具有机械能而无动量？可否有动量而无机械能？试举例说明之。

拓展阅读导航

1. 金祖孟. 地球概论［M］. 4 版. 华东师范大学地理科学学院，修订. 北京：高等教育出版社，2023.

该书介绍了关于行星地球的基础知识，以地球的天文学和地球的物理学两个方面，具体讲述了地球运动及其地理意义，以及地球和月球的关系；此外还从远到近，由大及小地介绍了地球的宇宙环境。请重点阅读第一、二、四章。

2. 伍光和，王乃昂，胡双熙，等. 自然地理学［M］. 4 版. 北京：高等教育出版社，2008.

该书简要介绍了地球和地壳基本知识，并分别论述了气候、水文、地貌、土壤和生物的特征，分析这些要素在自然地理环境中的地位和相互作用。请重点阅读第一、二、三章。

第四章　自然界中的生命活动

学习目标

1. 了解地球生命起源的假说与进化的主要理论及人类的起源和进化；了解动植物的营养机制；了解生殖的基本类型及主要过程；了解生物变异及人类遗传病的主要类型。
2. 理解生物遗传的主要规律。
3. 掌握科学膳食的原则并能用于指导日常饮食。
4. 感悟地球生命具有共同特征，形成尊重生命、珍惜生命的情感。

思维导图

```
                                    ┌─────────────────┐
                        ┌──────────┤     生命起源      │
                        │           ├─────────────────┤
            ┌──────────────┐        │     生物进化      │
            │ 生命的起源和进化 ├───────├─────────────────┤
            └──────────────┘        │  人类的起源和进化  │
                │                   └─────────────────┘
                │                   ┌─────────────────┐
 ┌──────┐       │           ┌──────┤   植物的光合作用   │
 │自然界 │       │    ┌──────────┐  ├─────────────────┤
 │中的  │       ├────┤  生命运动  ├──┤    动物的营养     │
 │生命  ├───────┤    └──────────┘  ├─────────────────┤
 │活动  │       │           └──────┤   人体均衡的膳食   │
 └──────┘       │                   └─────────────────┘
                │                   ┌─────────────────┐
                │           ┌──────┤     生物的生殖     │
                │    ┌──────────┐  ├─────────────────┤
                └────┤ 生命的延续 ├──┤     生物的遗传     │
                     └──────────┘  ├─────────────────┤
                             │      │     生物的变异     │
                             └──────├─────────────────┤
                                    │     人类遗传病     │
                                    └─────────────────┘
```

情境链接

《义务教育科学课程标准（2022年版）》设置了13个学科核心概念（图4-1）：

学科核心概念 ——

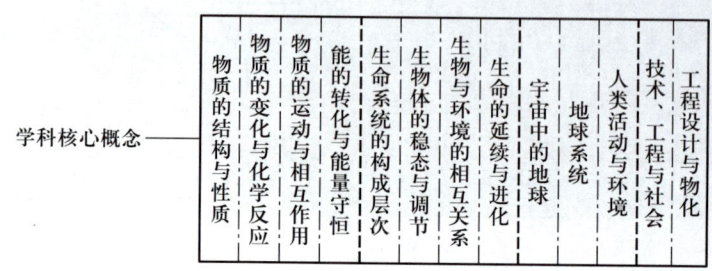

物质的结构与性质｜物质的变化与化学反应｜物质的运动与相互作用｜能的转化与能量守恒｜生命系统的构成层次｜生物体的稳态与调节｜生物与环境的相互关系｜生命的延续与进化｜宇宙中的地球｜地球系统｜人类活动与环境｜技术、工程与社会｜工程设计与物化

图 4-1　科学课程的学科核心概念

其中与生命科学相关的主要有：生命系统的构成层次、生物体的稳态与调节、生物与环境的相互关系、生命的延续与进化。学科核心概念超越了对地球上各种生命体的现象性描述，概括了不同形态生物共同的生命活动，即：生物通过一定的营养机制维持生存；生物通过生殖、发育和遗传使遗传信息代代相传，实现生命的延续；在生命延续的过程中，遗传信息可能会发生改变，生物的遗传变异与环境因素的共同作用导致了生物的进化。那么，地球上最初的生命是如何产生的？今天地球上繁盛的生命是如何进化而来的？延续生命的生殖有些什么不同类型？动植物的营养机制有什么不同？这些问题在学习本章内容后将得到答案。

地球上生活着形形色色、丰富多彩的生物。已知生物的物种达200万种以上，它们生活在地球不同的环境里。虽然生物之间存在千差万别，但它们都有共同的特征，都是按照生物界的基本规律发展的。自最初的生命起源开始，生物的进化、生命的存续、遗传与变异，都是生命活动的具体表现。自然界中的生命活动，让地球充满勃勃生机。

第一节　生命的起源和进化

地球上的生命是怎样起源的？那些最原始的生命又是怎样演变成现在形形色色、

种类繁多的各种生物的？这些问题自古以来一直是人们十分感兴趣的问题。

一、生命起源

自生论认为生命能在短时间内从非生命物质中自然发生，这被实验所否定。关于地球上的生命起源，学者普遍接受的是化学进化说。

（一）生命起源的假说

关于生命起源问题，古代有许多假说。自生论认为生命能在短时间内从非生命物质中自然发生。如我国古代就有"白石化羊""腐草化萤"的说法，古代的欧洲流行"腐肉生蛆"的说法。

由于生产力和科学水平低下，自生论观点在漫长的历史阶段一直占统治地位。17世纪中期，意大利医生雷迪（Francesco Redi，1626—1697）设计了一个简单的实验（图4-2），他在盛肉的瓶子上扎上纱布，过几天肉腐烂了，但却没有生出蛆来，而苍蝇产在纱布上的卵，却变成了蛆。由此他得出结论，蛆是苍蝇产在肉上的卵变来的，而不是肉腐烂后产生蛆，否定了"腐肉生蛆"的假说。但是不久有人在显微镜下发现腐肉瓶内有微生物，于是自生论又抬头了。

开口瓶　　　　瓶口封纱布

肉上生蛆　　　　无蛆

图 4-2　雷迪的实验

到19世纪60年代，法国微生物学家巴斯德（Louis Pasteur，1822—1895）设计了一个精确的实验（图4-3）。他把肉汤注入一个特制的曲颈玻璃瓶里，煮沸灭菌。尽管空气可以通过曲颈的长管进入瓶内，但瓶内肉汤却经久不见浑浊变质。这是因为悬浮在空气中的细菌及其孢子重于空气，它们只能停留在曲颈的部位，而进不了瓶。巴斯德又将瓶颈截断，让空气直接进入瓶内，结果微生物大量繁殖，肉汤浑浊变质。巴斯德解释，肉汤不会自然产生细菌，而是细菌使肉汤腐败，细菌是腐败的原因，而不是腐败的结果。至此，巴斯德真正地否定了自生论，认为生命不能在短时间内从非生命物质中自然发生。

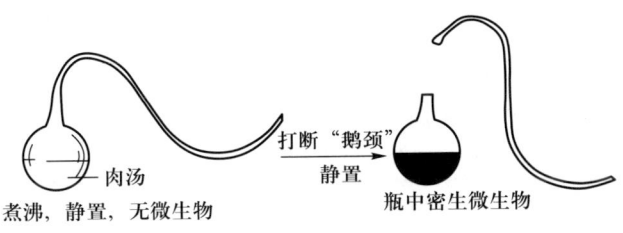

煮沸，静置，无微生物　　打断"鹅颈"静置　　瓶中密生微生物

图 4-3　巴斯德的实验

（二）生命起源的化学进化说

从 20 世纪 20 年代开始，科学工作者提出化学进化假说，认为最初的原始生命是由地球上非生命物质通过化学作用，逐步由简单物质进化到复杂物质的。根据化学进化说的观点，从非生命物质到原始生命的诞生经历了漫长的三个演化阶段。

1. 从无机分子到有机小分子

原始大气以化合物的形式存在，它们的成分大致为 CH_4、CO、CO_2、NH_3、H_2O（气态）、H_2S、H_2 和 HCN 等，没有游离的 O_2。原始大气是还原性气体，它们在强大的紫外线作用下，不断合成氨基酸和糖等有机物。1953 年美国科学家米勒（Stanley Miller，1930—2007）设计了一个实验，模拟在原始还原性大气条件下氨基酸产生的过程。实验装置为一个特殊的玻璃仪器（图 4-4），先抽成真空，再用 130 ℃高温消毒 18 小时，然后通入 CH_4、NH_3、H_2O（气态）、H_2，又模仿原始地球闪电的自然条件，得到了多种氨基酸。米勒实验有力地证明了化学进化的第一个阶段。

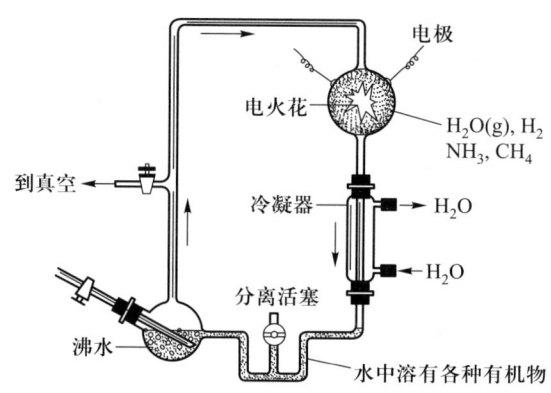

图 4-4　米勒的模拟实验装置

2. 从有机小分子到生物大分子

氨基酸和核苷酸等有机小分子形成后，自然界化学进化仍继续进行。美国科学家福克斯（Sidney Walter Fox，1912—1998）做了模拟这一阶段的实验，他把各种氨基酸混在一起，在无水条件下，加热至 150~170 ℃，经过 1~2 小时后，得到相对分子质量为 8 000~20 000 的类蛋白，这一方法称为干热聚合。原始地球具备这种干热条件，原始地球多火山和放射性物质蜕变，放出大量热能，普遍存在高于水沸点的热地区，这些地区促进了有机小分子聚合成蛋白质和核酸等生物大分子。

3. 多分子体系的形成和原始生命的诞生

单独的蛋白质、核酸还不是生命，它们必须结合起来，形成多分子体系才能显示出一些生命现象。关于蛋白质等生物大分子怎样结合成多分子体系，有两种学说：一种是类蛋白微球体学说，福克斯认为干热聚合的类蛋白，被雨水冲入原始海洋，会聚结成大小一致的微球体（图 4-5），微球体有

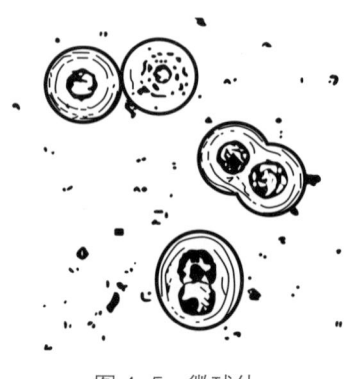

图 4-5　微球体

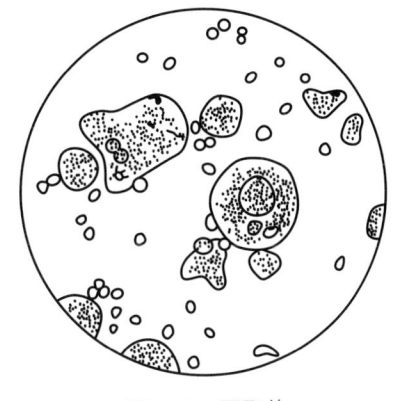

图 4-6 团聚体

双层结构的外膜，借以与外界分开，它还有新陈代谢的现象，能出芽繁殖。另一种是团聚体学说，苏联学者奥巴林（Alexander Oparin，1894—1980）将明胶（一种蛋白质）溶液与阿拉伯胶（一种糖）溶液两种透明液体混合在一起，混合之后溶液变混浊，在显微镜下可以看到均匀的溶液中出现了小滴，即团聚体。用蛋白质、核酸、多糖、磷脂及多肽等溶液也能形成这样的团聚体。团聚体有代谢现象，能与周围环境交换物质，吸收一些有机物，增大本身的体积和质量，还会生长和繁殖（图 4-6）。据此奥巴林等人认为，团聚体的形成过程是最早的多分子体系形成的过程。

多分子体系形成后逐渐出现了生命特征，如能不断自我更新、自我繁殖和自动调节，原始生命宣告诞生。原始生命最初是非细胞形态，经过漫长的历史演变，逐渐发展成具有细胞形态的原核细胞，继而产生真核细胞，由单细胞进化到多细胞，以动物为例，以后从二胚层进化到三胚层，从无脊椎进化到脊椎动物，从水生进化到陆生，最终从动物中分化出最高等的人类。

二、生物进化

多方面证据表明，生物是进化的。达尔文的自然选择学说解释了生物进化的原因，现代达尔文主义在此基础上做了进一步的补充。

（一）生物进化的证据

19 世纪，英国博物学家达尔文随英国海军"贝格尔号"舰进行历时 5 年的环球旅行，对生物和地质进行大量的采样和考察，形成了生物进化的观点，并写下了不朽的名著《物种起源》，以大量的科学资料，雄辩地论证了进化事实和规律，揭示了生物进化的原因。

生物进化的证据很多，达尔文当时曾引用了古生物学、比较解剖学和胚胎学三个方面的证据，这些证据现已被认为是生物进化的经典证据。近代生物科学的发展为生物进化学说进一步提供了许多新的证据。

1. 古生物学的证据

根据古生物学和地质学的研究，各种地质年代的地层里分布着的化石，记录了生物进化的历程，成为进化的直接证据。各种生物在地质年代中出现，是有一定时间顺序和规律的。在古老的地质年代地层里的生物化石，结构简单、低等，且种类也少，而在年轻的地质年代地层里的生物化石，结构复杂、高等，且类型多样。各种生物都有一个繁盛、衰老和绝灭的时期。古生物学揭示了生物由少到多、结构从简到繁、从低等到高等的进化顺序和规律（表 4-1）。

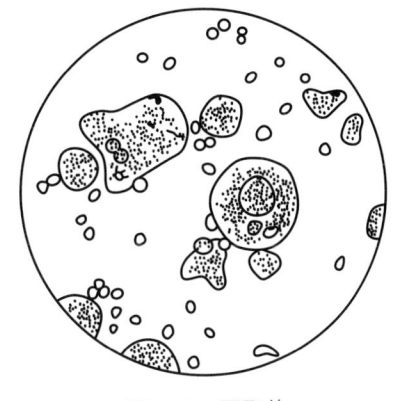 第一节 生命的起源和进化

115

表 4-1　地质年代表 [①]

宙	代	纪		同位素距今年龄 / 10^6a	生物	
					植物	动物
显生宙	新生代	第四纪		2.6	被子植物	哺乳动物
		新近纪		23		
		古近纪		65.5		
	中生代	白垩纪		145.5	裸子植物	爬行动物（恐龙）
		侏罗纪		199.6		
		三叠纪		251		
	古生代	晚古生代	二叠纪	299	孢子植物	古爬行动物
			石炭纪	359		两栖动物
			泥盆纪	416		鱼
		早古生代	志留纪	444	藻类	海生无脊椎动物
			奥陶纪	488		
			寒武纪	542		
元古宙	元古代	新元古代	震旦纪	680	菌藻类	海生小壳动物
			南华纪	850		
			青白口纪	1 000		海生低等多细胞动物
		中元古代	蓟县纪	1 400		
			长城纪	1 800		
		古元古代		2 500		
太古宙				4 000		
冥古宙				4 600		

　　过渡类型生物化石的发现，是生物进化最有力的证据，如在中生代地层中发现的始祖鸟化石就是一例。始祖鸟是原始的鸟类，体表被羽毛，前肢变成翼，足有四趾，三趾向前、一趾向后，这些是鸟类的特征。始祖鸟口内有牙齿，翼上有三个指，指端有爪，还有一个由脊椎骨组成的长尾，这些又是爬行动物的特征（图 4-7）。始祖鸟化石证明了鸟类是由爬行动物进化而来的。在古生代的地层里人们还发现了介于蕨类和种子植物之间的过渡类型化石，叫种子蕨化石，这证明了种子植物是从蕨类植物进化来的。

---

① 汪新文. 地球科学概论 [M]. 2 版. 北京：地质出版社，2014：82.

图 4-7 始祖鸟的化石和复原图

2. 比较解剖学的证据

同源器官和痕迹器官是比较解剖学为生物进化学说提供的最有价值的证据。

同源器官是指胚胎发育中起源相同、内部结构和分布位置相似，而形态和功能不同的器官，如人的上肢、海豹的鳍肢、鸟的翼和蝙蝠的翼，虽然它们在形态和功能上各不相同，但用比较解剖学方法研究，我们可发现这些器官的内部结构都由相似的骨块组成，排列方式也基本一致，从上到下都有肱骨、桡骨和尺骨、腕骨、掌骨和指骨（图 4-8）。同源器官的存在说明这些动物都起源于共同的祖先。

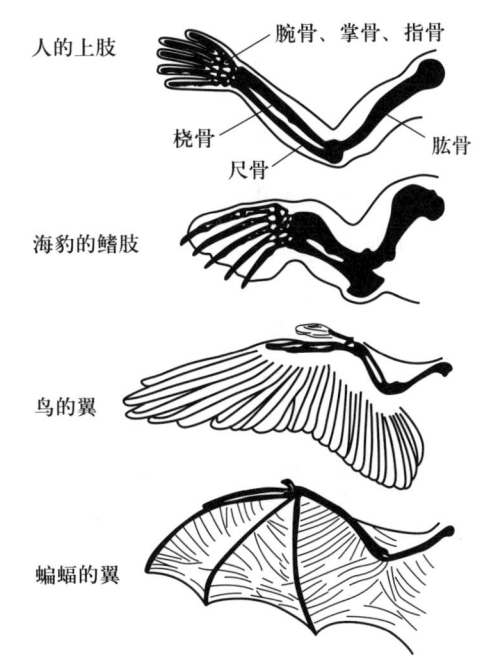

图 4-8 同源器官——不同脊椎动物的前肢骨

痕迹器官是指生物体在进化过程中，有些作用不大，但依然存在的器官。如人的盲肠、阑尾、耳肌和尾椎骨等，都已退化成痕迹器官，这说明人类祖先体内存在这些器官，由于适应新的环境，这些器官无用而逐渐退化了。痕迹器官的存在也证明了生物进化中的亲缘关系。

3. 胚胎学的证据

19 世纪德国进化论者海克尔（Ernst Haeckel，1834—1919）提出的生物重演律曾被达尔文作为生物进化的证据之一。生物重演律即个体胚胎发育是系统发育简短而迅速的重演。海克尔还绘制了 8 种脊椎动物（含人）的胚胎发育过程（图 4-9）。然而自 20 世纪 90 年代以来胚胎学工作者发现：海克尔绘制的脊椎动物胚胎发育比较图有错误，实际的胚胎大小比例不像海克尔绘制的那样。这一胚胎学证据被怀疑。尽管如此，这并不会改变"生物是进化的"这一结论。

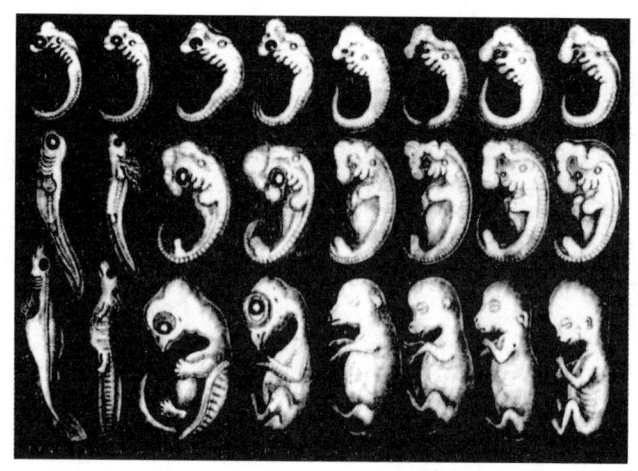

图 4-9　海克尔描绘的 8 种脊椎动物胚胎发育（从左
到右依次为鱼、蝾螈、龟、鸡、猪、牛、兔、人）

4. 生物进化的其他新证据

除以上三个方面的经典证据外，在以后的生物科学发展中，科学工作者又为生物进化学说提供了生理学、遗传学、生物地理学和分子生物学的新证据。

例如，生物地理学研究了生物在地球上的分布及规律，说明了地球上的生物虽都起源于共同的祖先，但由于生物的地理分布不同，它们都有自己的发展史，而各自进化形成了不同的物种。

又如，在分子生物学的证据中，最著名的例子是各类生物细胞色素 C 的成分比较。细胞色素 C 是生物氧化中细胞色素酶系中的一员，是一种蛋白质，是由 104~112 个氨基酸组成的多肽链，这条多肽链上的一级结构即氨基酸的排列顺序，在各类生物之间有极大的相似性，一级结构差别越小，生物间亲缘关系越近，差别越大，则亲缘关系越远。如人和黑猩猩细胞色素 C 的氨基酸顺序完全相同，人和猴子只有一个氨基酸不同，人和牛、羊有 10 个不同，人和果蝇有 27 个不同，人和酵母菌有 44 个不同。

（二）生物进化的理论

达尔文继承了进化论先驱的思想，综合当时自然科学的成果，创立了达尔文进化学说。20 世纪开始，随着遗传学、生态学等学科的发展，进化学说提高到一个新的水平，出现了现代达尔文主义。

1. 达尔文进化学说

（1）人工选择

达尔文进化学说的核心是自然选择，自然选择学说的建立受到了人工选择学说的启发，达尔文认为人工选择包括变异、遗传和选择三个要素。如达尔文对家鸡各种品种起源的解释：人们经过很多年饲养野生原鸡，先驯化成家鸡，之后家鸡不断地发生变异，人类根据自己的需要（如需要下蛋多的鸡、需要产肉肥嫩的鸡、需要有美丽羽毛的鸡）进行选择，分别留种进行繁殖，在后代中再根据需要选择、再培育，这样一代代地选择和培育，结果形成了蛋用鸡、肉用鸡和羽毛美丽的观赏鸡等。

变异是人工选择的第一要素，从家鸡品种的培育过程看，变异提供了形成新品种的原始材料，这是人工选择的前提；遗传是人工选择的第二要素，只有变异而没有遗传，逐渐积累下的有利的变异仍形成不了新品种；选择是人工选择的第三要素，也是最关键的要素，如单有变异和遗传，而没有人们对各种变异进行有目的的选择和培育，是不可能形成人们所需要的新类型的。因此人工选择的三个要素相互联系、缺一不可。没有变异就没有选择的材料；没有遗传，变异就不能传代和积累；没有选择就没有变异的定向积累。人工选择过程的实质，是人类按照自己的需要和喜爱，对生物变异不断"留优去劣"的过程。

通过对人工选择的研究，达尔文提出了自然界各种物种起源也有一个相似的选择过程，就是自然选择。

（2）自然选择

自然选择学说的基本论点是：变异和遗传、繁殖过剩、生存斗争和适者生存。其中变异和遗传已在上面阐述过了，达尔文认为，变异和遗传在自然界普遍存在。

繁殖过剩——达尔文发现生物普遍都具有高度的繁殖率，具有按几何级数增加的倾向。他计算了一对大象的繁殖数量。象是繁殖率最低的动物，假定象的寿命为100 岁，繁殖年龄从 30 岁到 90 岁，一头母象一生中约可产 6 头小象，如果后代都能成活的话，经过 750 年，一对象的后代可达 1 900 万头。虽然繁殖过剩在自然界普遍存在，但事实上却没有那么多的后代。达尔文指出，这主要是繁殖过剩引起了生存斗争。

生存斗争——达尔文说的生存斗争包括生物同无机环境的斗争、种间斗争和种内斗争。无机环境指自然界的水分、温度、湿度、光和空气等理化因素。如动物的冬眠特性就是对寒冷的斗争；沙漠中的植物叶子退化、根系发达，这是对干旱的斗争。种间斗争是指不同物种之间相互争夺食物和空间的斗争，如作物和杂草之间争夺阳光、水分、养料和土壤的斗争，狼吃羊、羊吃草等都是种间斗争。种内斗争是指同一物种个体之间，争夺生活场所、食物、配偶或其他生存条件的斗争。达尔文认为，同种生物由于要求相同的生活条件，竞争最为激烈，因此繁殖过剩引起的种内斗争是进化的动力。

达尔文指出，生存斗争关系十分复杂，如红花三叶草、土蜂、田鼠和猫之间的复杂关系：红花三叶草依赖土蜂传粉，但田鼠经常捣毁土蜂的窝，而猫会大量捕捉田鼠。于是，猫多、田鼠少，土蜂就多，红花三叶草也繁盛，反之，猫少、田鼠多，土蜂就少，红花三叶草也衰败，这说明自然界中生存斗争是相互联系、相互制约的。

适者生存——在生存斗争中，有些个体生存下来，而有的个体被淘汰。达尔文认为，那些具有对生存有利变异的个体能得到保留，而那些具有对生存有害变异的个体则被淘汰，这就是自然选择或适者生存。达尔文看到过许多实例，如在北大西洋东部的马德拉群岛上有 500 多种甲虫，其中 200 种甲虫翅不发达，不会飞，风暴来临时它们隐匿得很好，这种无翅甲虫被保留下来了，那些能飞的甲虫却被大风刮到海里而逐渐消失了。还有些具有坚强有力的翅、能抵抗大风的甲虫，也被保留下来。自然选择是一个长期、缓慢、连续的过程，通过一代代生存环境的选择作用，物种的变异朝着定向方向积累，性状逐渐分化，以至演变成新种。

但由于受当时科学水平的限制，达尔文对生物遗传、变异机制尚不清楚。

2. 现代达尔文主义

现代达尔文主义是在达尔文自然选择学说、基因学说、群体遗传学的基础上，结合生物学其他分支学科的新成就而发展起来的，又称现代综合进化理论。此理论认为进化应是在群体水平上进行的，进化的原料是突变。通过突变、自然选择和隔离的综合作用，新类型产生。

（1）种群基因库的演变

生物进化的单位不是个体而是种群。生物种群一般都有杂种性。在一个种群中，能进行生殖的个体所含有的全部遗传信息的总和，称为基因库。进化是种群基因库变化的结果。

在自然界中，种群基因库的演变是不可避免的，基因突变是使基因库演变的主要原因。基因突变平时不常发生，但从几十亿年生物进化的历史来看，还是不少的。突变发生会引起基因库的改变，为生物进化提供丰富的原料，射线、紫外线、化学诱变剂等都可引起突变。

（2）自然选择的主导作用

基因突变的方向是不定的，但在自然选择的作用下，不定向的变异可以被纳入定向，也就是说，种群所发生的定向变异，是由选择作用造成的，同时，选择作用还可以使种群的定向变异积累，从而改变生物的类型。这就是自然选择的主导作用，即创造新物种的作用。

（3）隔离在物种形成中的作用

隔离是阻止不同种群在自然条件下相互自由交配的机制。当自然选择引起种群分化时，如果没有隔离机制使分化的种群之间断绝基因交流，新种就不能形成。因此隔离在物种形成中有重要意义。隔离主要指地理上的隔离，并由地理上的隔离逐渐产生生殖上的隔离。

地理隔离——种群占据不同的分布区，地理上的屏障，如海洋、河流、高山、沙漠、森林等，都可使不同种群不能自由交配。例如，我国的东北虎和华南虎，由于分布地区相距很远，中间辽阔的地带起了隔离作用。由于生活在不同环境里，通过自然选择，产生了性状分歧，东北虎适应东北寒冷的气候，躯体高大、体毛长而厚，因长期的地理隔离，与华南虎的性状差别增大。

生殖隔离——地理隔离造成自然选择的方向不同，使彼此隔离的种群的遗传特性朝着不同的方向发展，进而使种群之间不能杂交，或杂交后后代不育，这样它们就成了不同的种。

由于地理隔离进而形成生殖隔离最著名的范例是，15 世纪时有人将一窝欧洲家兔释放到非洲马德拉岛附近的一个叫圣港的小岛上，当时这个岛上没有其他种类的兔

进化理论的发展

子，也没有食肉类天敌，所以这窝欧洲家兔以惊人的速度繁殖。到 19 世纪时，人们惊奇地发现，这窝欧洲家兔的后裔已经和它们的祖先欧洲家兔全然不同，个体大小仅为欧洲家兔的一半，毛色也发生了变化，更喜欢在夜间活动，最重要的是与欧洲家兔形成了生殖隔离。

三、人类的起源和进化

一般认为，人类与现代类人猿的共同祖先是森林古猿。人类的起源和发展主要包括始祖南猿、南方古猿、早期猿人、直立人和智人五个阶段。

（一）从猿到人

大量证据表明，人类与现代类人猿有着密切的亲缘关系。

现代类人猿有非洲的黑猩猩和大猩猩、东南亚的猩猩以及我国南方的长臂猿，它们与人类有许多相似之处。例如，在形态上，有相似的耳郭和四肢、脸部与手无毛、无尾、无臀疣和颊囊；在胚胎发育上，都有类似的胎盘和相似的发育过程；在生理生化上，月经周期和怀孕期相近，猿类的血液也有人的四种血型，人和黑猩猩的细胞色素的结构相同；在病理上，人类与类人猿所感染的疾病和肠道寄生虫相似；在行为上，刚出生的婴儿可用双手攀缘木棍并悬挂起来，重演猿类祖先的臂行性特征；在发音和语言上，最初都发单音节叫声，后来人类才逐渐学会音节分明的语言。近百年来发现的古猿和古人类化石，更说明了人类和现代类人猿是近亲，它们有共同的祖先。

古人类学家指出，人类和现代类人猿的共同祖先是生活在 2 000 万~3 000 万年前的森林古猿，它们个体大小类似黑猩猩，依靠四肢行走。

新生代第三纪中期以后，由于广泛的构造运动，地表形态发生了巨大的变化，继而引起了气候变化和生态变化。随着森林的消失，一部分古猿迁移到新的森林中，逐渐进化成现代猿类；另一支古猿留在原地生活，被迫逐渐从树栖转为地面生活，成为行走的猿类，其中一支逐渐进化为人类。

1967 年有科学家通过比较灵长类血红蛋白的氨基酸差异，推算出人、猿分歧的时间约在 500 万年前。20 世纪 70 年代，在埃塞俄比亚阿尔法洼地发现了一系列人类化石，其中包括一具女性个体，取名"露西"（Lucy），即南方古猿阿法种，曾被认为是第一个被发现的最早能够直立行走的人类，生活年代距今约 350 万年。1994 年，在埃塞俄比亚中部地区又发现了更为古老、距今 440 万年的原始人"阿尔迪"（Ardi），这使得古生物学的化石证据越来越接近分子生物学的观点。新的化石证据支持了分子生物学的推算，即人类起源时间为 400 万~500 万年前，但也有证据显示，人类起源的时间也许更早。

（二）人类起源和发展的主要阶段

目前所知最早的人科化石是始祖南猿，始祖南猿演化出南方古猿，再由阿法南猿分化出人属成员。人类的起源和发展主要包括始祖南猿、南方古猿、早期猿人、直立人和智人五个阶段。

1. 始祖南猿（440万年前）

以埃塞俄比亚中部地区发现的距今440万年的女性原始人"阿尔迪"骨骼化石为代表，人类学家将其定名为始祖南猿，也称阿德猿、拉密达猿人。"阿尔迪"身高约120 cm，体重约50 kg。她具有与猿类似的头部和脚趾，很容易在树丛间攀爬，不过其手掌、手腕以及骨盆表明，她可以用两只脚直立行走。此外，"阿尔迪"具有多种比现代黑猩猩更原始的特征（图4-10）。"阿尔迪"说明，人与黑猩猩在各自道路上都进化出了与共同祖先差异很大的特征。古生物专家认为，"阿尔迪"并不是人与黑猩猩最后的共同祖先，但却是迄今最接近两者共同祖先的原始人。

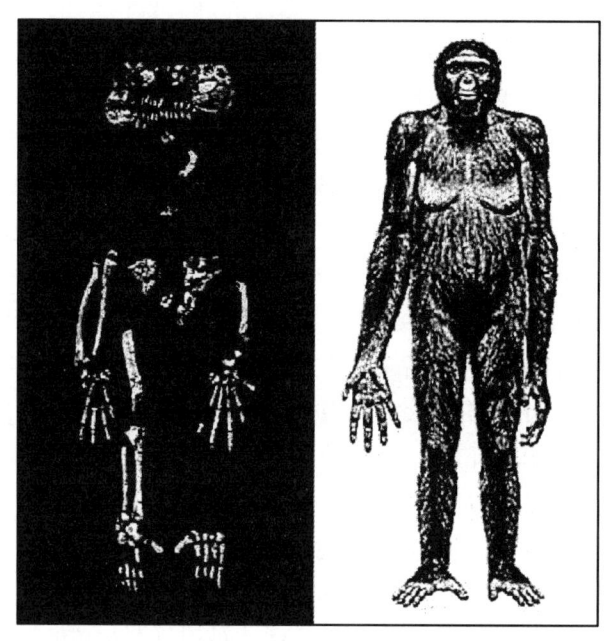

图4-10 始祖南猿"阿尔迪"化石及其复原图

2. 南方古猿（约400万前～100万年前）

南方古猿化石最早发现于非洲南部和东部，先后出土了相当于几百个个体的骨骼化石。南方古猿因形态上的显著差异被区分为两个种，即南猿非洲种（南猿纤细种）和南猿粗壮种，前者体型纤细，平均脑容量494 mL，后者体型较粗壮，平均脑容量500 mL。1974年，女性南方古猿骸骨"露西"在埃塞俄比亚出土，定名为阿法南猿，她的骨骼较为完整（相当于个体骨骼的40%），使人们能确定她的直立行走的运动方式。"露西"的生存年代更早，她一度被大家公认为最早期的人类祖先的代表。现在一般认为，阿法南猿演化出南猿非洲种、南猿粗壮种、南猿鲍氏种及南猿埃塞俄比亚种。南猿埃塞俄比亚种可能是南猿粗壮种和南猿鲍氏种的共同祖先。南猿粗壮种及南猿鲍氏种是人科谱系中的盲支，是人科发展主干上的一个旁系。南猿非洲种与其他人科化石种类的关系尚不能确定。南方古猿共同的特征是能利用石块石片、树枝等现成的天然工具，善于直立行走。

3. 早期猿人（约250万前～100万年前）

早期猿人以坦桑尼亚能人和肯尼亚发现的 1 470 号人（化石的编号，此为东非能人类型化石）等为代表。他们脑容量达 657~775 mL，能直立行走，制造砾石工具。其中我国云南发现的 175 万年前的元谋人，是进步类型，是世界上最早用火的人类。

4. 直立人（约200万前～20万年前）

直立人旧称猿人，在亚洲、非洲、欧洲，都发现过直立人的化石和文化遗物。我国北京周口店发掘出来的距今 79 万年的北京直立人，标本多而全，已闻名于世。晚期直立人的肢骨基本上已和现代人相似，脑容量为 800~1 2 00 mL，北京直立人的用火水平已相当高。

5. 智人（约25万年前至今）

智人是人科中唯一生存至今的物种，包括现代人种的各个不同种族。化石智人分为早期智人和晚期智人两类。

早期智人即古人，生活在约 25 万前~4 万年前，其中以在欧洲各地发现的尼安德特人（图 4-11）和我国山西的丁村人最为著名，他们的脑容量已增大到与现代人相近，所制造的石器规整、用途明确，显示出劳动技能有很大的提高。早期智人已从用天然火过渡到人工取火。

晚期智人即新人，生活在约 4 万年前。我国发现的山顶洞人和法国的克罗马农人（图 4-12），常被作为本阶段的代表，他们的体质与现代人相同。在生产上，出现了燃制陶器和冶炼金属工具，农牧业已有初步分工，他们能建造原始的房屋。在文化上，已有雕刻和绘画艺术，并出现了装饰品。

图 4-11 尼安德特人复原图

图 4-12 克罗马农人复原图

学习活动

一些动物也能简单地加工工具和使用工具，比如，黑猩猩会撕去枝条制成棍子，用它伸进蚂蚁窝，钓取蚂蚁充饥。那么劳动是不是人与动物的区别呢？

从猿到人是生物进化史上最大的飞跃。从亲缘关系来看，人是从动物分化出来的，是古猿的后代。从动物分类学来看，人属于动物界、脊索动物门、脊椎动物亚门、哺乳纲、灵长目、类人猿亚目、人科、人属、智人种；但从人与自然的关系来看，人又不同于动物，因为人类有发达的大脑（图4-13），成人脑平均质量为1 360 g，其中大脑占1 000~1 200 g。人能思维，有完善的双手，能制造和使用工具，能进行有意识的劳动，去改造世界、干预进化。

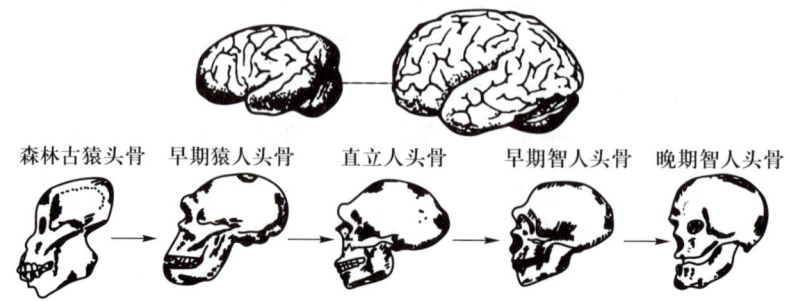

图4-13　脑容量的增大和脑的进化（头骨复原图）

第二节　生命运动

生物通过一定的营养机制维持生存，这是自然界生命运动的重要体现。植物通过光合作用制造有机物，不仅提供了自身生存、繁衍所需要的物质，还为动物（包括人类）及其他生物提供了物质资源。

一、植物的光合作用

绿色植物通过叶绿体利用太阳能，将二氧化碳和水合成贮有能量的有机物，并释放出氧气，这个过程称为光合作用。

通过同位素标记的实验，科学家发现，光合作用中释放的 O_2 来自 H_2O，而 CO_2 中的一个 O 又被还原成 H_2O。光合作用可用下列反应式表示：

$$6CO_2 + 12H_2O^* \xrightarrow[\text{叶绿体}]{\text{光能}} C_6H_{12}O_6 + 6O^*_2 + 6H_2O$$

（一）光合作用的器官

1. 叶

光合作用的主要器官是绿叶，叶片的结构通常分为表皮、叶肉和叶脉三部分。表皮分上、下表面，均由无色透明的扁平细胞组成，排列紧密，细胞外壁较厚，有角质层将叶面严密封盖。叶的上下表皮细胞间有许多气孔，它是水分蒸发和气体出入的唯一通道。叶肉位于上、下表皮之间，由含有许多叶绿体的薄壁细胞组成。大多数叶片有背腹之分，叶肉明显分为栅栏组织和海绵组织，栅栏组织近上表皮，细胞呈圆柱形，排列整齐，内含叶绿体较多；海绵组织近下表皮，细胞形状不规则，排列疏松，含叶绿体较少。叶脉结构按大小而不同，中脉（主脉）和大的侧脉由一个或几个维管束组成，维管束中木质部在上，韧皮部在下，两者间常有微弱的形成层（双子叶植物）。维管束周围还常有机械组织支撑，叶脉越细，结构越简单（图 4-14）。

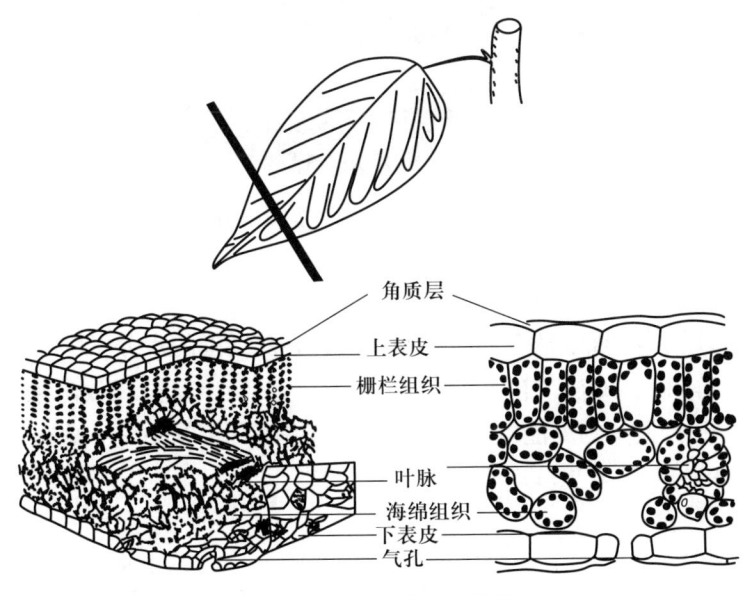

图 4-14 叶片的立体结构

2. 叶绿体

叶绿体存在于叶肉细胞中，它是绿色植物所特有的细胞器。不同的植物叶绿体的形状、数量和大小也不同，大多数叶绿体呈扁平的椭球形或圆球形。在电镜下可见到叶绿体外面有两层膜包被，叶绿体内分布着几十个绿色的圆柱状结构，称为基粒，每个基粒是由许多扁囊状的类囊体重叠而成的片层结构。每个类囊体由双层薄膜构成，叶绿素等光合色素分布在类囊体的薄膜上，光能就在基粒中被光合色素所捕获。基粒与基粒之间有较大的类囊体贯串。整个叶绿体内充满液态的基质，基质里含有光合作用所需的酶（图 4-15）。

（二）光合作用的过程

光合作用包括两个前后相继、紧密结合的过程，即光反应和暗反应。

1. 光反应

光反应需要光，在叶绿体的类囊体中进行，具体过程是：叶绿素吸收光能，被激发出一个高能电子，电子由传递物质传递，原来的低能叶绿素转化成活化的叶绿素，高能电子在传递过程中，一部分能量使二磷酸腺苷（ADP）和磷酸结合形成高能量的

生物体内能量流通物质——ATP

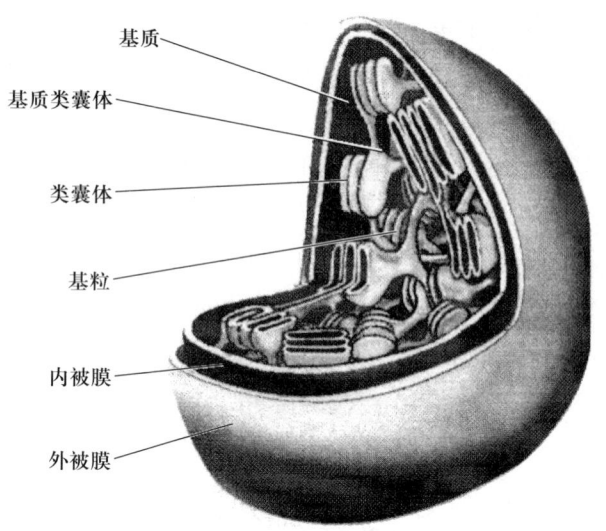

图 4-15 叶绿体的亚显微结构

三磷酸腺苷（ATP），其余能量继续传递。

活化的叶绿素具有极强的夺回电子的能力，它从周围的水分子中夺回电子，促使水分解，水分解出氧（O_2）、电子（e）和氢离子（H^+）。O_2 被释放出来，e 被活化叶绿素夺去，H^+ 和传递中的高能电子最终与氧化型辅酶Ⅱ（NADP）结合，形成还原型辅酶Ⅱ（NADPH）（图 4-16）。

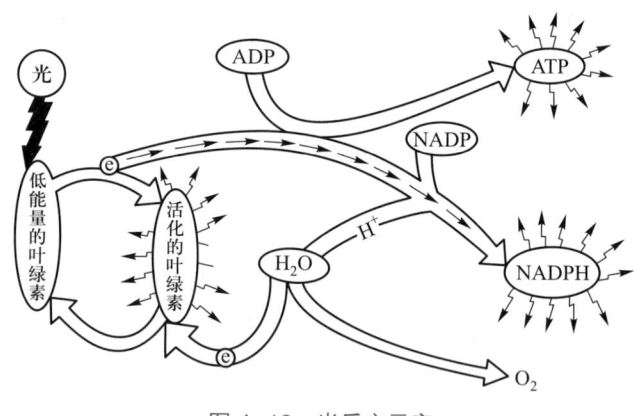

图 4-16 光反应示意

光反应的结果是：叶绿素吸收光能，水被光解，产生氧气，光能经过复杂的换能作用，产生高能量的 ATP 和 NADPH，供暗反应需要。

2. 暗反应

暗反应不需要光，在叶绿体的基质中进行，具体过程是：

（1）二氧化碳的固定

大气中的二氧化碳通过叶的气孔，进入叶肉细胞的叶绿体基质中，由于二氧化碳的化学性质不活泼，不能直接被还原，它必须首先与一个五碳化合物结合，这个结合过程称为二氧化碳的固定。

（2）二氧化碳的还原

二氧化碳与五碳化合物结合后，立即生成两个稳定的三碳化合物，这个过程称为二氧化碳的还原。完成二氧化碳还原，需要氢离子和能量，它们是由光反应产生的 ATP 和 NADPH 提供的。

（3）产糖和再生

三碳化合物中的一小部分，经过一系列变化，形成六碳糖（如葡萄糖），再由六碳糖转化为蔗糖和淀粉，完成了生成有机物的过程。同时，还有大部分的三碳化合物，经过一系列变化，重新生成五碳化合物，以便再次去固定二氧化碳，进入下一个循环，以保证光合作用周而复始、源源不断地进行（图 4-17）。

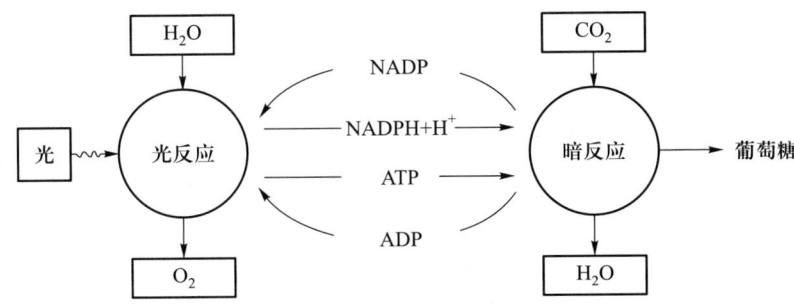

图 4-17　光合作用图解

暗反应的结果是：二氧化碳通过一系列反应转化为有机物，贮存在 ATP 和 NADPH 中的活跃化学能转换为贮存在有机物中的稳定化学能，同时生成了水。

（三）光合作用与自然界的关系

1. 把无机物制造成有机物

绿色植物通过光合作用，利用自然界中的无机物制造了生物体中的有机物（如糖类、脂类、蛋白质和核酸等）。光合作用合成了糖类，糖类再转变成其他有机物，这些有机物直接或间接作为人类和动物的食物以及多种工业原料。光合作用所生成的氧气，又满足生命有机体呼吸的需要。因此，没有光合作用，生命世界也就不存在了。

2. 捕获太阳能

绿色植物是地球最大的能量转换站，通过光合作用，把太阳能转化成化学能，并贮藏在有机物中。生物体各种生命活动所需的能量，都来自光合作用所贮藏的化学能。人类生产和生活中所利用的某些能源，如煤、石油、天然气和木材等，都来自现代和古代植物的光合作用。

3. 保护环境

光合作用维持了自然界中二氧化碳的平衡。自然界中的生命体每时每刻的呼吸以及生产、生活中能源的燃烧，都消耗大量的氧气，同时排放大量的二氧化碳。光合作用的存在，维持了大气中氧和二氧化碳含量的相对稳定和平衡。但是，如果我们在生产和生活中排放二氧化碳过多，就会导致大气中二氧化碳含量升高，产生"温室效应"。

4. 物质循环

光合作用在自然界的碳循环中起着重要的作用。光合作用的产物——糖，是以碳元素作为基本骨架的。碳在无机环境和生物体之间，主要以二氧化碳的形式进行循环。

光合作用把大自然中的二氧化碳和水同化成糖类等有机物，满足整个生物界的生存需要。生物体通过呼吸释放出二氧化碳；生物体死亡后的尸体，最终由微生物分解成二氧化碳和水；生物能源的燃烧，排放出二氧化碳。总之，二氧化碳又都回到了大自然，保证了自然界中的碳循环。

二、动物的营养

植物能利用光能将二氧化碳和水合成有机物，供给自身营养，这种营养方式叫自养。动物以获取现成有机物作为养料，这种营养方式叫异养。根据获取营养的方式不同，异养又可分为腐生、寄生和摄食三种类型。高等动物大多以摄食方式获取营养。

（一）食物的营养成分

能被动物和人体消化、吸收和利用的有机物与无机物，称为营养素。营养素包括糖类、蛋白质、脂类、无机盐（矿物质）、维生素和水六大类。根据在生物体内的作用不同，营养素可分为构成物质、能源物质和调节物质。蛋白质、无机盐和水是构成生物体的重要原料；糖类、脂类和蛋白质是提供生命活动能源的物质；维生素和无机盐对生命活动起着重要的调节作用。此外，纤维素虽然不能被人体消化、吸收，但对于调节肠胃功能有重要作用。

1. 糖类的营养作用

糖类是人类营养成分中最大量的成分。糖类的营养作用有两大方面。

（1）糖类是生命活动的主要能源

人体各种运动、思维、保持体温等，都需要能量，这些能量主要依靠糖类氧化而获得。1 g 葡萄糖彻底氧化，可释放出 17 138 J 能量。每人每日耗能与机体表面积大小成正比。成人和儿童比较，按每千克体重计算，儿童每日耗能更大些。

（2）糖类是合成脂类、蛋白质和核酸等物质的组成成分

糖类代谢的中间产物，可以转化成脂类、蛋白质和核酸等物质。

谷物种子、甘薯、马铃薯等含有大量的淀粉，植物的果实和部分根、茎、叶中含有丰富的果糖、蔗糖、葡萄糖，牛奶中有乳糖，蜂蜜中有葡萄糖和果糖。

2. 蛋白质的营养作用

（1）蛋白质是生物体主要的组成物质和修补物质

神经、肌肉、血液甚至指甲等，都含有蛋白质。生物体内的蛋白质每日每时都在不断地更新，新的蛋白质分子（包括酶分子）不断合成，老的不断分解；损伤后的组

织需要修补，这些都需要蛋白质，因此每日摄食一定量的蛋白质是十分必要的，尤其是生长发育旺盛时期的青少年、紧张繁忙的劳动者、孕妇以及患消耗性疾病者，对蛋白质的需求量应增加 20%～40%。

（2）食物中蛋白质是必需氨基酸的唯一来源

构成人体的 20 种氨基酸中，大部分人体能自制，其中有 8 种氨基酸人体不能合成，必须从食物中获得，这 8 种氨基酸称为必需氨基酸。它们是缬氨酸、亮氨酸、异亮氨酸、苏氨酸、甲硫氨酸、赖氨酸、苯丙氨酸和色氨酸。

（3）蛋白质也是能源物质

平均 1 g 蛋白质分子彻底氧化，能释放约 17 kJ 能量，与 1 g 葡萄糖彻底氧化释放的能量大致相当。蛋白质的这一功能可由糖或脂肪代替，因此，供能是蛋白质的次要生理功能。

食物中蛋白质主要来自畜禽类的肉、蛋以及豆类等。如果蛋白质摄入量不足，会影响生长发育，出现水肿、体衰等，严重时可导致死亡。

3. 脂类的营养作用

（1）脂类是人体的补充能源和贮备能源

脂类中的主要成分是脂肪，脂肪氧化所产生的能量是糖类的一倍多。脂肪常积存在脂肪组织和皮下，作为能量的贮备品，一旦机体需要能量即可动用，补充能量供应。

（2）脂类是细胞膜和某些激素的组成成分

磷脂、糖脂是组成细胞膜的成分，脂类也是某些激素的组成成分。食物中的脂类主要来源于植物油以及猪、牛、羊等动物的脂肪。

4. 维生素的营养作用

维生素是一类结构较为简单的有机物，虽然生物体对维生素的需求量较少，但维生素在调节体内各种生化反应、维持正常生命活动、促进生长发育和生殖等方面，起着重要的作用。已知维生素有 20 多种，其中有些维生素能溶于脂肪，称为脂溶性维生素；有些维生素能溶于水，称为水溶性维生素。不同的维生素的生理功能不同，机体中维生素含量不足或者过多都会引起疾病（表 4-2）。

表 4-2　维生素一览表

可溶性	名称	功能	缺乏症	主要来源
脂溶性维生素	维生素 A	抗干眼病，预防表皮细胞退化	夜盲症、角膜干燥症	肝、鱼肝油、卵黄、牛乳、胡萝卜
	维生素 D	调节钙代谢，促进骨质生长	成人骨软化、儿童佝偻病	鱼肝油、卵黄
	维生素 E（生育酚）	抗氧化，保护细胞不被氧化、溶解	不育、流产、肌肉萎缩等	谷物胚芽、植物油、绿叶（莴苣叶）
	维生素 K	促进凝血酶原生成	凝血受阻	绿叶（苜蓿、菠菜）、肝

续表

可溶性	名称	功能	缺乏症	主要来源
水溶性维生素	维生素 B_1（硫胺素）	促进糖代谢（辅酶），维持神经传导功能	脚气病、神经炎	米糠、麦麸、卵黄、酵母
	维生素 B_2（核黄素）	氧化还原酶的辅酶，形成辅酶 A	口角炎、唇裂症、发育不良、易疲劳	酵母、大豆、卵黄、胚芽、肝
	烟酸	形成辅酶促进氧化	皮肤粗糙	肝、肾、酵母
	维生素 B_6	与氨基酸代谢有关	皮炎、神经炎、痉挛	酵母、肝、谷类
	叶酸	与蛋白质、核酸代谢有关	恶性贫血	绿叶、肝、酵母
	维生素 B_{12}	促进红细胞生成	恶性贫血	肝、奶、肉、蛋
	生物素	与固定 CO_2 有关	脱毛、皮炎	肝、肾、酵母
	维生素 C（抗坏血酸）	参与氧化和还原作用，维持结缔组织正常代谢	坏血病（维生素 C 缺乏症）	水果、蔬菜
	维生素 P	维持毛细血管渗透压	出血、血压上升	柠檬、茶叶

（二）人体营养物质的消化与吸收

1. 人体的消化系统

人体的消化系统包括消化管和消化腺（图 4-18）。

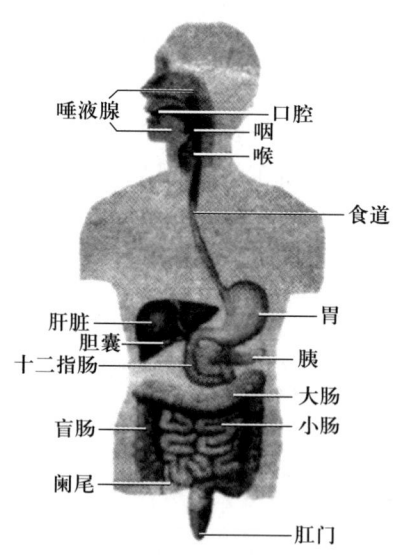

消化系统 ┤
消化管——口腔、咽、食道、胃、小肠、大肠、肛门
消化腺 ┤ 大消化腺：唾液腺、肝脏、胰腺（分布在消化管外）
小消化腺：胃腺、肠腺等（分布在消化管壁内）

图 4-18　人体的消化系统

2. 食物的消化

食物的消化有两种：一种是机械消化，即依靠牙咀嚼、舌搅拌以及消化管壁肌肉收缩和蠕动，把食物磨碎与消化液充分混合，并向前推进；另一种是化学性消化，即通过消化腺分泌的消化液，对食物进行化学分解，最终分解成可被吸收的小分子物质。两种消化同时进行，互相协调。

（1）口腔内的消化

食物在口腔内经牙齿嚼碎、舌的搅拌与唾液腺分泌的唾液充分混合，形成食团。唾液里含有唾液淀粉酶，能把食物中的部分淀粉分解成麦芽糖。食团经咽、食道，靠食道蠕动进入胃。

（2）胃内的消化

胃有暂时贮存食物和消化食物的功能。在食团进入胃后，胃壁肌肉不断蠕动，使食团与胃液充分混合，形成食糜。胃液由胃腺分泌，含有胃蛋白酶原和盐酸，胃蛋白酶原在盐酸的激活下，变成具有活性的胃蛋白酶，把食物中的蛋白质水解成多肽。盐酸除可激活胃蛋白酶原外，还有杀菌作用。食糜由胃的蠕动推进小肠。

（3）小肠内的消化

小肠是食物消化和吸收的主要场所。在食糜进入小肠后，小肠通过运动，使食糜和胰液、小肠液及胆汁充分混合。胰腺分泌的胰液中有胰淀粉酶、胰蛋白酶、胰脂肪酶和碳酸氢钠，碳酸氢钠可中和胃酸；小肠液以肠腺分泌为主，其中有肠淀粉酶、肠麦芽糖酶、肠蔗糖酶、肠乳糖酶、肠脂肪酶和肠肽酶等，这些酶最终将淀粉分解成葡萄糖，将蛋白质分解成氨基酸，将脂肪分解成脂肪酸和甘油。肝脏分泌胆汁，流入胆囊中贮存和浓缩。胆汁中主要含有胆盐和胆色素，但没有消化酶。胆盐有乳化作用，能将脂肪乳化成极小的脂肪微粒，增加与脂肪酶的接触面积，还能激活胰脂肪酶，协助和加速脂肪的分解。表4-3列出了不同部位的消化液和消化酶。

表 4-3　消化液和消化酶

部位	消化液	酸碱性	消化酶	作用
口腔	唾液	近于中性	唾液淀粉酶	淀粉 ⟶ 麦芽糖
胃	胃液	酸性	胃蛋白酶	蛋白质 ⟶ 多肽
胰腺	胰液	碱性	胰脂肪酶	脂肪 ⟶ 脂肪酸 + 甘油
			胰淀粉酶	淀粉 ⟶ 麦芽糖
			胰蛋白酶	蛋白质 ⟶ 多肽
小肠	小肠液	碱性	肠淀粉酶	淀粉 ⟶ 麦芽糖
			麦芽糖酶	麦芽糖 ⟶ 葡萄糖
			蔗糖酶	蔗糖 ⟶ 果糖 + 葡萄糖
			乳糖酶	乳糖 ⟶ 半乳糖 + 葡萄糖

部位	消化液	酸碱性	消化酶	作用
小肠	小肠液	碱性	肠肽酶	多肽 —→ 氨基酸
			肠脂肪酶	脂肪 —→ 脂肪酸 + 甘油
肝脏	胆汁	碱性		胆盐能乳化脂肪成微粒，激活胰脂肪酶

3. 营养成分的吸收

经消化后的营养成分，通过肠黏膜上皮细胞进入血液和淋巴液的过程称为吸收。

口腔和食管不吸收营养物质，胃只能吸收少量的水、无机盐和酒精，大肠只能吸收少量的水、无机盐和部分维生素等。营养成分主要的吸收部位是小肠。

（1）小肠的结构特征

人的小肠很长，依次为十二指肠、空肠和回肠。十二指肠有 12 个手指并拢在一起那么长，有 25~30 cm；空肠和回肠没有明显的界线，空肠占 2/5，回肠占 3/5。整个小肠全长 5~7 m。

小肠黏膜向内形成许多环状皱褶，使小肠吸收面积比原来增加 3 倍。环状皱褶又具有大量的绒毛，使小肠吸收面积增加 30 倍。每根小肠绒毛表面排着一层柱状上皮细胞，每个柱状上皮细胞游离面上又有 1 000~3 000 根微绒毛，使吸收面积又增加了 600 倍以上。这样，实际吸收面积可达 200 m^2（图 4-19）。此外，食物在小肠中停留的时间较长，更有利于营养成分的充分吸收。

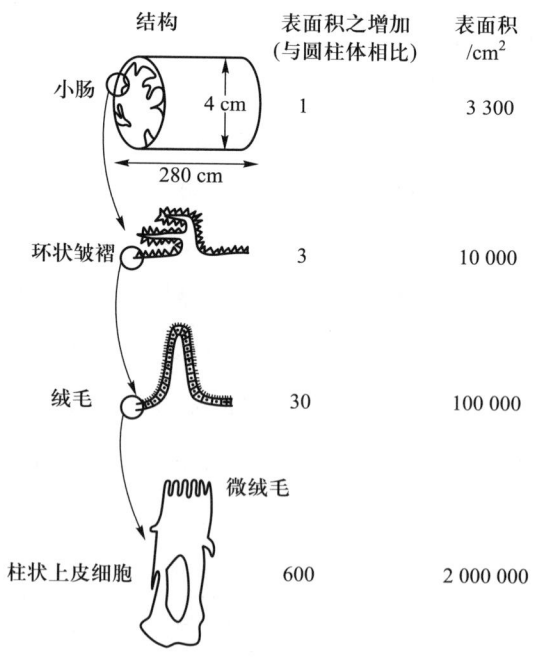

结构	表面积之增加（与圆柱体相比）	表面积 /cm^2
小肠	1	3 300
环状皱褶	3	10 000
绒毛	30	100 000
柱状上皮细胞	600	2 000 000

图 4-19　小肠黏膜皱褶、绒毛和微绒毛模式

（2）营养成分吸收的途径

不同的营养成分吸收的部位和途径略有区别。

糖类的吸收——糖类最终分解成葡萄糖后，主要吸收部位是十二指肠和上段空肠，葡萄糖由小肠绒毛吸收，进入毛细血管，再经各级静脉，最后由门静脉进入肝脏。

蛋白质的吸收——蛋白质分解成氨基酸后，主要吸收部位在小肠上段，也由小肠绒毛吸收进入毛细血管，途径和糖相同。

脂肪的吸收——脂肪被吸收分解成脂肪酸和甘油后，主要的吸收部位也在小肠上段，吸收入小肠上皮细胞后，在细胞里重新合成脂肪，变成乳糜微粒，被小肠绒毛里的毛细淋巴管吸收，最后再经淋巴导管转入血液，进入血液循环。

维生素的吸收——水溶性维生素通过简单扩散，被小肠上皮细胞吸收入血液。脂溶性维生素的吸收与脂肪吸收的途径相同。

各种营养成分以不同的途径进入血液，加入血液循环，被运送给全身各组织细胞供给生命活动的需要。

三、人体均衡的膳食

合理而均衡的膳食，既能满足人体生理上对营养的需要，又可避免因膳食结构的比例失调以及营养素供给过多或过少所引起的疾病。营养不足会导致营养缺乏症，如缺铁性贫血、佝偻病等；营养过剩会导致"富裕病"，如心血管疾病、糖尿病、结肠癌、胆石症、尿石症和体重超重等疾病。所以均衡的膳食是维持健康的最基本的条件。

（一）合理的膳食原则

根据中国营养学会发布的《中国居民膳食指南（2022）》，一天的膳食平衡搭配，可参照中国居民平衡膳食宝塔（2022）（图4-20）。

一餐中各类食物的比例，可根据中国居民平衡膳食餐盘（2022）（图4-21）来衡量。

根据中国营养学会发布的《中国居民膳食指南（2022）》，一般人群的健康膳食原则可概括为：

1. 食物多样，合理搭配

坚持谷类为主的平衡膳食模式。

每天的膳食应包括谷薯类、蔬菜水果、畜禽鱼蛋奶和豆类食物。

平均每天摄入12种以上食物，每周25种以上，合理搭配。

每天摄入谷类食物200~300 g，其中包含全谷物和杂豆类50~150 g，薯类50~100 g。

2. 吃动平衡，健康体重

各年龄段人群都应天天进行身体活动，保持健康体重。

食不过量，保持能量平衡。

坚持日常身体活动，每周至少进行5天中等强度身体活动，累计150分钟以上；

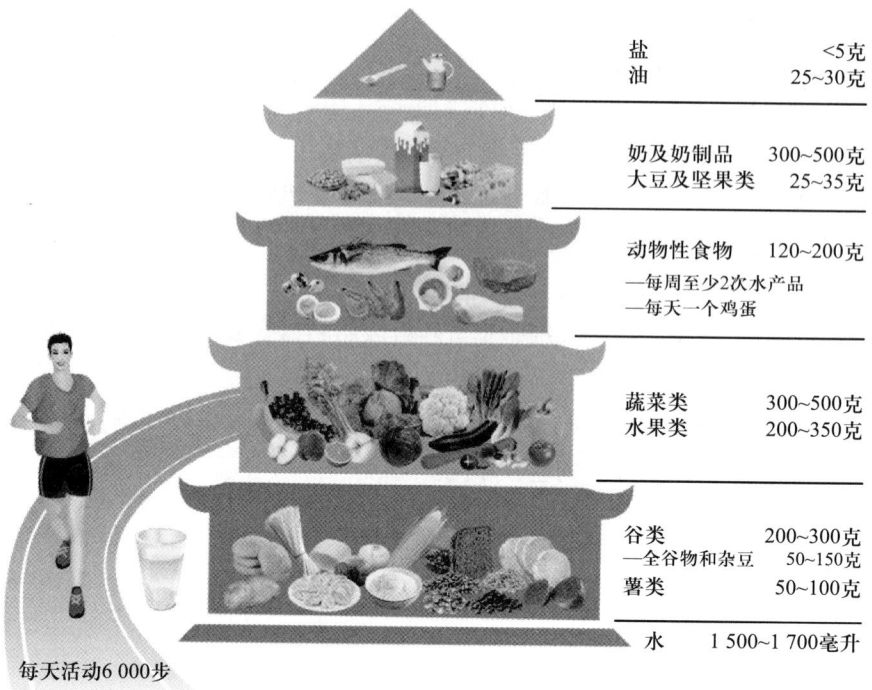

盐	<5克	
油	25~30克	
奶及奶制品	300~500克	
大豆及坚果类	25~35克	
动物性食物	120~200克	
—每周至少2次水产品		
—每天一个鸡蛋		
蔬菜类	300~500克	
水果类	200~350克	
谷类	200~300克	
—全谷物和杂豆	50~150克	
薯类	50~100克	
水	1 500~1 700毫升	

每天活动6 000步

图 4-20　中国居民平衡膳食宝塔（2022）

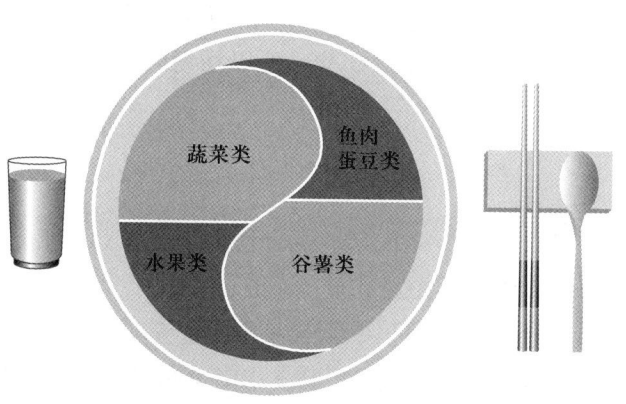

图 4-21　中国居民平衡膳食餐盘（2022）

主动身体活动最好每天 6 000 步。

鼓励适当进行高强度有氧运动，加强抗阻运动，每周 2~3 天。

减少久坐时间，每小时起来动一动。

3. 多吃蔬果、奶类、全谷、大豆

蔬菜、水果、全谷物和奶制品是平衡膳食的重要组成部分。

餐餐有蔬菜，保证每天摄入不少于 300 g 的新鲜蔬菜，深色蔬菜应占 1/2。

天天吃水果，保证每天摄入 200~350 g 的新鲜水果，果汁不能代替鲜果。

吃各种各样的奶制品，摄入量相当于每天 300 mL 以上液态奶。

经常吃全谷物、大豆制品，适量吃坚果。

4. 适量吃鱼、禽、蛋类和瘦肉

鱼、禽、蛋类和瘦肉摄入要适量，平均每天 120~200 g。

每周最好吃鱼 2 次或 300~500 g，蛋类 300~350 g，畜禽肉 300~500 g。

少吃深加工肉制品。

鸡蛋营养丰富，吃鸡蛋不弃蛋黄。

优先选择鱼，少吃肥肉、烟熏和腌制肉制品。

5. 少盐少油，控糖限酒

培养清淡饮食习惯，少吃高盐和油炸食品。成人每天食盐不超过 5 g，每天烹调油 25~30 g。

控制添加糖的摄入量，每天摄入不超过 50 g，最好控制在 25 g 以下。

每日反式脂肪酸摄入量不超过 2 g。

不喝或少喝含糖饮料。

儿童少年、孕妇、乳母不应饮酒。成人如饮酒，一天饮用的酒精量不超过 15 g。

6. 规律进餐，足量饮水

合理安排一日三餐，定时定量，不漏餐，每天吃早餐；不暴饮暴食、不偏食挑食、不过度节食；在外就餐，不忘适量与平衡。

足量饮水，少量多次。在温和气候条件下，低身体活动水平成年男性每天喝水 1 700 mL，成年女性每天喝水 1 500 mL。

推荐喝白水或茶水，不用饮料代替白水。

7. 会烹会选，会看标签

各年龄段都应做好健康膳食规划。

认识食物，选择新鲜的、营养素密度高的食物，不食用野生动物；学习烹饪，享受食物天然美味；食物制备生熟分开，熟食二次加热要热透。

学会阅读食品标签，合理选择预包装食品。

8. 公筷分餐，杜绝浪费

讲究卫生，从分餐公筷做起。

珍惜食物，按需备餐，提倡分餐不浪费。

学习活动

　　网络上常常会热传一些"亲测有效"的减肥方法，列举几种你知道的减肥方法。这些减肥方法是否会影响身体健康？你如何理解保持健康体重？

（二）学龄儿童的营养和膳食

学龄儿童是指 6 周岁到不满 18 周岁的未成年人，他们正值长身体、长知识的重要时期，为他们设计出科学的膳食结构十分重要，以保证每天有足够的营养摄入。同时，还应培养学生科学膳食的健康观念，养成健康的饮食行为习惯。

近年来，我国有些城市中小学生肥胖发生率逐年增长，已达 5%～10%。其主要原因是摄入的能量超过消耗，多余的能量在体内转变成脂肪而导致肥胖。青少年尤其是女孩往往为了减肥而盲目节食，引起体内新陈代谢紊乱，抵抗力下降，严重者可出现低血钾、低血糖、易患传染病，甚至由厌食导致死亡。正确的减肥方法是合理地控制饮食，少吃高能量的食物，如肥肉、糖果和油炸食品等，同时应增加体力活动，使能量的摄入和消耗达到平衡，以保持适宜的体重。

根据《中国学龄儿童膳食指南（2022）》，学龄儿童的健康膳食核心推荐主要包括：

（1）主动参与食物选择和制作，提高营养素养；

（2）吃好早餐，合理选择零食，培养健康饮食行为；

（3）天天喝奶，足量饮水，不喝含糖饮料，禁止饮酒；

（4）多户外活动，少视屏时间，每天 60 分钟以上的中高强度身体活动；

（5）定期监测体格发育，保持体重适宜增长。

第三节　生命的延续

每种生物个体的寿命都是有限的，但生物种族却生生不息、代代连绵。生物界种族的延续，是靠生物所独有的特征 —— 生殖和遗传来维系的。

一、生物的生殖

生殖是指生物孳生后代、绵延种族的现象，这是生命的基本特征之一。

（一）生殖的基本类型

1. 无性生殖

无性生殖是指不经过生殖细胞的结合，没有受精过程，由母体直接产生后代的生殖方式。无性生殖多见于低等的生物，常见的有分裂生殖、出芽生殖、孢子生殖和营养生殖四种（图 4-22）。

其中营养生殖在农业上广泛应用，如常用分根、扦插、嫁接等农业技术，来繁殖花卉和果树，尤其是一些不产生种子的经济植物（如香蕉、无籽葡萄等），必须用营养生殖方式繁殖。营养生殖速度快、产量高。由于繁殖的后代是亲本的一部分，带有与亲本相同的遗传性，可保持亲本的优良性状。

2. 有性生殖

有性生殖是指通过两性生殖细胞的结合，产生合子，再发育成新个体的生殖方式。在 200 多万种生物中，无性生殖只占 1%~2%，绝大多数生物为有性生殖，有性生殖是生物界中最普遍的生殖方式。有性生殖的后代，具备父母双亲的遗传特性，有更强的生活力和变异性。

有性生殖最主要是进行配子生殖。根据两性配子的差异程度，有性生殖分成同配生殖、异配生殖和卵式生殖三种。

（1）同配生殖

同配生殖是两个形态、大小相似的性细胞（同形配子）结合成合子，再发育成新个体的生殖方式，如衣藻的同配生殖（图 4-23）。

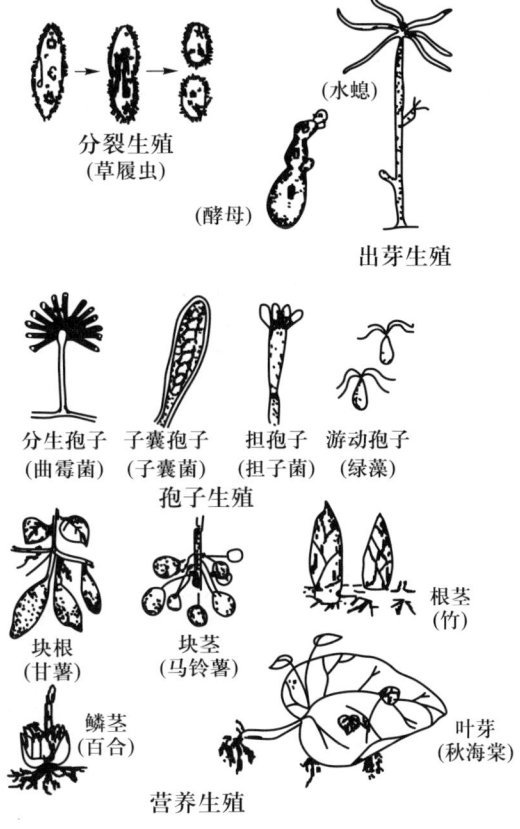

分裂生殖
（草履虫）

（水螅）

（酵母）

出芽生殖

分生孢子　子囊孢子　担孢子　游动孢子
（曲霉菌）　（子囊菌）　（担子菌）　（绿藻）

孢子生殖

块根　　块茎　　　　　　根茎
（甘薯）　（马铃薯）　　　　（竹）

鳞茎　　　　　　　　　　叶芽
（百合）　　　　　　　　（秋海棠）

营养生殖

图 4-22　无性生殖

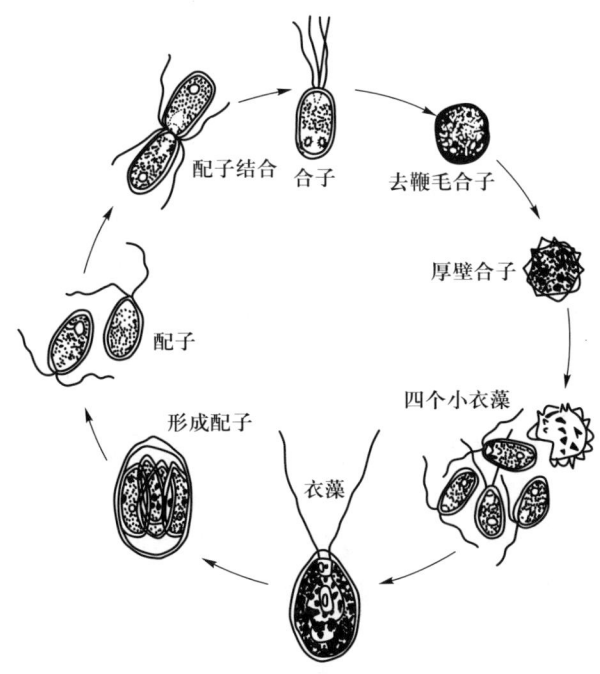

配子结合　合子　去鞭毛合子

厚壁合子

配子

四个小衣藻

形成配子

衣藻

图 4-23　衣藻的同配生殖

（2）异配生殖

异配生殖是两个形态、大小不同的性细胞（大配子和小配子）结合成合子，再发育成新个体的生殖方式，如实球藻的异配生殖（图4-24）。

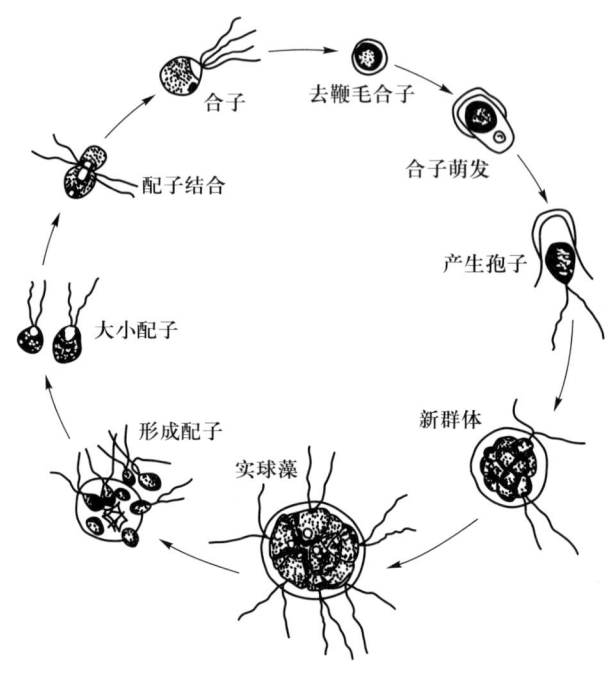

图4-24 实球藻的异配生殖

（3）卵式生殖

在异配生殖基础上，进一步分化成形态、大小、结构完全不同的配子，雌配子又称卵细胞，雄配子又称精子，由卵细胞和精子结合成受精卵，再发育成新个体。

（二）精子和卵细胞的形成

精子和卵细胞的形成必须经过一种特殊的细胞有丝分裂——减数分裂。减数分裂是在整个细胞分裂过程中，细胞连续分裂两次，而染色体只复制一次。减数分裂的结果是一个二倍体亲本细胞，即两组染色体（$2n$），产生 4 个单倍体的子细胞，即各含一组染色体（n），也就是说，子细胞中染色体数目比亲本细胞减少一半。

1. 精子的形成

精子是由精巢里的精原细胞（$2n$）演变来的。精原细胞（$2n$）经过有丝分裂产生许多初级精母细胞（$2n$），1 个初级精母细胞经过减数第一次分裂，产生 2 个次级精母细胞（n），此时，细胞中染色体已减半。2 个次级精母细胞（n）经过减数第二次分裂，形成 4 个精子细胞（n），精子细胞经过变形成为精子（图4-25）。

2. 卵细胞的形成

卵细胞的形成过程与精子大致相同。卵细胞是由卵巢里的卵原细胞演变而来的。卵原细胞（$2n$）经有丝分裂形成大量初级卵母细胞（$2n$），1 个初级卵母细胞经减数第一次分裂，产生一个较大的次级卵母细胞（n）和 1 个很小的第一极体（n），它们的染色体数目都减少一半。次级卵母细胞和第一极体进行减数第二次分裂，次级卵母细胞形成 1 个大的卵细胞（n）和 1 个小的第二极体；第一极体分裂成 2 个第二极体（n）。这样，1 个初级卵母细胞（$2n$）经过减数分裂后，形成 1 个卵细胞和 3 个极体，以后 3 个极体就都退化了（图 4–26）。

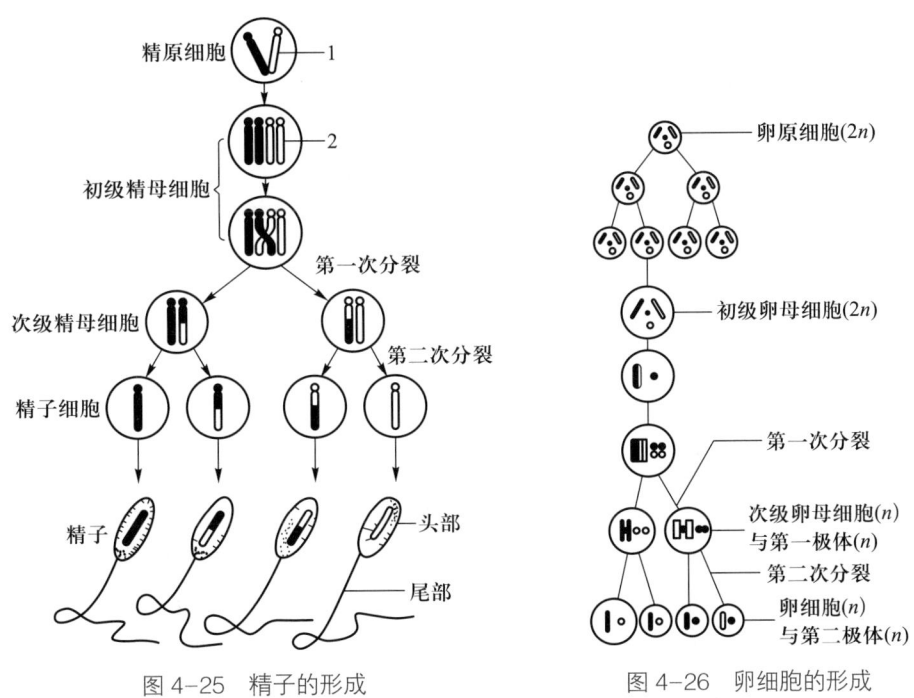

图 4–25　精子的形成　　　　　　　　图 4–26　卵细胞的形成

（三）受精

受精是指精子和卵细胞结合成合子（受精卵）的过程。

1. 动物的受精

昆虫、爬行类、鸟类和哺乳类（包括人类）通常进行体内受精；无脊椎动物和许多水生动物通常在水中和体外进行受精。

多细胞生物中卵式生殖普遍存在，特别是高等动物和人类，卵式生殖是唯一的生殖方式。卵细胞很大，内含丰富的营养物质，可供应受精卵发育时的需要。精子小而灵活，有很长的尾部，便于游至卵细胞处，保证受精作用的实现。受精时有大量的精子游向卵细胞，但只有一个精子能与卵细胞结合成受精卵。

2. 植物的双受精

高等植物的繁殖器官是花。典型的花由花托、花萼、花冠、雌蕊群和雄蕊群组成。当开花、传粉后，雄蕊中的花粉粒落到雌蕊的柱头上，花粉粒长出花粉管，通过花柱进入子房里的胚囊，管壁破裂，管内的两个精子出来，一个精子与胚囊中的卵细胞结合成受精卵，完成受精过程，另一个精子与两个极核结合，形成受精极核，再一次完成受精，这种两次受精的现象称为双受精（图 4–27）。

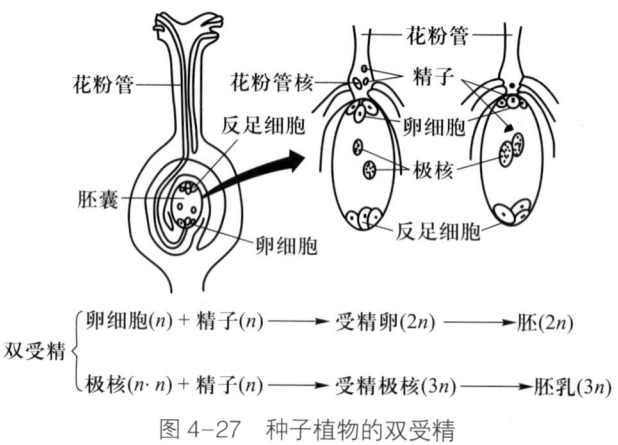

卵细胞(n）+ 精子(n）——→ 受精卵($2n$）——→ 胚($2n$）

极核($n \cdot n$）+ 精子(n）——→ 受精极核($3n$）——→ 胚乳($3n$）

双受精

图 4-27 种子植物的双受精

二、生物的遗传

生物体通过生殖繁衍后代，子代和亲代之间总是相似或类同的现象称为遗传。

（一）孟德尔的遗传规律

奥地利遗传学家孟德尔（Gregor Johann Mendel，1822—1884）于 1857 年起对豌豆进行了大量的实验，他发现豌豆的品种具有不同的形态和生理上的特征：有的豌豆茎高，有的茎矮；有的种子圆粒，而有的皱皮；有的开红花，而有的开白花；等等。他把这一对对性状称为单位性状。孟德尔在实验中注意到，品种的一对对性状在代代遗传中具有稳定性。他选择豌豆的 7 个性状进行研究，发现了一对性状和两对性状的遗传规律，但这个发现在当时并未引起科学界的重视。直到 20 世纪初，遗传学进一步发展，孟德尔才被誉为遗传学的奠基人，他揭示的两个遗传规律分别被称为分离规律和自由组合规律。

遗传学中把同一单位性状的相对差异称为相对性状。对于一对相对性状的遗传，在杂合体的状态下，位于一对同源染色体上的等位基因，彼此互不影响，保持相对的独立性。在形成配子时，等位基因随同源染色体的分离而分开，分别进入不同的配子中去，独立地随配子遗传给后代。这一规律称作基因的分离规律。

对于两对和两对以上相对性状的遗传，由于非同源染色体在形成配子时可以自由组合，因此位于非同源染色体上的非等位基因也就相互自由组合，使得一对性状独立于另一对性状而遗传。这一规律称作基因的自由组合规律。

科学家精神

"杂交水稻之父"袁隆平

"杂交水稻之父"袁隆平（1930—2021）毕生致力于提高水稻产量，使中国的粮食自给能力显著增强，为国家粮食安全和世界粮食安全做出了重要贡献。

1960 年 7 月，袁隆平在农校试验田中意外发现一株特殊性状的水稻，这株水稻后来被证实是天然杂交水稻。时值三年困难时期，中国正经历着一场严重的粮食短缺危机。面对严重饥荒，袁隆平立志用农业科学技术击败饥饿威胁，从事水稻雄性不育试验。

在此后的几十年中，他不畏艰苦，在全国各地寻找野生稻资源，深入田间进行观察和研究，甚至连续多年不分昼夜地投身于杂交水稻的研发。1973 年，袁隆平在苏州召开的水稻科研会议上发表了论文《利用"野稗"选育三系的进展》，正式宣告中国籼型杂交水稻"三系"已经配套。1976 年，杂交水稻成功推广。1986 年袁隆平提出了杂交水稻的育种战略，将杂交水稻的育种从选育方法上分为三系法、两系法和一系法三个战略发展阶段，即育种程序朝着由繁至简而效率越来越高的方向发展。根据这一设想，杂交水稻每进入一个新阶段都是一次新突破，都将把水稻产量推向一个更高的水平。

晚年，袁隆平率领团队还开展了水稻的基因研究，在 2017 年国家水稻新品种与新技术展示现场观摩会上，袁隆平宣布一项别除水稻中重金属镉的新成果："近期我们在水稻育种上有了一个突破性技术，可以把亲本中的含镉或者吸镉的基因'敲掉'，亲本干净了，种子自然就干净了。"

（二）孟德尔遗传规律的发展

继孟德尔以后，生物学家们相继从事不同生物的遗传研究，除看到孟德尔遗传规律具普遍性外，还发现了许多与孟德尔遗传规律有差异的地方，对孟德尔遗传规律加以补充和发展。

1. 不完全显性

孟德尔的豌豆性状实验都有明显的显隐性关系，这是一种完全显性。而后人在实验中发现有例外，如紫茉莉花色的遗传，将开红花（RR）与开白花（rr）的紫茉莉杂交，F1 全都开粉红色花（Rr），介于红、白之间；F2 有红、粉红和白花三种类型，比例为 1 : 2 : 1（图 4-28）。

紫茉莉花色是由一对基因控制的，只是显性不完全，这种不完全显性遗传现象在生物界也普遍存在。

2. 复等位基因

孟德尔研究的豌豆，其每对相对性状都是由

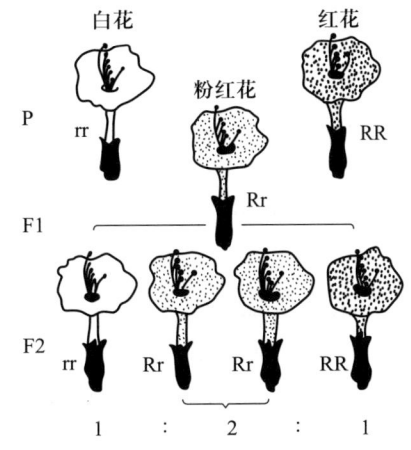

图 4-28 紫茉莉花色的遗传

一对等位基因控制的。近代遗传学研究发现，在同一对位点上，有的可以由很多个等位基因控制。有 3 个以上的等位基因称为复等位基因。实际上一对位点只能容纳两个基因，复等位基因并不是许多等位基因同时存在于一对位点上，而是许多等位基因中的任何两个基因存在于一对位点上。如人类 ABO 血型系统的遗传，就属于复等位基因遗传。ABO血型系统有4种表现型：A型、B型、AB型和O型。ABO血型系统受三个等位基因控制，控制A型的等位基因以I^A表示；控制B型的等位基因以I^B表示；控制O型的等位基因以i表示。I^A、I^B对i都是显性，如I^A和I^B在一起时都能表现出来。ABO血型系统的表现型和基因型关系见表4-4。

表4-4　A、B、O血型系统的表现型和基因型

表现型（血型）	基因型
O	ii
A	I^AI^A，I^Ai
B	I^BI^B，I^Bi
AB	I^AI^B

复等位基因的遗传方式，仍符合孟德尔遗传规律，我们可得出一张双亲和子女之间血型遗传的关系表（表4-5）。

表4-5　双亲和子女血型遗传的关系

双亲的血型	子女中可能有的血型	子女中不可能有的血型
A+A	A，O	B，AB
B+B	B，O	A，AB
A+B	A，B，AB，O	
A+AB	A，AB，B	O
B+AB	A，AB，B	O
AB+AB	A，AB，B	O
A+O	A，O	B，AB
B+O	B，O	A，AB
AB+O	A，B	AB，O
O+O	O	A，B，AB

（三）性别决定与伴性遗传

1. 性别决定

生物性别的差异是由染色体决定的。细胞核中有两种染色体，一种染色体与性别有关，称为性染色体，性染色体在雌雄个体中不同。除性染色体外的其他染色体均称为常染色体，常染色体在雌雄个体中相同。如人类有23对染色体（46条），其中22对为常染色体，1对是形态大小都不同的性染色体，大的称为X染色体，小的称为Y染色体。在男人体细胞中，X和Y染色体同时存在，可写成22AA+XY。在女人的体细胞中，没有Y染色体，只有两条X染色体，可写成22AA+XX（图4-29）。

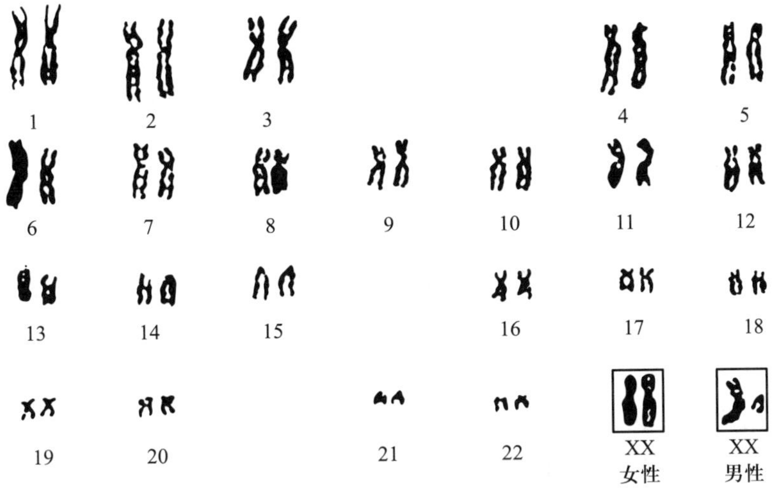

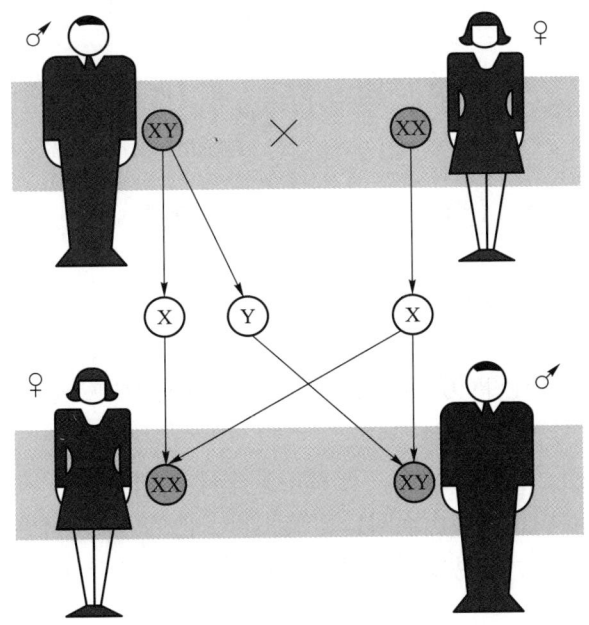

图 4-29　正常男性和女性的染色体

人类的性染色体组成，女人都是性纯合体（XX），男人都是性杂合体（XY）。遗传学把这种性染色体类型称为 XY 型。很多昆虫、鱼类、两栖类和所有的哺乳类均属于此类，而鳞翅目昆虫、鸟类、一些两栖类和爬行类属于另一种 ZW 型，这里不做介绍了。

性别是怎样决定的？下面以人体为例，介绍 XY 型性别决定的过程。由于男人具有异型的性染色体，因此能产生两种精子，一种精子里含 X 性染色体，一种精子里含 Y 性染色体。女人只具有同型的性染色体，因此只能产生一种含 X 性染色体的卵细胞。按照遗传规律，受精后可生育出男性婴儿和女性婴儿，比例为 1∶1。所以生男还是生女，取决于男性的性染色体（图 4-30）。

图 4-30　性染色体与性别决定

2. 伴性遗传

美国遗传学家摩尔根（Thomas Hunt Morgan，1866—1945）从 1909 年起，在果蝇中做了大量的遗传研究，发现了伴性遗传。有的基因位于性染色体上，它们所控制的性状在遗传时都跟性别有联系，这种遗传方式称为伴性遗传。

人类的红绿色盲属于一种伴性隐性遗传病。患者分不清红色和绿色。控制色盲的基因在 X 染色体上，一般用 B 表示正常的显性基因，用 b 表示色盲的隐性基因。男性因为只有一条 X 染色体，Y 染色体上没有相应的等位基因，所以，只要他的 X 染色体上有一个致病基因（b），即使是隐性的，也会患红绿色盲；而女性有两条 X 染色体，如果只有一条 X 染色体带致病基因（b），由于是隐性的，则表现型还是正常的，但她却是致病基因的携带者，女性必须有纯合的致病基因（bb）才能表现出红绿色盲。所以，在人群中，红绿色盲者男性的发病率大大高于女性。据统计，我国男性红绿色盲约占 7%，而女性只占 0.5%。

下面列举几种红绿色盲的遗传现象：

（1）色盲男性与正常女性结婚，在他们的子女中，男性正常；女性也属于正常，但属于致病基因携带者（图 4-31）。可见父亲的致病基因，只能随 X 染色体传给女儿，而不能传给儿子。

（2）女性携带者与正常男子结婚，他们的子女中，男性有 1/2 发病；而女性都不发病，但有 1/2 是携带者（图 4-32）。可见男性患者的致病基因来自母亲。

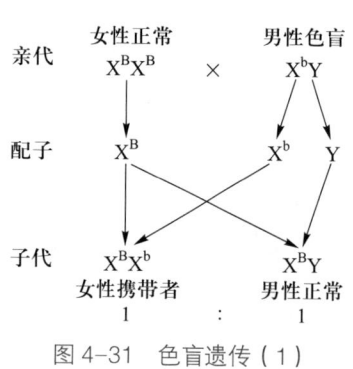

图 4-31　色盲遗传（1）

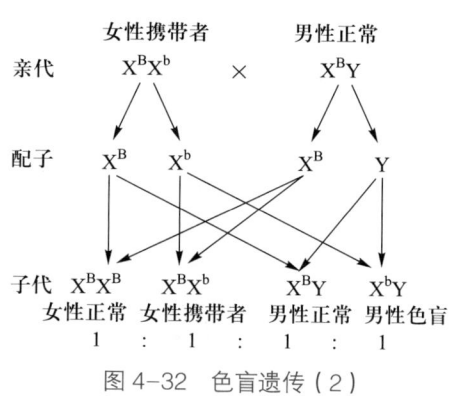

图 4-32　色盲遗传（2）

（3）正常男性与色盲女性结婚，子女中男性全是色盲；女性虽正常，但全部是携带者（图 4-33）。

（4）女性携带者和色盲男性结婚，子女中男性有 1/2 发病，1/2 正常；女性中也有 1/2 发病，1/2 为携带者（图 4-34）。

据医学界的报道，在遗传病中，有 100 多种属于伴性遗传，如血友病也是一种伴性隐性遗传病。血友病患者在出血时，血流不止，他们的血液不能正常凝结。近亲结婚时，遗传病在子代中更容易发生，严重危害人们的健康。

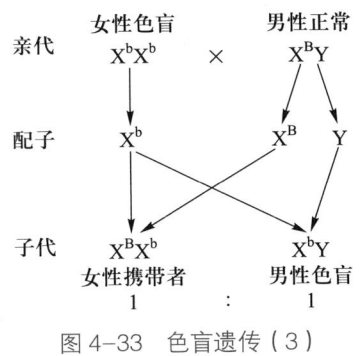

图 4-33　色盲遗传（3）

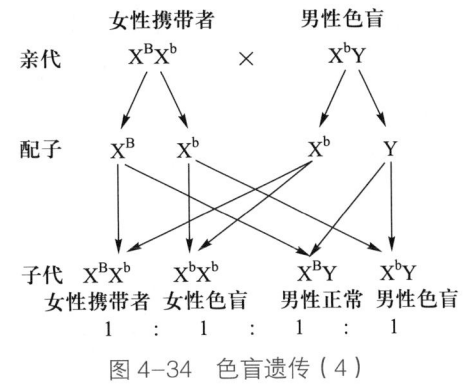

图 4-34　色盲遗传（4）

（四）基因的连锁和交换规律

摩尔根取得了性别决定和伴性遗传的大量的论据，证实了基因位于染色体上，每条染色体载有许多基因。孟德尔只解释了非等位基因位于不同对的同源染色体时，形成配子的过程中能自由组合。那么，当非等位基因位于一对同源染色体的时候，是否依然遵循自由组合规律呢？摩尔根提出了基因的连锁和交换规律。

基因的连锁和不连锁实验

同一条染色体上的两个非等位基因，在形成配子的过程中完全不分开，这种现象叫完全连锁。在生物界中完全连锁的情况是很少见的，到目前为止只发现雄果蝇和雌蚕蛾表现出完全连锁现象。其他生物不论雌雄，在形成配子的过程中，相互连锁的两对非等位基因，在减数第一次分裂的联会时，每个同源染色体的一条染色单体在"互换"过程中相互交换了一个或数个片段，而另两条染色单体没有交换。这样，在形成配子时，含有重组的基因型（图 4-35）。这种现象叫不完全连锁。

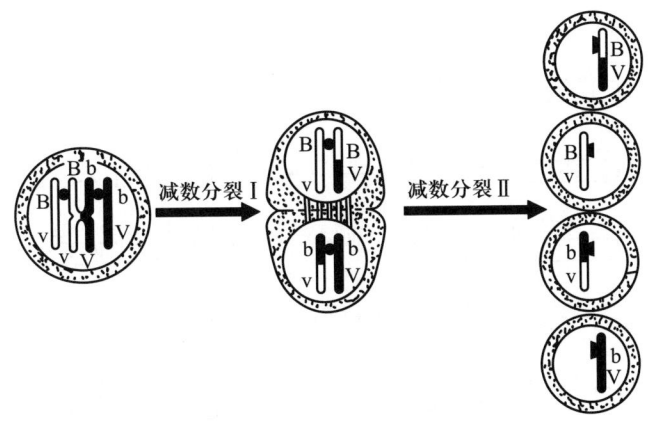

图 4-35　连锁基因重组的模式

三、生物的变异

同种生物个体之间、亲代与子代之间存在的差异称为变异。变异是生物界的一种普遍现象。

变异可分成遗传的变异和不遗传的变异。遗传的变异是由遗传物质的改变（如染色体畸变和基因突变）所引起的，变异一旦发生，就可遗传下去。如果蝇的红眼变成粉红眼、白眼等。不遗传的变异是由于环境条件不同而产生的变异，不影响遗传物质。这种变异只表现在当代，而不能遗传。例如，同种植物，种植在肥沃和贫瘠的土壤中，结果植株的高矮、粗细以及植株的外形和产量都会有明显的差异，这种差异是不遗传的。

（一）染色体畸变

染色体畸变是指染色体结构和数目上的变化。每种生物体细胞中染色体的结构和数目都是相对恒定的，这是区别不同种属的一个特征，但有时染色体的结构和数目也可能发生变异，一旦变异，这部分基因所控制的性状必然发生相应的变化。

1. 染色体结构变异

一个正常的染色体会发生断裂，断裂后染色体结构变异表现为（图4-36）：有的染色体断裂后就失去了一个片段，比正常染色体少了一段，失去片段上的基因也随之失去，如缺失严重，个体则不能成活，这种变异称为缺失；有的染色体在断裂后，重新差错地接合一段与自己重复的片段，比正常染色体多出一段，这叫重复，如重复片段过大，个体也不能成活；有的染色体在断裂后，倒转180°，重新差错地结合起来，造成这段染色体倒位，染色体上的基因位置顺序颠倒，这叫逆位或倒位，倒位分为臂间倒位和臂内倒位；还有的染色体在断裂后，差错地接合到非同源染色体上，或两条非同源染色体相互交换了染色体片段，这叫易位，易位分为相互易位和非相互易位。这些染色体断裂后的片段，丢失或重新接合时发生的差错，都会造成染色体结构的变化。

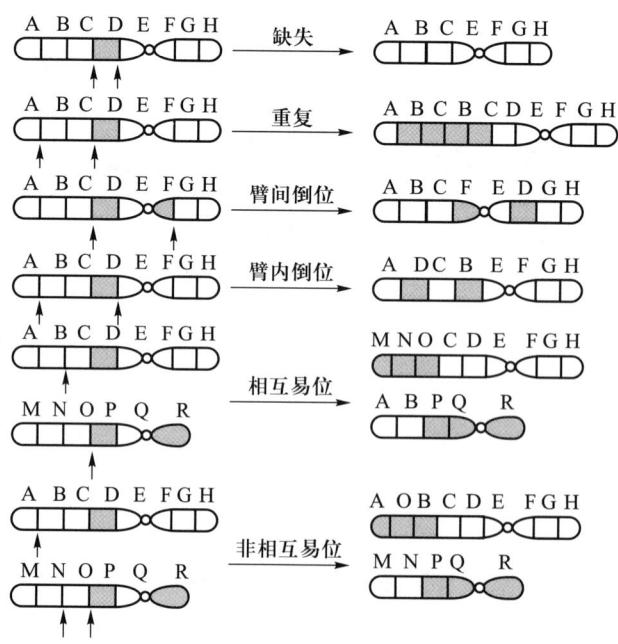

图4-36 染色体结构变异的示意

2. 染色体数目的变异

一般生物体细胞中的染色体都是成对存在的，也就是说具有两套相同的染色体，这称为二倍体（用 $2n$ 表示），二倍体生物在经减数分裂形成配子时，配子里只含有一套染色体（用 n 表示）。如生物体细胞中只有一套染色体的，称为单倍体。

（1）单倍体及其应用

自然界中有些低等的动植物，大部分为单倍体。在高等植物中偶尔也会出现单倍体植株，但单倍体与二倍体比较，单倍体的植株瘦小，生活力差，有较高的死亡率。另外，因为单倍体只有一套染色体，不能减数分裂产生配子，因此，绝大多数单倍体是不育的。

由于单倍体只具有每对同源染色体中的一个染色体，也就只具有每对等位基因中的一个基因，因此遗传基础很纯。如果用人工的方法处理，将单倍体的染色体加倍，就可得到遗传上稳定、纯合、性状不分离的二倍体纯系。根据这一特点，单倍体在育种和良种繁育中有极其重大的意义。单倍体育种可明显缩短育种年限，如一般常规育种，不同品种杂交，后代出现分离要经过4~5代或更长年限的选择，才能获得相对稳定的株系。例如，不让杂交一代自交，采用单倍体培育，用花粉培养产生单倍体，再进行染色体加倍，大约两年即可育出性状不分离的纯系。

（2）多倍体及其应用

生物体细胞中有两套以上染色体的称为多倍体，有三套称三倍体，有四套称四倍体。多倍体在植物界中较为普遍，如香蕉是三倍体，水仙是四倍体，普通小麦是六倍体。一般多倍体植物生长旺盛、茎秆粗壮，花、果实、种子较大，抗寒、抗旱、抗病能力强，但同时具有发育延迟、结实率低的缺点。人们在育种中，利用多倍体的优点，采用秋水仙素处理萌发的种子或幼苗，使染色体加倍，人工培育出许多多倍体的新品种，如三倍体无籽西瓜、三倍体高糖甜菜、四倍体巨型葡萄、四倍体水稻等（图4-37）。

图 4-37 水稻的二倍体（左）和四倍体（右）的单穗与米粒

（二）基因突变

1. 基因突变的概念

基因发生的变化称为基因突变。基因是 DNA 分子上有遗传效应的片段，构成基因的 DNA 分子上任何一点发生突变，都可导致基因突变。如人类的色盲、血友病、镰刀形细胞贫血症、白化病，果蝇红眼变白眼、长翅变残翅，高秆水稻变矮秆水稻等，都是由基因突变导致的。

如果是显性突变，在表现型上就可立即显现出来；如果是隐性突变，可能就要以杂合型状态潜伏几代，直到产生双隐性纯合体时才显现出来。

三倍体无籽西瓜的培育

2. 基因突变的原因

在一定的外界环境条件或生物内部因素的作用下，构成基因的 DNA 分子片段上的脱氧核苷酸（或碱基）增添、丢失，或脱氧核苷酸的种类、数目和排列顺序发生了变化，都会导致基因突变。

基因突变有些是自发产生的，称自发突变。水稻和玉米的糯性都来源于自发突变，人类的白化病也是自发突变。在一般情况下，就某一生物的某一个性状来说，基因突变的频率是很低的，如白化病的突变频率只有百万分之三。基因突变也可在人为条件下诱发产生，称为诱发突变。诱发突变的频率大大高于自发突变。目前，诱发突变已成为创造育种材料的重要手段。我们在飞船上携带种子，就是利用宇宙空间的一些特殊条件，造成诱发突变，从而选育优良品种。

一个 DNA 分子是由许多核苷酸组成的，每 3 个核苷酸构成一个密码子，密码子决定氨基酸的种类。人类的镰刀形细胞贫血症，是由基因突变引起的人类分子病，此病的发生原因是，构成血红蛋白的一条多肽链上的一个氨基酸（谷氨酸）被另一个氨基酸（缬氨酸）替代了，其实质是控制血红蛋白分子的 DNA 碱基序列发生了变化，造成氨基酸改变（表 4-6）。

表 4-6　正常血红蛋白和镰刀形贫血症血红蛋白氨基酸的差异

血红蛋白	β 链上氨基酸的顺序						
	1	2	3	4	5	6	7
正常	缬氨酸	组氨酸	亮氨酸	苏氨酸	脯氨酸	谷氨酸	谷氨酸
镰刀形贫血症	缬氨酸	组氨酸	亮氨酸	苏氨酸	脯氨酸	缬氨酸	谷氨酸

传统的遗传学研究通常是先知道某种突变表型，而后寻求这种表现型变异的分子生物学基础，如上述镰刀形贫血症的分子生物学研究。利用基因突变技术，我们可以采用所谓的反向遗传学手段，即在人为造成基因突变的基础上研究表现型变化，确定基因功能。这种基因突变技术属于基因工程的一种。

四、人类遗传病

基因工程

人类遗传病的类型主要有染色体遗传病和基因遗传病。遗传病是一类严重危害人类身心健康的难治疾患，不仅给家庭及社会带来沉重负担，而且危及子孙后代，直接影响人口素质的提高，因此遗传病的预防尤为重要。

（一）人类遗传病的主要类型
1. 染色体遗传病

染色体遗传病即由染色体数目和结构的变异，导致生理缺陷和性状畸形等疾病。例如，21 三体综合征又称先天愚型或唐氏综合征。此病在人群中的发病率为 1/600。患儿主要症状是头小，后脑低平，面容呆滞，眼裂小而上颌，眼间距宽，鼻根低平，下颌小，口常半开且舌常伸出口外，指短，小指内弯，脚的拇指与第二趾间距较大。患儿通常智力低下，50% 左右的患儿有先天性心脏病。男患儿常伴隐睾，无生育能力（图 4-38）。

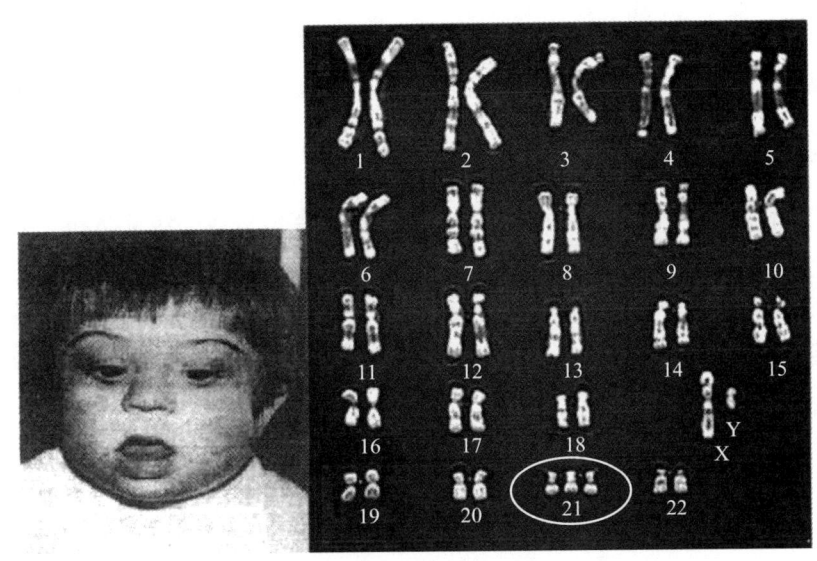

图 4-38　先天愚型患儿的面容和染色体核型

21 三体综合征的病因是，患者体细胞中有 47 条染色体，经鉴定多了一条 21 号染色体，即有三条 21 号染色体，故得此名。当父或母为三体型时，在减数分裂中，亲代精细胞或卵细胞中 21 号三条同源染色体的一条进入一极，另两条不分离而联合在一起进入另一极，产生了正常配子（n）和不正常的配子（$n+1$），两种配子分别同正常的配子（n）受精，则得到二倍体（$2n$）和三体型（$2n+1$）两种合子。因此，21 三体型母亲和正常的父亲，可生育出正常的和患 21 三体型的孩子的比例为 1：1（表 4-7）。

表 4-7　21 三体型的遗传

卵子	精子	
	23，X	23，Y
23，X	46，XX，正常	46，XY，正常
23，X，+21	47，XX，+21，患儿	47，XY，+21，患儿

2. 基因遗传病

此类病可分为显性和隐性两大类，常见的病症有：

（1）先天性耳聋

致病基因为隐性基因，位于常染色体上。杂合体时为携带者，可传给后代，只有在双隐性纯合体时才发病。患者双侧耳聋，内耳螺旋器、蜗管、蜗神经均发育不良。患儿听不到声音，不能学习说话，故又聋又哑。

（2）白化病

隐性致病基因位于常染色体上。患者皮肤、毛发、眼球的虹膜均缺乏色素，呈白色，畏光。此病是由缺乏酪氨酸酶，不能形成黑色素造成的。

3. 伴性遗传病

致病基因位于 X 性染色体上，随着 X 染色体行动而传递。如红绿色盲、血友病、蚕豆病、遗传性慢性肾炎等。

（二）遗传病的预防

遗传病的预防工作，必须在胎儿出生前进行。一般分成一级预防和二级预防。一级预防为胚胎形成前的预防，二级预防为胚胎形成后的预防。如一级预防失败，接着进行二级预防。

1. 胚胎形成前的预防

（1）禁止近亲结婚

近亲是指五代以内的直系血亲和旁系血亲。

直系血亲——指和自己有直接血缘关系的亲属。包括生出自己的长辈（父母、祖父母、外祖父母以及更高的直接长辈）和自己生出来的晚辈（子女、孙子女、外孙子女及更下的直接晚辈）。

旁系血亲——指直系血亲以外的，在血统上和自己同出一源的亲属，如兄弟姐妹、堂兄弟姐妹、叔伯、姑母、舅父、姨母等。

五代以内的直系血亲，指从本身一代起向上数：父母、祖父母、曾祖父母、高祖父母。五代以内的旁系血亲是指由高祖父母一源所出的人。

我国法律规定，直系血亲和三代以内的旁系血亲不能结婚，三代以内的旁系血亲是指由祖父母或外祖父母一源所出的人，如堂兄妹、表兄妹等。

近亲成员之间往往具有较多的共同基因，如果近亲结婚，就会提高致病隐性基因的纯合率，增加子女患病的概率。近亲结婚还会带来子女体质明显下降、体重减轻、身高变矮等缺陷。

（2）控制环境因素

现有的遗传病很多是在环境的某些因素作用下产生的，同时，环境污染还会形成新的遗传病。根治环境污染是预防遗传病的有力措施。

被污染的环境中存在着许多诱发基因突变、染色体畸变或产生机体畸变和致癌的化学、物理和生物因素，如着色剂、亚硝酸盐、乙烯亚胺、环磷酰胺、氨基嘌呤、苯并芘、酪酸盐等化学物质；电离辐射、放射性物质、噪声、光、热等物理因素；风疹病毒、巨细胞病毒、黄曲霉等生物因素。它们都可能造成遗传损伤，形成遗传病。因此我们必须高度重视环境保护，杜绝新遗传病的发生。

学习活动

列举生活中常见的可能诱发变异的环境污染，谈谈如何避免这些风险。

（3）及时检出携带者

携带者本身不发病，尤其是携带隐性致病基因的杂合个体，如能及时检出，就可防止遗传病患儿的产生。

（4）婚姻指导和遗传咨询

医生或遗传学家根据患者遗传病的类型，进行家谱分析，确定该病的遗传方式和出现概率，使患者家族了解病因及后果，劝阻能引起遗传病的婚姻和生育，对患病家族提出合理建议，防止遗传病在家族中继续遗传。

2. 胚胎形成后的预防——产前诊断

普及和加强产前诊断，并有选择性地流产异常胎儿，是预防人群中增加遗传病的重要措施。产前诊断手段主要有：

（1）羊膜穿刺术

羊膜穿刺术包括抽取羊水，进行羊水细胞染色体核型分析、羊水细胞生物物质分析，诊断先天性代谢病等。由于羊膜穿刺必须在孕中期进行，不利于及早终止妊娠，因此现在又发展了绒毛吸取术，在孕早期抽取胎儿的极少量的绒毛组织，来进行相关的遗传分析。

（2）胎儿显像

胎儿显像即用超声波、磁共振显像和胎儿镜检查，可查出异常胎儿，如无脑儿、脑积水、脊椎裂、兔唇、短肢侏儒、多囊肾等畸形胎儿。胎儿镜除可辨别畸形外，还可取活体组织和血液标本，诊断血友病、血红蛋白病、隐眼综合征等。

3. 节制生育

生育次数越多，产生患儿的可能性越大。要动员遗传病携带者节制生育，或在妊娠期做治疗性流产，防止患儿生出。

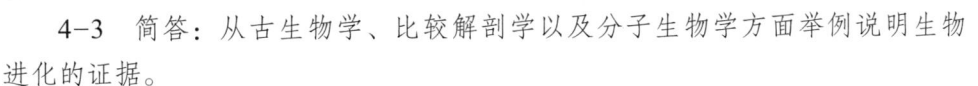
思考与练习

4-1 简答：自生论的观点是什么？雷迪和巴斯德是怎样否定自生论的？

4-2 简答：简述生命起源化学进化的大致阶段。米勒的模拟实验证明了什么？

4-3 简答：从古生物学、比较解剖学以及分子生物学方面举例说明生物进化的证据。

4-4 简答：比较达尔文自然选择学说和现代达尔文主义观点的异同。

4-5 简答：试述人类起源和发展的主要阶段，并列举每个阶段的化石代表以及主要特征。

4-6 简答：试分析植物光合作用光反应与暗反应有怎样的联系。

4-7 简答：以人体为例，简述食物的消化过程和营养成分的吸收途径。

4-8 名词解释：

（1）无性生殖

（2）有性生殖

参考答案

（3）基因

（4）染色体畸变

（5）伴性遗传

4-9　简答：比较精子和卵细胞形成过程中的异同点。

4-10　简答：一个视觉正常的女子，她的父亲是色盲。她同正常男子结婚，但此男子的父亲也是色盲。这对夫妇所生子女将会怎样？

4-11　分析题：1838 年,18 岁的维多利亚登上了英国女王的宝座。1840 年，维多利亚女王与表哥阿尔伯特结婚，他们共生了 9 个孩子，4 个男孩有 3 个患有血友病，先后早夭。5 个女孩先后嫁给西班牙等欧洲王室，她们所生下的小王子也有部分患上了血友病，所以当时血友病被称为"皇室病"。

分析：血友病是一种怎样的遗传病？

4-12　论述：近亲结婚存在哪些隐患？

4-13　简答：怎样预防遗传病？

4-14　探究题：查找资料，为小学生一周午餐制订食谱。要求兼顾营养与口味，并说明制订的依据。提示：中国营养学会官网针对不同年龄段的学龄儿童均有膳食指南和膳食宝塔，可供参考。

拓展阅读导航

1. 谭信. 生命科学原理［M］. 北京：北京理工大学出版社，2017.

该书较全面地、深入浅出地介绍了生命科学到目前为止对生命现象的主要认识，共分为 5 编：生命的化学和细胞、遗传与基因组学、进化与生物多样性、人体的生理过程与健康、生物学研究与生物技术产业。请重点阅读第 4 章遗传的细胞基础和基本定律、第 7 章人类疾病的遗传基础、第 8 章进化学说、第 9 章生命与人类的进化历程。

2. 李文雍. 陈乃富. 生命与生命科学［M］. 合肥：合肥工业大学出版社，2009.

该书注重生命科学的基础性、趣味性和应用性，介绍了生物与环境、生物多样性、生命起源与进化，同时还从生命科学的不同分支学科入手，介绍了生命体的结构与功能，并探讨了现代生物学发展伴生的安全和伦理问题。请重点阅读第 4 章生命起源与生物进化。

第五章 自然界的资源、能源及其利用

学习目标

1. 了解常见自然资源、能源和原材料的基本知识，知道它们的基本特征、世界及我国的现状，以及未来发展趋势。

2. 认识资源与能源的重要性，深刻理解资源和能源作为人类活动基石的地位，以及它们对维持社会经济发展和个人日常生活的不可或缺性。

3. 提升数据处理与分析技能，学会运用现代工具如统计数据库和统计年鉴，有效地收集、整理、分析相关数据信息，为决策和研究提供科学依据。

4. 培养绿色发展的意识，认识到推动能源革命和资源节约集约利用的紧迫性，树立节约资源和保护环境的社会责任感。

思维导图

```
                                    ┌── 土地资源
                        地球上的资源 ──┼── 水资源
                                    ├── 生物资源
                                    └── 矿物资源

自然界的资源、能源及其利用            ┌── 能源概述
                        地球上的能源 ──┼── 常用能源的开发与利用
                                    ├── 可再生能源的开发与利用
                                    └── 能量的储存

                                    ┌── 原材料的开发
                        原材料的开发  ├── 无机非金属材料
                        与利用       ├── 金属材料
                                    ├── 高分子材料
                                    └── 材料科学及其发展趋势
```

情境链接

2023 年 1 月 19 日，国务院新闻办公室发布了《新时代的中国绿色发展》白皮书，全面阐述了新时代中国绿色发展的核心理念、实践和成效。白皮书不仅分享了中国在绿色发展方面的宝贵经验，更展现了为推动全球可持续发展和构建人类命运共同体所贡献的中国智慧和中国力量。其中，白皮书明确指出，中国正致力于构建绿色低碳循环发展的经济体系，推行绿色生产方式，并推动能源革命及资源节约集约利用。那么，我们为何要大力推进能源革命和资源节约集约利用呢？

资源和能源是维持人类生存和发展的重要物质基础。随着人口和经济活动的增长，人类社会面临的自然资源和能源的压力越来越大，全球资源日益紧缺。如何合理利用自然界的资源和能源的问题已经严峻地摆在人类面前。

第一节　地球上的资源

自然资源的稀缺性及其对人类社会发展的制约

自然资源源于自然环境。自然资源是指自然环境中人类现在或将来可以直接获得并用于生产和生活的物质、能量和条件。

自然资源包括土地资源、水资源、生物资源、矿产资源等。不同资源具有不同的特征。在这些资源中，有些是不可更新的资源，如铁、铜等矿物，它们是经长期地质作用才形成的，消耗后不会再生；有些是可更新的资源，如水、土壤、森林等，它们消耗后经过一定时间可以再生、更新或循环出现，并能继续利用；还有一些则是可持续利用的资源，如太阳能、风能等，它们非常稳定，不会枯竭。

一、土地资源

土地指地球陆地表层部分（包括内陆水域）。土地是受地质、地貌、气候、水文、土壤、植物等多种自然地理因素影响的自然综合体。随着社会生产和科学技术的发展，人类对土地的影响越来越深刻和广泛。

（一）土地资源的基本特征

土地作为资源具有如下主要特征。

1. 具有固定的空间和地域

地球表面有各种类型的土地，每块土地都具有固定的三维空间位置而不能移动，这是土地不同于其他资源的一大特征。每块土地处在一定的水平位置和高度，受一定水、热条件的控制，具有严格的地域性。因此，土地资源的利用受它所处的空间和地域条件限制，我们对它的利用必须因地制宜。

2. 具有生产能力

土地在农业生产中具有特殊的重要作用。人类通过劳动和管理，在土地上能生产出粮食、经济作物和林木等，以满足人类的生活要求。但不同类型的土地其生产能力是有差别的，因此，它们所起到的作用和用途是不同的，我们必须合理利用土地。

3. 土地利用具有季节性

土地是个开放的动态系统，一定地域内土地的水热条件具有季节性变化的特点，会直接影响土地的利用，特别是农业生产的安排，因此，在作物的安排和农业生产的布局上，必须考虑土地的季节性。

4. 土地数量是有限的

地球的表面积是一定的，其中陆地面积也是相对固定的。土地作为自然产物，具有原始性和不可再生性，人类不可能使土地面积大幅度增多，因此必须珍惜地球上的每一寸土地。

（二）土地资源现状

1. 世界土地资源概况

世界的土地资源是丰富的。地球陆地面积约 1.49 亿 km^2，除南极洲外，实际受人类支配的土地约 1.30 亿 km^2。但其中可为农业利用的土地是有限的，耕地约占土地总面积的 12%，草地约占 25%，林地约占 31%。

世界各地区人口、陆地面积、耕地面积存在着显著的差异，人口密度和人均耕地面积也呈现类似的情况，见表 5-1。

表 5-1　2021 年世界人口和陆地面积及耕地面积[①]

地区	人口 /10^6	陆地面积 /10^6 ha	人口密度 /（人·km^{-2}）	耕地面积 /10^6 ha	人均耕地面积 /ha
世界	7 909.3	13 014.6	60.8	1 579.9	0.20
非洲	1 393.7	2 992.2	46.6	293.3	0.21
北美洲	597.1	2 102.2	28.4	236.7	0.40
南美洲	434.3	1 746.2	24.9	140.6	0.32

---

① 数据来源于联合国粮农组织数据库。数据以国家为基本单位进行统计，耕地面积数据取自数据库中的数据科目"耕地和永久性作物"（科目代码 6620）。表中数据均为约数。需要说明的是，2022 年 11 月 15 日，世界人口迈入了 80 亿门槛。

续表

地区	人口 /10^6	陆地面积 / 10^6 ha	人口密度 / （人·km^{-2}）	耕地面积 / 10^6 ha	人均耕地面积 / ha
亚洲	4 694.6	3 111.5	150.9	587.0	0.13
欧洲	745.2	2 213.0	33.7	288.1	0.39
大洋洲	44.5	849.6	5.2	34.2	0.77

注：表中世界陆地面积不包含南极洲，北美洲数据包括北美、中美和加勒比地区。

随着世界人口的激增和人类对土地不适当的开发与利用，世界土地资源呈现出地力衰退、水土流失、土地沙漠化、土壤盐渍化和土壤污染的趋势。如何加强土地资源的保护，在保证人类社会和经济发展的同时，实现土地资源可持续利用，是关乎人类生存和发展的重大课题。

2. 我国土地资源概况

我国国土辽阔，陆地面积约为 960 万 km^2，占地球陆地面积的 6.4%，居世界第三位。我国土地资源有如下特征。

（1）土地类型多样

我国地域宽广，自然条件千差万别，形成了各种土地类型，既有山地、高原、丘陵，也有平原、盆地。这为我国农林牧副渔多种经营和全面发展提供了有利条件，也使得土地利用方式多样化，具有明显的地域差异。

（2）可利用土地相对数量少

我国土地资源绝对数量虽大，但山地、高原、丘陵等占了 2/3，最适合农业生产的平原相对较少（仅占 12%）。从土地利用状况看，难利用的土地（包括沙漠、戈壁、寒漠等）约占全国陆地总面积的 16.6%，实际能用于农林牧的土地只占 60% 左右，低于世界平均水平，若按人均占有量计算则差距更大。2021 年我国人均占有耕地约 0.09 ha（公顷，1 ha = 0.01 km^2 = 10^4 m^2），而世界平均水平为 0.20 ha，是我国的 2 倍多。随着人口的增长和城市用地的增加，我国人均农业用地还在减少，土地资源潜力又十分有限，我国土地资源供需矛盾突出。

（3）各类土地资源分布极不均衡

我国地势西高东低，气候条件也存在明显地区差异，造成东南部和西北部土地类型与土地的生产能力有很大不同。以大兴安岭到青藏高原东南缘连线为界，我国东南部地区占国土面积的 1/2，但耕地面积却占到全国耕地面积的 90% 以上，林地面积也占全国林地的绝大部分，土地生产能力高；而西北部地区耕地和林地面积不到全国的 10%，土地生产能力极低。这一现象对我国农业生产布局有很大影响。

二、水资源

水资源是指在当前条件下可以为人类所利用的水源，是自然资源的重要组成部分。水与生命紧密联系在一起，是人类必不可少的宝贵财富。

（一）水资源的基本特征

地球上的水广泛存在于海洋、陆地和大气中，并形成了水圈。在目前情况下，人类可大规模利用的水资源仅是其中的一小部分。水资源具有以下基本特征。

1. 淡水资源所占比例小

地球上的水虽然分布广，数量大，但与人类生活和生产活动密切相关的淡水资源却不多。据估计，地球水圈内全部水体总储量为 13.86 亿 km^3，其中咸水约为 97.5%，淡水约占 2.5%，约为 0.35 亿 km^3。在这部分淡水中有约 69% 固定在地球两极的冰盖和高山冰川中，约 30% 是地下水和土壤水，仅有约 0.3% 储存在湖泊、沼泽和河流中（其余存在于大气及生物体等中），可被人直接利用，还不及全球总水量的万分之一。因此，淡水资源是十分有限的。

2. 是可再生的自然资源

地球上存在着巨大的水循环过程，使地球上的所有水体有着密切的联系。水资源被人类消耗后，就进入地球水循环。一般来说，通过陆地和海洋之间的水循环，称为外循环；通过陆地上蒸发再降水、垂直水交换的水循环，称为内循环。这两种水循环使陆地上的水体得到补给，在为人类不断提供淡水资源的同时，也保持着流入海洋的水和进入大陆的水汽之间的水量平衡。

3. 与人类关系最密切

水是人类生存不可或缺的基础性自然资源。它与人类健康、粮食安全、能源安全、城市化、工业增长以及生态、气候、环境的变化等息息相关。从减少贫困和促进社会公平的角度来看，获得安全的生活用水对个体的身体健康及维持其社会尊严无疑是至关重要的；从推动经济发展的角度来看，水是生产绝大多数产品，包括粮食、能源和制造行业的必需资源；从保护生态、气候和环境的角度来看，水资源不可持续的利用以及污水的排放，将导致生态系统的恶化，并减弱生态系统提供水服务的能力。水资源是关乎人类社会可持续发展的核心问题之一。

（二）水资源现状

地球上的淡水主要来源于大气降水。由于受海陆分布、大气环流、地形条件和人类活动等影响，地球上降水和径流量的分布很不均匀。

1. 世界水资源概况

世界可再生淡水总量约为 4.28 万 km^3，与此同时，世界淡水分配又极不均衡，约有 65% 的水资源集中在 13 个国家中，而占世界总人口 40% 的 80 个国家却严重缺水。水资源最丰富的地区是拉丁美洲和北美洲，非洲、亚洲、欧洲人均拥有的淡水资源就少得多，中东是一个严重缺水的地区。

目前全世界每年消耗水的数量达 3 900 km^3，产生废水 2 200 km^3，其中超过 80% 的废水未经任何处理就被直接排放入环境之中。随着人类社会经济的加速发展，人们对水的需求量正在不断上升，经济合作与发展组织在《环境展望2050》中预测，到2050年全球需水量将达到 5 500 km^3。由于不可持续的经济增长方式和不良管理模式，水资源正面临着巨大压力，水质与水量均受到影响，又反过来降低了水资源的社会经济效益。面对持续增长的用水需求，地球上的淡水资源将难以为继。除非恢复水资源供需平衡，否则经济增长也将难以持续。水问题以及水与可持续发展之间的紧密联系，迫切需要一代又一代人的关注和行动。

为增强水的危机意识，珍惜水，节约水，保护水资源，联合国大会决定从1993年开始每年的3月22日为"世界水日"。2000年9月，来自世界各国的189位领导人共同签署了《联合国千年宣言》，并提出了8项"联合国千年发展目标"，其中就包括协调和推动全球改善饮水安全和卫生设施的相关目标。自2003年开始，联合国教科文组织每三年，后改为每年发布一版《联合国世界水发展报告》，围绕不同主题对世界淡水资源的总体状况、使用和管理进行权威和全面评估，以此推动公众以及各国政府对水资源合理利用和保护的重视。

2. 我国水资源的特征

（1）水资源总量丰富，但人均数量少

全国河流径流平均值约 2 600 km^3，加上地下水补给量，平均水资源总量约 2 700 km^3。从河流年径流总量来看，中国仅次于巴西、俄罗斯、加拿大、美国、印度尼西亚，居世界第六位。但由于中国人口多，按人口平均，我国每人水资源量只有 2 000 m^3 左右，大大低于世界人均水平，只及世界人均水平的1/3，在世界各国中列第80位之后。因此，从人均占有径流量和平均每亩耕地占有径流量来看，中国的水资源是不丰富的。

（2）水资源空间分布不平衡

全国水资源空间分布总趋势是：南方多，北方少；近海地区多，内陆地区少；山地多，平原少。我国水土资源分布不协调，如长江流域及其以南地区地表水资源占全国的80%，但耕地仅占全国的33%；而长江流域以北地区地表水资源仅为全国的20%，耕地面积却占全国的67%。供需不平衡，加剧了水旱灾害的发生。

（3）水资源在时间上分配不均

我国夏、秋季节降水多，冬、春季节降水少，造成河流径流的季节分配也很不均匀，径流流量变化大。汛期河流水位暴涨，常形成洪水；枯水季节河水大减，易造成严重缺水。河流径流的年际变化也大，常发生干旱年份和洪涝年份交错的现象。通常，造成这一现象的原因是季风气候，我国东部处于世界著名的东亚季风区，季风区降水的突出特点是降水集中和年际变化大。降水的这一特点对生产，特别对农业生产极为不利。

三、生物资源

生物资源包括植物资源、动物资源和微生物资源；既有陆地生物资源，也有海洋生物资源。生物资源与人类有着十分密切的关系。

（一）生物资源的基本特征

生物资源与其他资源不同，它是有生命的资源。生物资源具有以下特征。

1. 可再生性

生物是有生命的，可以通过从外部环境摄取能量和物质不断繁衍。因此，生物资源能不断地更新和发展，成为可再生资源。

2. 有限性

虽然生物资源具有可再生性，但在一定的空间和时间范围内，生物的生产量是有限的，这是受外部环境条件限制和食物营养链法则控制的。

3. 多效益性

生物资源是经济资源，它直接或间接地为人类提供了吃、穿、住、用等绝大部分物质；生物资源又是环境资源，它能产生意义更为深远的生态效益。例如，绿色植物通过光合作用吸收二氧化碳制造人类必需的氧气，具有调节气候、保持水土、涵养水源、减少污染的作用。动物在维持生态平衡中也具有重要作用。生物资源还为驯化和改良农产品提供了丰富的原始基因库。

随着人口的急剧增加，人类活动如砍伐森林、城市和道路建设等造成野生动植物栖息地的丧失，过度的捕捞猎杀，以及环境的污染、气候的变化、外来物种的入侵等，使得野生动植物的生存正遭受着严重的威胁。世界自然基金会发布的《地球生命力报告 2022》中的数据显示：从 1970 年到 2018 年，全球地球生命力指数下降 69%，而且降速没有任何放缓的迹象。

好在人们已经清醒地认识到，地球上多彩的生物世界是亿万年进化的结果，是地球宝贵的生命财富。维护好地球的生态平衡，不仅仅是人类作为地球生态系统主导者的责任，同时也是人类社会自身可持续发展的必然要求。1992 年 6 月 5 日，在巴西里约热内卢举行的联合国环境与发展大会上，世界 150 多个国家签署了《生物多样性公约》，以保护濒临灭绝的植物和动物，最大限度地保护地球上多种多样的生物资源。

（二）森林资源

森林资源是林地及其所生长的森林有机体的总称。

森林资源是地球生物圈的支柱，其生产力最高，是生物多样化的基础。它不仅能够为生产和生活提供多种宝贵的木材和原材料，还能够调节气候，保持水土，防止和减轻旱涝、风沙、冰雹等自然灾害。森林可以更新，属于可再生的自然资源，也是一种无形的环境资源和潜在的"绿色能源"。

世界森林资源曾极为丰富，在历史上森林覆盖着 2/3 的陆地面积。由于人口的持续增加以及人类对粮食和土地需求量的增加，世界森林面积持续下滑。2020 年世界森林总面积约为 40.6 亿 ha，仅占全球陆地面积的约 1/3。可喜的是，随着人们对生存环境和可持续发展的重视，原始森林面积流失速度持续下降，同时人工林的面积持续增加，森林每年净损失率已从 1990 年的 0.18% 减缓到了现在的约 0.08%。

我国国土辽阔、地形复杂、气候多样，森林资源的类型多种多样，有针叶林、落叶阔叶林、常绿阔叶林、针阔混交林、竹林、热带雨林。树种共达 8 000 余种，其中乔木树种 2 000 多种，经济价值高、材质优良的就有 1 000 多种。一些珍贵的树种，如银杉、水杉、金钱松、珙桐等均为中国所特有。经济林种繁多，橡胶、油桐、油茶、乌桕、漆树、杜仲、肉桂、核桃、板栗等都有很高的经济价值。

我国森林资源总量不少，到 2022 年，我国拥有森林面积 2.31 亿 ha，居俄罗斯、巴西、加拿大、美国之后，为世界第五位，森林覆盖率为 24.02%。但是，我国仍然是一个缺林少绿、生态脆弱的国家，森林覆盖率远低于全球 31% 的平均水平，人均森林面积仅为世界人均水平的 1/4。此外，全国森林资源分布不均，绝大部分森林资源集中分布于东北、西南等边远山区和台湾山地及东南丘陵，而广大的西北地区则森林资源贫乏。

近年来，我国积极推进生态文明建设，加强自然保护力度，自 2017 年起全面停止了天然林商业性采伐，并加大植树造林力度，森林资源持续增长，森林质量逐步改善，成为全球森林资源增长最快的国家。

（三）草地资源

草地也叫草场，是发展草地畜牧业的最基本的生产资料和基地，同时具有涵养水源、保持土壤、防风固沙、固碳储氮、净化空气以及维护生物多样性等重要生态功能，是可再生生物资源的又一主要组成部分。草地分为三大类：分布于热带的疏林草原、分布于温带的温带草原、分布于高山高原地区的高山草原。

全世界草地面积约 30.7 亿 ha，约占全球陆地面积的 1/4。畜牧业发达的国家主要有阿根廷、美国、南非、澳大利亚、蒙古等国。

我国草地资源也很丰富，据统计，我国草原面积近 4 亿 ha，居澳大利亚、俄罗斯、美国之后，列世界第四位，但人均草原面积不到 0.30 ha，约为世界人均水平的 1/3。优质的草地不多，只占总量 25%，中等和劣质草地分别占 45% 和 30%。近年来，我国充分认识到加强草原保护、建设和利用，是推进生态文明建设、实现绿色发展、保障国家生态安全的重要任务，也是改善民生和建设美丽中国的重要举措。通过退牧还草、退耕还草、草畜平衡、禁牧休牧等制度措施，草原资源得到了一定程度的改善，同时草原畜牧业也得到了快速的发展。

我国草地主要分布在由东北大兴安岭到青藏高原东南缘连线的西部和北部，可分为五个区：东北和内蒙古东部草甸草原区，牧草肥美；内蒙古草原区，是主要草原区；西北荒漠区，牧草产量低；青藏高寒草原区，气候干冷，牧草低矮，产量小；中部和南部草山草坡区，分布在南方丘陵山地，水热条件好，草产量高，但质量差。

（四）野生动物资源

野生动物是指非人工驯养的动物，它们能为人类提供生产和生活所需的多种原料和物产，也是一种重要的生物资源。野生动物的主要类型有：毛皮用资源动物，如松鼠、黄鼬、狐等，貂和水獭等，它们的皮毛特别名贵；制革用资源动物，主要有麂、鹿、黄羊、牛等有蹄类动物；肉用动物资源，包括前述有蹄类动物、野兔，以及雁类、雉鸡类等鸟禽；羽绒用、饰用动物资源，如鸟类中的野鸭、绿孔雀、长尾雉等；药用动物资源，如麝、熊。

我国是世界上野生动物种类最多的国家之一，其中陆栖脊椎动物有 3 133 种，包括：哺乳类 686 种，约占全球总数的 10%；爬行类 475 种，约占全球总数的 4%；两栖类 527 种，约占全球总数的 6%；鸟类 1 445 种，约占全球总数的 13%，我国是全世界鸟类最多的国家。我国的鱼类种数也很多。

我国特产动物和珍稀动物也相当多，最珍贵的是被称为"活化石"的大熊猫，现仅分布于横断山北部附近。此外，还有产于长江中下游的扬子鳄、白鳍豚等水兽，都属世界罕见。我国鸟类中的马鸡、丹顶鹤、长尾雉、鸳鸯，兽类中的金丝猴、羚羊、毛冠鹿、梅花鹿等都是珍贵动物。我国依据《野生动物保护法》制定了《国家重点保护野生动物名录》，将大熊猫、扬子鳄、白鳍豚、金丝猴、虎、穿山甲等 234 种动物列为国家一级保护野生动物，将猕猴、棕熊等 746 种动物列为二级保护野生动物。我国还建立了一批自然保护区，如四川的卧龙，是以保护大熊猫为主的自然保护区。

四、矿物资源

矿物资源指经过地质成矿作用而形成的，具有开发与利用价值的天然矿物或岩石资源。矿产可分为金属、非金属、可燃有机物等类别，是不可再生资源。

（一）矿物资源的基本特征

矿物资源具有以下特征。

1. 地区分布不均

矿物形成于一定的地质条件，各地地质条件不同，会形成不同的矿物。因此，矿物资源的地区分布不均。在岩浆岩分布地区，一般会形成有色金属矿；在沉积岩区，可能发现煤、石油和天然气等矿物燃料。

2. 属于不可再生资源，数量有限

矿物资源是长期地质作用的产物，它不可能在短期内再生更新，用完了就不会再有了。地球上的矿物资源是有限的，十分宝贵，我们必须合理开发和利用，防止浪费。

3. 往往具有伴生性

所谓伴生性，是指在一个矿内以一种矿产为主，同时还有其他元素或矿种。例如，铁矿中常会有钒、钛，铅、锌矿相伴形成，这是因为形成这些矿物的地质条件十分相近。矿物资源的伴生性要求在开采时应综合利用，将不同的矿物资源同时开采，

从而提高经济效益。

（二）我国矿物资源现状

我国矿物资源丰富，品种齐全，具有世界上所有已探明储量的矿种。截至 2022 年底，我国已发现矿物 173 种，包括能源矿产 13 种，金属矿产 59 种，非金属矿产 95 种，水气矿产 6 种。其中发现并具有查明资源储量的矿产 162 种，发现的矿床和矿化点有 20 多万处。我国有多种矿物资源储量居世界前列，如钨、锑、稀土等矿物的蕴藏量居世界首位。我国矿物资源总储量虽大，但按人口平均则数量较少。

由于我国各地地质条件差异大，矿物资源分布极不均匀，表现为大矿集中、小矿分散。例如，我国 50% 的铁矿储量主要集中在辽宁南部、河北东部和四川西部。煤矿则主要集中在北方地区。

我国矿物资源的一个特点是部分矿种贫矿多、富矿少，特别是一些重要矿物（如铁、铜、磷等）富矿更少。例如，我国铁矿储量约占全球储量的 10%，居世界第 4 位，矿石平均含铁量约 30%，远低于全球平均值 46.7%；铜矿储量约占全球储量的 3%，居世界第 7 位，但含铜量在 1% 以上具有开采价值的铜矿仅约占全国铜矿总储量的 35%；磷矿储量约占全球储量的 4.5%，居世界第 2 位，但磷矿平均品位也仅约 17%，远低于摩洛哥的 33% 和美国的 30%。

另外，我国矿物伴生矿多，单一矿少。据不完全统计，约 80% 以上的矿藏伴生有 2~17 种有用组分。如攀枝花铁矿中伴生有钒、钛等元素，白云鄂博铁矿伴生有稀土、铌等元素。伴生矿可综合利用，但也会给分选和冶炼带来困难。

学习活动

地球是我们生活的家园。请就本节所学内容，小组讨论自然资源与人类社会发展的关系，这些自然资源是不是可以被任意地开发和利用呢？它们是取之不尽、用之不竭的吗？如何理解物质不灭与资源匮乏之间的关系？

第二节 地球上的能源

能源是一种资源。通常，人们认为能源是能够向人们提供能量的自然资源。它包括煤、石油、天然气、水能等常规能源，也包括太阳能、风能、生物质能、地热能、海洋能、核能等新能源。

一、能源概述

能源是人类社会赖以生存和发展的重要物质基础。人类对能源的开发与利用，在一定意义上决定了人类社会的发展。从存在的形态来说，能源分为两大类：一次能源和二次能源。

（一）能源的分类

为便于了解能源的形成、特点和相互关系，我们可以从不同角度对能源进行分类。从存在的形态来说，能源可以分为两大类：一次能源和二次能源。

一次能源是指自然界中自然存在的能源，如原煤、原油、天然气、风能、水能、生物质能、核能、地热能等，按其能否循环使用和可否不断得到补充，还可以分为可再生能源和非再生能源。按当前使用状况，能源可分为常规能源和新能源。当然，常规能源和新能源的分类是相对的，当前广泛使用的一次能源称为常规能源，目前尚未被大规模利用、正在研究推广的称为新能源。今天的常规能源过去曾经是新能源，而今天的新能源也可能成为以后的常规能源。此外，从对环境污染大小的角度，太阳能、水能、海洋能等被认为是清洁能源，而煤、石油等则被认为是非清洁能源。

二次能源是指一次能源经过加工而转换成的另一种形式的能源（不管转换几次）。常见的二次能源有电力、蒸气、焦炭、煤气、氢气以及汽油、柴油等石油制品。大部分一次能源都被转换成更易传输和使用的二次能源，以满足消费者的需要。

能量单位

（二）能源与社会发展

能源是人类社会赖以生存和发展的重要物质基础。人类社会发展史在一定意义上就是一部能源开发与利用的历史。迄今为止，人类社会的能源结构已经经历了三个阶段：柴薪能源时期、煤炭能源时期和石油、天然气能源时期。目前正在向新能源时期过渡。

人类最初利用的能量是从食物中获得的，用它来维持人的生命。远古时期，火的利用是人类第一次利用能源为自身的生存提供光和热，同时也使人类头脑更聪明、体魄更强悍，从而推动了社会生产力的发展和社会结构的变革。人类社会逐渐步入农业文明，也开启了"柴薪能源时期"。18 世纪 60 年代从英国开始的产业革命带来了世界能源结构的第一次革命性变化，煤炭取代柴薪，为在逐步推广的蒸汽机提供了动力来源。"煤炭能源时期"的到来是人类对能源需求旺盛的结果，同时煤炭的开发与利用也推动了人类社会步入工业文明。进入 20 世纪后，以汽油和柴油为燃料的内燃机的发明，以及 20 世纪 50 年代在美国、中东、北非巨大油、气田的发现，将人们带入了"石油、天然气能源时期"，并将人类社会飞速推进到了现代文明。到 1960 年，全球石油的消费量超过煤炭，成为第三代主体能源。

20 世纪 60 年代以后，人们面临着这样一种尴尬的境地：一方面能源日益短缺，另一方面社会对能源的需要却不断增长，再加上煤、石油等常规化石能源使用所产生的环境污染，已影响到人类的生存。由此，人们清醒地认识到，在提高能源利用效率的同时，适时进行能源结构调整，充分开发高效、洁净和安全的新能源与可再生能源，保持能源与环境的协调，促进社会的可持续发展，成为摆在全人类面前的共同任务。

（三）能源消费现状和展望

随着全球经济的持续增长，能源需求也不断地提升。当前，全球一次能源消费总量已达 604 EJ（1 EJ=10^{18} J），相当于 1965 年的近四倍，如图 5-1 所示。其中，煤炭、石油和天然气等化石燃料占据了主导地位，约占全球能源消费量的 80%。与此同时，这些化石燃料在燃烧使用过程中释放的大量温室气体，占全球温室气体排放量的 75% 以上，"贡献"了约 90% 的二氧化碳排放量。数据显示，2014—2023 年的全球平均气温已经比工业化前水平高出（1.20±0.12）℃。

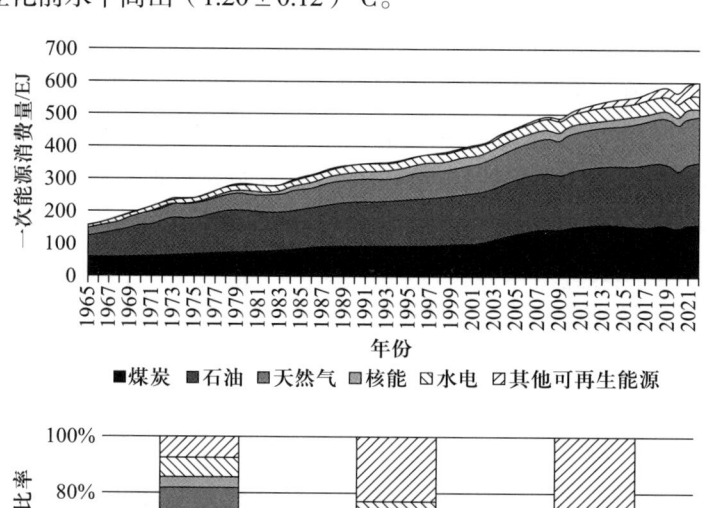

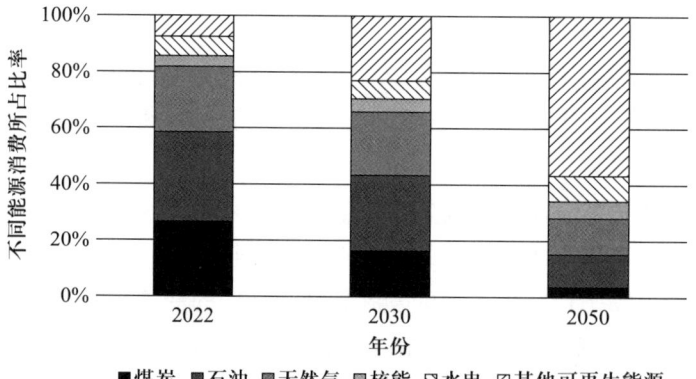

图 5-1　世界一次能源消费量和能源消费结构

（数据来源：英国能源研究所的《世界能源统计年鉴 2023》。）

能源是气候问题的核心所在，同时也是解决问题的关键。随着节能技术的不断应用和进步，单位 GDP 能耗正在逐步下降，预示着世界能源消费总量的增长速度可能会显著放缓。然而，要实现"碳达峰、碳中和"的宏伟目标，我们仍需付出巨大努力。这包括大力减少对化石燃料的依赖，以及大力提升可再生能源在能源结构中的比重。

据预测，为了达成《巴黎协定》的目标——将全球变暖控制在不超过 1.5 ℃，我们需要在 2030 年前将温室气体排放量减少 45%，并在 2050 年实现净零排放。为实现这一目标，太阳能、风能等可再生能源在全球能源结构中的比率，将预计从目前的不到 7.5% 到 2050 年提升到 55%。与此同时，化石燃料的比率，则预计将下降到约 27%。

国家统计局的数据显示，2022 年我国能源消费总量为 54.1 亿 t 标准煤（约合 159 EJ），占全球能源消费的 26.3%。我国是世界上最大的能源消费国，人均能源消费量 101 GJ（1 GJ=10^9 J），约为美国的 1/3，印度的 3.5 倍；单位 GDP 能耗 9.73 GJ，较之发达国家 4.38 GJ 的平均水平仍有着较大的差距（图 5-2）。如何有效提高能源利用率，在今后一段时间内，将是我国经济社会发展面临的挑战和机遇。

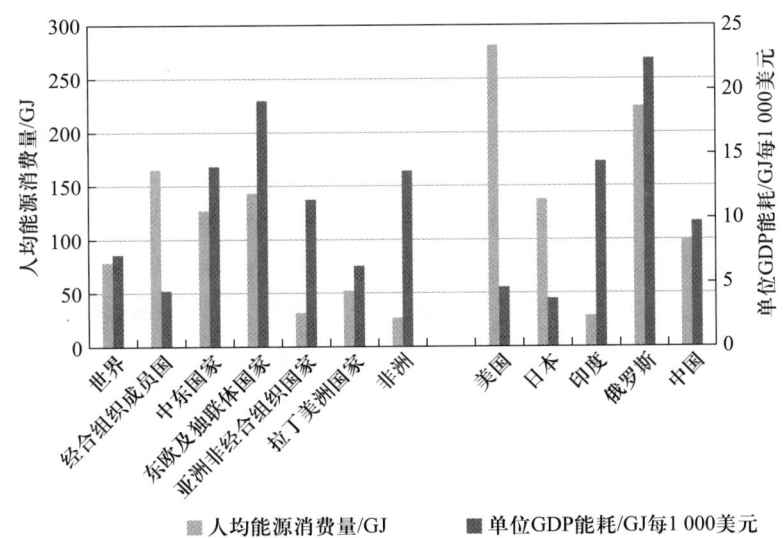

图 5-2　中国和世界其他主要国家（区域、组织）的人均能源消费量与单位 GDP 能耗

（数据来源：联合国能源统计口袋书 2023。）

由于"富煤、贫油、少气"的能源储量特点，煤炭仍是我国能源消费的主要燃料。2022 年煤炭所占比率为 56.2%，成为我国能源自给率控制在 80% 以上的基础，并确保了我国能源消费的安全和世界能源价格的稳定。2022 年，水电、核电、风电、太阳能发电等清洁能源发电量比上年增长 8.5%，非化石能源消费量占能源消费总量的比率为 17.5%，提高了 0.8 个百分点。我国是世界最大的可再生能源生产和消费国，可再生能源生产量与消费量均占世界总量的约 30%。

作为负责任的大国，习近平主席在 2020 年 9 月的联合国大会一般性辩论上的讲话中庄严宣布，我国将提高国家自主贡献力度，力争于 2030 年前实现"碳达峰"，努力争取 2060 年前实现"碳中和"。据预测，我国能源消费总量将于 2030—2035 年间达峰值约 62 亿 t 标准煤（约合 182 EJ），到 2060 年，我国一次能源消费结构中，煤炭占比将降到 5%，非化石能源则将提升到 80%（图 5-3）。

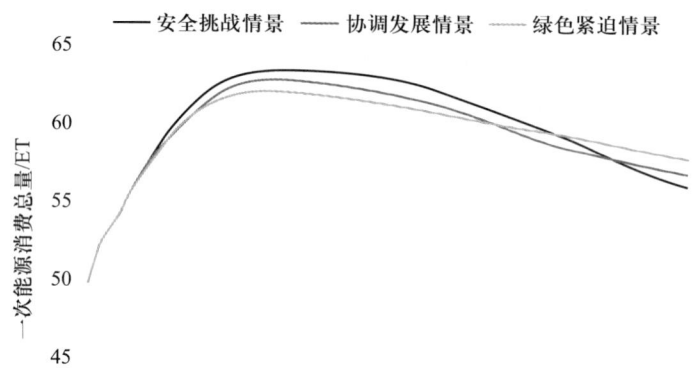

我国一次能源消费总量预测

安全挑战情景　　协调发展情景　　绿色紧迫情景

	2020	2025	2030	2035	2040	2045	2050	2055	2060
安全挑战情景	49.8	58.8	63.1	63.4	62.9	61.5	59.8	57.8	56.0
协调发展情景	49.8	58.7	62.5	62.6	62.0	60.8	59.0	57.8	56.9
绿色紧迫情景	49.8	58.7	61.9	61.9	61.3	60.5	59.6	58.7	57.8

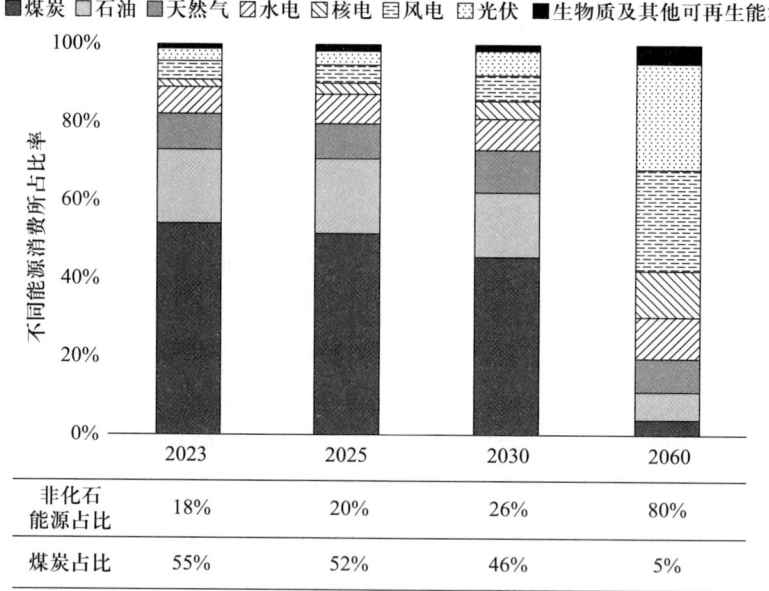

我国一次能源消费结构预测(协调发展情景)

■煤炭　□石油　■天然气　◨水电　◫核电　◨风电　▨光伏　■生物质及其他可再生能源

	2023	2025	2030	2060
非化石能源占比	18%	20%	26%	80%
煤炭占比	55%	52%	46%	5%

图 5-3　我国一次能源消费总量和能源消费结构预测

[原图来自:《中国能源展望 2060》(2024 版)。]

二、常用能源的开发与利用

现在我们常用的能源有煤、石油、天然气、核能等。

（一）煤

在地球的某些地质历史年代，环境、气候条件很适合低等和高等植物大量生长、繁殖。它们死去后，尸体在细菌的分解作用下，生成褐色或黑色的有机物质，日积月累，成为厚厚的一层腐泥或泥炭。由于地壳变动，这些腐泥或泥炭被埋入地下，在高温高压环境中，经过漫长的历史年代，转变成煤。

煤的主要成分是碳，还含有少量的氢、氧、氮、硫、磷等。表 5-2 列出了几种煤的成分及热值。

表 5-2　几种煤的成分及热值 [①]

种类	碳含量 /%	氢含量 /%	氧、氮、硫、磷等含量 /%	热值 /（kJ·kg⁻¹）
无烟煤	89～98	0.8～4	1.3～5.5	25 000～33 000
烟煤	77～93	4～6	2.7～12	21 000～33 000
褐煤	60～76.5	4.5～6.6	16～22.5	13 000～17 000
泥煤	50～60	5.3～6.5	28～38	11 000～13 000

煤炭从 18 世纪英国产业革命以来，一直是世界主要能源。截至 2020 年，全世界探明煤炭储量为 10 740 亿 t，当年开采量 77.4 亿 t，由储采比计算可预计可采年限约 140 年。2020 年中国煤炭探明储量 1 622 亿 t，约占世界储量的 15%，可采约 40 年。

煤炭目前一半以上被作为燃料用于发电。这一方面能量利用率很低，另一方面又使煤中宝贵的化工原料被白白烧掉，还会产生有害气体，严重污染环境。所以，煤的直接燃烧是一种不合理、不经济的使用方法。煤炭既是一种燃料，又是一种重要的化工原料，应当综合利用。目前，比较成熟的有煤的干馏、煤的气化和煤的液化等加工方法。

图 5-4 是煤炭转化的常见路径。

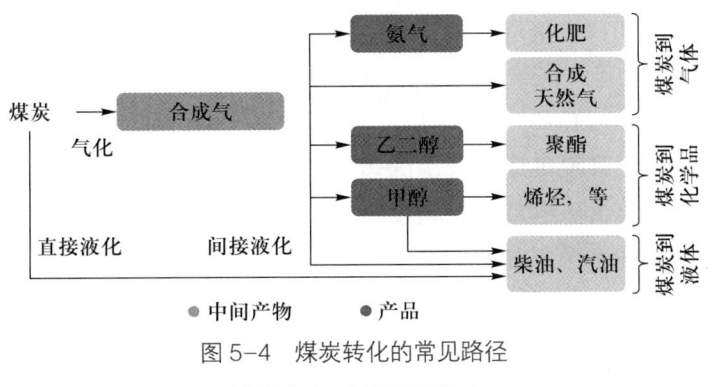

图 5-4　煤炭转化的常见路径

（原图来自：国际能源署。）

1. 煤的干馏

在隔绝空气条件下，加热使煤进行热分解的过程，称为煤的干馏。干馏的目的在于更合理地利用煤中所含的有机质，从中得到有价值的燃料和化工原料。

干馏可分高温干馏与低温干馏。高温干馏的主要原料是烟煤，目的是得到高质量的焦炭。在工业生产中，烟煤在炼焦炉中加热，当温度达到 900 ℃ 以上时，可得到的固体是焦炭，同时收集到煤焦油和焦炉气。焦炭是冶金工业的重要原料，可作为还原剂和燃料。煤焦油是重要化工原料，可用作制造医药、染料、农药等产品的原料。从焦炉煤气中能回收苯、甲苯和二甲苯等。高温干馏焦炉煤气产量较大，热值较高，其中含有大量氢气，它是重要的气体燃料，可用在人造石油或合成氨工业中。

低温干馏的原料是褐煤和地质年代较短的烟煤。低温干馏的主要目的是得到焦油。当干馏温度达到 600 ℃ 左右时，固体燃料几乎将全部焦油放出。这种焦油进一步加工，可以用来制造各种液体燃料及化工产品。此时，固体为块状半焦，是质量很好的家用燃料。在低温干馏时煤气的产量较低，从煤气中可以回收汽油。煤气的热值与原料煤中的含氧量有关，含氧量高的煤产生的煤气热值低。

2. 煤的气化

在气化剂存在的情况下，煤的热加工过程称为煤的气化。气化过程在气化炉内进行，见图 5-5。

若气化剂是空气，炉内就会发生以下反应：

$$C(s)+O_2(g) = CO_2(g)+393.5 \text{ kJ}$$

$$CO_2(g)+C(s) = 2CO(g)-171.7 \text{ kJ}$$

$$CO(g)+1/2\,O_2(g) = CO_2(g)+282.6 \text{ kJ}$$

制成的煤气称为空气煤气，其气体体积组成为：CO_2 占 0.5%~1.5%，CO 占 32%~33%，H_2 占 0.5%~0.9%，N_2 占 64%~66%。其发热量为 4 200~4 400 kJ/m^3。

若气化剂是空气和水蒸气，气化炉中除了上述反应外，就还有水蒸气与碳的反应：$H_2O(g)+C(s) = CO(g)+H_2(g)-131.3\text{kJ}$。这是一个吸热反应，消耗了碳跟氧反应放出的热量，使气化炉出口温度降低 200~400 ℃，温度降低的多

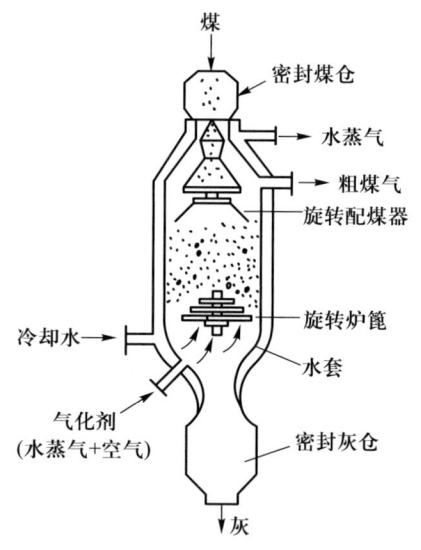

图 5-5　煤的气化炉

少与混合气化剂中的水蒸气含量有关。制成的煤气称为混合煤气（或称半水煤气），其气体体积组成为：CO_2 占 5%~10%，CO_2 占 20%~30%，H_2 占 13%~16%，N_2 占 45%~55%。其发热量为 5 000~6 700 kJ/m^3。它的组成和发热量与空气和水蒸气的比例有关。

煤气中的硫化物、氮气、二氧化碳和灰尘，经脱硫、脱氮、除二氧化碳和除尘后，转化为无公害气体燃料。

3. 煤的液化

把煤炭转变成液体燃料称为液化，相应的产品是人造石油。煤是固体燃料，它与液体燃料的主要差别在于碳、氢两种元素含量不同，煤中氢原子与碳原子的数目之比是0.4~0.8，石油中是1.5~1.9。为了从煤里制得液体燃料，人们必须设法向煤里加入氢元素，或夺走部分碳元素。这里简单介绍两种煤液化的技术。

（1）间接液化法

煤在气化炉中与气化剂（水＋氧气）反应得到一氧化碳和氢气，然后在较高温度、较大压力和催化剂存在的条件下反应，生成液态烃。这种方法生产步骤繁多，产率不高，1 t原料煤只能得到大约1.5 t液体燃料。

（2）直接加氢液化法

直接加氢液化法就是借助催化剂，使氢直接与煤反应制取液体燃料。1 t原煤大约可生产3 t液体燃料，但同时要消耗600 m^3的氢气。这种方法投产的关键是要改革使用昂贵的催化剂和降低氢气的单耗。

（二）石油

石油也是一种重要的常用能源。古代陆地上的动植物和水生生物在死亡后，它们的尸体常常随着水流，伴着泥沙一起沉积在湖泊和海洋中，形成水底淤泥，淤泥越积越厚，跟氧气隔绝而不腐烂。在地层内的高温高压条件下，它们经过石油菌等微生物的分解，最终形成棕褐色或黑色黏稠状的石油。石油在开始形成时，呈分散的油滴状存在，地层内部的压力及地下水的流动，使分散的油滴慢慢地向有空隙和裂缝的岩石层中流动和积聚，日积月累就形成油田。人们使用石油的历史，可以追溯到2 600多年以前，但石油真正意义上作为重要能源使用，却只有60年的历史。

石油主要含碳和氢两种元素，两者总含量达98%左右，氢原子与碳原子比为1.5~1.9，其他还含有少量硫、氮和氧元素等。在石油中，碳和氢结合成各种碳氢化合物，因此石油是各种烃的混合物。

截至2020年，全世界探明石油储量为2 444亿t，储采比为50年，其中近一半的储量位于中东地区。2022年中国探明石油储量为36.2亿t，约占世界总储量的1.5%，储采比仅为18年。2023年中国平均每天进口石油1 100万桶，是世界最大的石油进口国，对外石油依存度已经达到73%。

目前石油最主要的用途是通过分馏炼制汽油和柴油，以满足交通运输的需要，石油还是现代化学工业的重要支柱。石油炼制的方法主要有分馏、裂化和裂解、重整。

1. 石油的分馏

原油经加热炉进入分馏塔。在分馏塔里，按沸点不同在塔的不同部位出口（上面是的低相对分子质量较小的低沸点烃类，下面是相对分子质量较大的沸点较高的烃类），分别得到轻质的石油产品。塔底流出的液体称为重油。重油再经减压加热炉和减压分馏塔，可得到重质的石油产品。石油分馏的设备和工艺过程见图5-6。

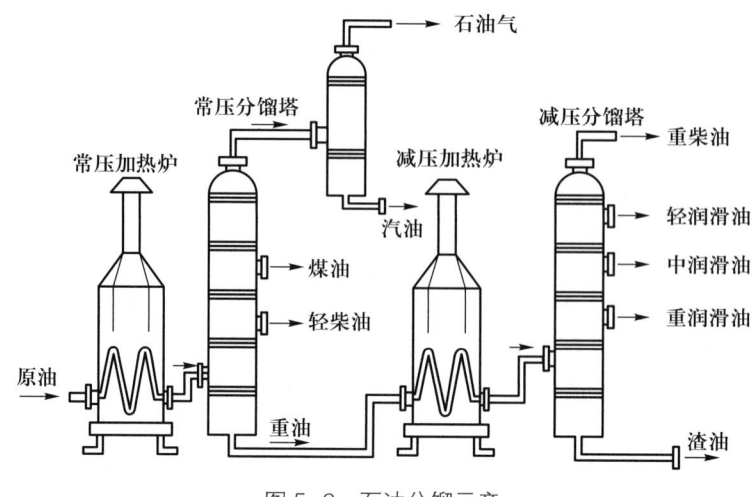

图 5-6　石油分馏示意

2. 石油的裂化和裂解

裂化和裂解目的不同，前者是提高汽油的产量和质量，后者是得到石油化工原料。

裂化是在 500 ℃ 以下进行的，主要使重油中的大分子烃类分解成分子较小的烃类。裂化产物中由于不饱和的、支链的烃类含量增加，汽油质量提高，同时还能得到少量乙烯、丙烯和丁二烯等，它们是重要的化工原料。

裂解温度较高，一般是 700~1 000 ℃，石油中的烃类深度分解，主要产物是低级（相对分子质量小的）不饱和烃，用作化工原料。

3. 石油的重整

汽油在催化剂存在下，发生脱氢环化和芳构化等作用，生成芳香烃等化合物的过程称为重整。例如，汽油中的己烷（或庚烷）经重整后转化为苯（或甲苯）。利用芳构化等反应，通过重整，可以改变汽油成分，增强汽油的抗震性，提高汽油质量（图5-7）。

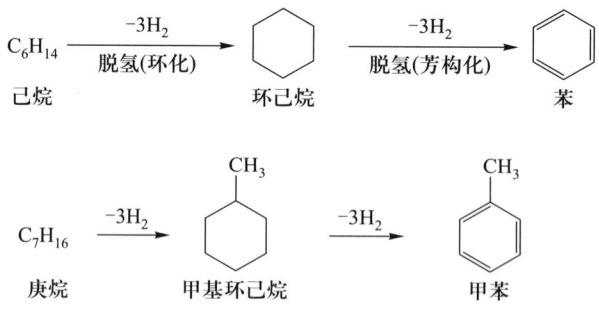

图 5-7　石油重整作用过程

（三）天然气

天然气的生成过程与石油类似，它是存在于地下岩石储集层中以烃为主体的混合气体的统称，比重约 0.65，比空气轻，无色，无味，无毒。天然气的主要成分是烷烃，其中甲烷占绝大多数，另有少量的乙烷、丙烷和丁烷，此外一般有硫化氢、二氧化碳、氮、水汽、少量一氧化碳及微量的稀有气体（如氦和氩等）。常规的天然气包括独立成藏的气田气和与石油伴生的油田气。近年来广泛关注的页岩气、可燃冰等，因储层特殊而被称为非常规天然气。前者主要储存于富有机质泥页岩及其夹层中，后者则是在海洋大陆架下 $500\sim1\,000\,m$ 或寒冷冻土中的甲烷水合物固体。

截至 2020 年，世界天然气探明储量为 188.1 万亿 m^3，储采比为 49 年。中国探明储量为 8.4 万亿 m^3，占世界的 4.5%，储采比为 43 年。天然气可以通过管道长距离运输，且热值高、洁净环保，是优质的能量资源。据预测，到 2035 年，世界上天然气消费量将超过煤炭。近年来，随着煤改气工作的推进，我国的天然气生产量和消费量也急剧增加。预计到 2035 年，我国天然气消费占比将由现在的 8% 上升到 11%。天然气可作为高热值燃料替代煤气用作工业和民用的燃料。此外，和煤、石油一样，天然气也是重要的化工原料，可用于合成氨工业和生产甲醇等。

（四）核能

原子核发生变化时释放出的能量称为核能（原子能）。原子核变化有两种类型：一种是较重的原子核（主要是铀核、钚核、钍核）分裂成两个或多个质量较小的原子核，称为核裂变；另一种是两个较轻的原子核（如氘、氚）聚合成一个较重的原子核（如氦），称为核聚变（由于需要加热到几百万摄氏度才能引发反应，所以又称为热核反应）。伴随着这两种变化过程，都有大量原子能释放出来。

1. 裂变

当用中子轰击铀核时，铀核分裂成两个或更多个质量较小的原子核，同时放出两至三个中子和巨大的能量。1 000 g 铀全部裂变放出的能量相当于 2 500 t 标准煤完全燃烧时放出的化学能。而且，铀的裂变是链式反应（图 5-8），反应产生的中子可诱发其他铀原子发生裂变。如果不加控制，短时间内放出的巨大能量就会造成猛烈的爆炸。原子弹就是应用这一原理制成的。对于核电

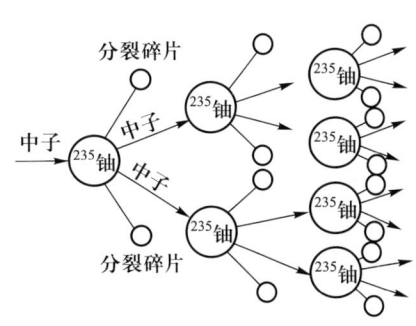

图 5-8　铀核的链式反应

站内的核反应堆来说，人们想到用可吸收中子的控制棒来控制链式裂变，反应进行的速率用插入控制棒来控制，使得发生裂变的核所生成的中子，正好引发另外一个核的裂变，因此裂变过程不会失控。

核电站的核心是反应堆。最先以铀 -235 作为燃料，后来又扩展到利用铀 -238 和钍 -232，它们在地壳中蕴藏量大，如能全部利用，可供人类用几千年。反应堆的类型有很多，内部结构有所差别，但目的只有一个，那就是"烧水"。在反应堆内部，堆芯内的裂变释放出大量的热量，可对水进行加热并将其转化为蒸汽，产生的蒸汽推动汽轮机，而汽轮机则带动发电机来发电，这就是核电站发电的原理（图 5-9）。核电站和火电站除了生成蒸汽的热源不同外，差异很小，但辐射安全问题使核电站变得

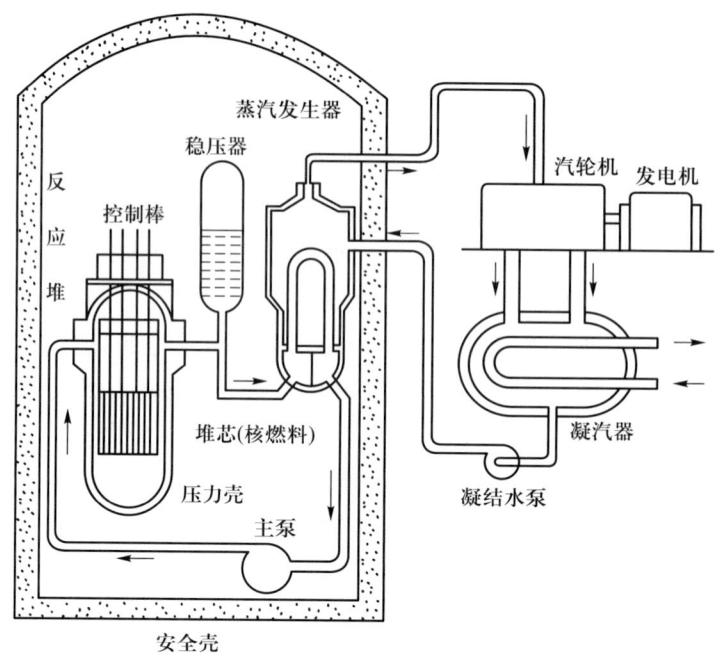

图 5-9 压水堆核电站发电原理

不简单。目前，核电站提供了世界上大约 11% 的电能。2023 年 12 月 6 日，全球首座第四代核电站——华能石岛湾高温气冷堆核电站示范工程正式投入商业运行，标志着我国在第四代核电技术研发和应用领域达到世界领先水平。

2. 聚变

将氘核和氚核放在一起，加热到几百万摄氏度（由裂变反应提供），就能结合成氦核，其反应式为：

$$\ _1^2H + \ _1^3H \longrightarrow \ _2^4He + \ _0^1n + 能量$$

单位质量该反应所放出的能量是铀核裂反应释放能量的 4 倍。氘是相当丰富的氢同位素，据测算每升海水中含有 0.03 g 氘，在海水中所含有的 45 万亿 t 氘足以供人们用上百亿年。而且通过聚变反应获得的核能不会产生环境污染问题。因此，聚变能被认为是人类最理想的洁净能源。

然而要让原子核之间发生聚变，必须把它们加热到很高的温度（几百万摄氏度以上），以使原子核具有足够的动能来克服电荷间极大的斥力。原子弹爆炸产生的高温可引起热核反应，氢弹就是这样爆炸的。而在实际将其作为能源时，则要使用受控热核聚变反应，人们必须在产生并加热等离子体到亿万摄氏度高温的同时，有效约束这一高温等离子体。目前，中国在核聚变的研究方面处于国际领先地位，已建成有中国环流器二号（HL-2M）、东方超环（EAST）等核聚变科研装置。2023 年，EAST 获得了 403 s 稳态高约束等离子体；HL-2M 实现了 1 MA（1 MA $= 10^6$ A）等离子体电流高约束模式运行。相关成果的取得，为实现国际热核聚变实验堆（ITER）计划以及我国三步走核聚变研究的战略目标，满足人类终极能源需求，奠定了重要的科学基础。

三、可再生能源的开发与利用

可再生能源包括太阳能、水能、风能和生物质能等。

（一）太阳能

地球上各种能源都起源于太阳，太阳不断地进行着激烈的热核反应，释放出大量核能，并以辐射波的形式传送到宇宙空间。太阳向宇宙辐射的能量，每秒大约有相当于 1.3×10^{16} t 标准煤燃烧时放出的热量。其中 22 亿分之一传到地球上来。这些能量中一部分以短波辐射的形式返回宇宙空间；一部分被大气、陆地和海洋吸收，最后以长波形式返回宇宙空间；被地球上植物光合作用利用的能量大约占 0.02%。如果一年中地球获得的太阳能全部加以利用，就可供人类用 3 万多年，而太阳的聚变估计可维持 60 亿年以上。

根据国际太阳能热利用区域分类，全世界太阳能辐射强度和日照时间最佳的区域包括北非、中东地区、美国西南部、墨西哥、南欧、澳大利亚、南非、南美洲东西海岸和中国西部地区等。中国的陆地总面积达 960 万 km²，为世界陆地总面积的约 6.4%，有着十分丰富的太阳能资源。中国气象局《2023 年中国风能太阳能资源年景公报》显示，我国年平均水平面总辐照量约为 1 496.1 kW·h/m²。从空间分布看，2023 年，我国西部地区的太阳能资源优于中东部地区，新疆、内蒙古、西北地区中西部、华北北部、西藏、西南地区西部等地太阳能资源最丰富。

太阳能的利用主要有两种途径：一种是将太阳能转化为内能；另一种是将太阳能直接转化为电能。

利用太阳能转化为内能的装置有太阳能热水器、太阳灶等。由于太阳能比较分散，能量密度小，人类必须设法把它集中起来，所以集热器是利用太阳能装置的关键部分，其目的是设法增加辐射能的吸收量，减少反射量。例如，利用黑色吸收阳光能力强的特点，再用聚焦透镜的原理制成平板集热器和聚光集热器，然后用蓄热器把能量储存起来。

利用太阳能直接转化成电能的装置称为太阳能电池，也称为光电池。常用的硅太阳能电池的转化率高达 13%~17%。以太阳能电池为主体的光伏系统，既可以用于满足边远地区的电力需求，也可以组成大型发电系统进行并网发电。国家能源局统计数据显示，2023 年全国太阳能发电装机容量达 6.1 亿 kW，占全部装机容量的近 20%，同比增长 55.2%。全年发电量 2 940 亿 kW·h，占总发电量的 3%。

（二）水能

水流是一种流动的再生能源，流水具有大量机械能。水流推动水轮机，再带动发电机发电，功率可达几十万千瓦，效率可达 90% 以上。为了加大水轮机的动力，在江河上游选择适当位置修筑拦河坝，提高水位，可增大发电机功率。

水能资源蕴藏量极其丰富，估计全世界每年可利用水力发电量为 10 万亿 kW·h，满足世界能源需要量的 1/7。我国水能蕴藏量很大，年可开发的发电量为 1.9 万亿 kW·h，居世界首位。2023 年，我国水力发电量为 1.2 万亿 kW·h，占世界的约 30%，高居全球第一位。

水电站用过的水没有污染，仍可作工农业生产用水。同时水库可以综合利用，具有防洪、灌溉、养殖和储能等多种效益。当然，水库建设所可能引起的生态、地质、环境以及社会的长远影响，也常常是大型及特大型水利枢纽工程争论的焦点。

（三）风能

风能也是再生能源，是一种机械能。其蕴藏量巨大，全球的风能约为 2.74 万亿 kW，其中可利用的风能为 200 亿 kW，比地球上可开发、利用的水能总量还要大 10 倍。古代人利用风能助航和灌溉等。而风力发电始于 20 世纪的 20 年代，到 50 年代中期已有成千农庄使用上了小型风力发电系统。

我国风能资源丰富，可开发、利用的风能约为 10 亿 kW，其中，陆地上风能约 2.53 亿 kW，海上可开发、利用的风能约 7.5 亿 kW。近年来我国风电发展迅猛，2023 年，我国风力发电装机容量 4.4 亿 kW，同比增长 20.7%；年累计发电量 8 090 亿 kW·h，占总发电量的 9%。

风电虽然技术原理简单，但由于风速、风向变化多，风力强弱不稳定，不容易连续稳定供电，需要蓄电装置，才能实现稳定供电。

（四）生物质能

生物质是指通过光合作用而形成的各种有机体，包括所有的动植物和微生物。而所谓生物质能，就是太阳能以化学能形式贮存在生物质中的能量形式，即以生物质为载体的能量。有机物中除矿物燃料以外的所有来源于动植物的能源物质均属于生物质能，通常包括木材及森林废弃物、农业废弃物、水生植物、油料植物、城市和工业有机废弃物、动物粪便等。

生物质能的原始能量来源于太阳，所以从广义上讲，生物质能是太阳能的一种表现形式，可转化为常规的固态、液态和气态燃料，取之不尽、用之不竭，是一种可再生能源，同时也是唯一一种可再生的碳源。地球每年经光合作用产生的物质有 1 730 亿 t，其中蕴含的能量相当于全世界能源消耗总量的 10~20 倍，但利用率不到 3%。

生物质能的利用技术多样，既可以直接燃烧，也可以利用气化技术制成燃气，用生物发酵技术制成沼气，以及通过生物或化学的方法制成氢气等，然后再加以利用。

学习活动

请从国家统计局网站上获取能源消费量、能源进口量等相关数据并进行分析，分小组讨论我国的能源消费结构、能源依赖度等。

四、能量的储存

当能量的生产量大于需求时，人们总希望能将多余的能量储存下来，以满足能量需求，避免生产在时间和空间上的差异带来的不便。这里我们将讨论有关机械能、电能、热能、氢能储存的相关技术。

（一）储能技术概述

能量的形式多种多样，在人们熟悉的机械能、热能、化学能、辐射能、电能、核能六种主要类型的能量中，除辐射能外，都能作为能量储存形式用于储能技术的开发。我们在前面已经深入探讨的煤和石油等化石能源，就是大自然将太阳辐射能转化成化学能进行存储起来的一种自然储能方式；而我们汽车中的油箱、机械手表中的弹簧，则是人们开发设计的人工储能装置。

广义的储能包括基础燃料如煤、石油、天然气等的储存，二次燃料如煤气、氢等的储存、电力储能和储热等。由于传统燃料的储存技术相对已经成熟，因此狭义的储能是指储电、储热和储氢。

衡量储能装置及其中储能材料性能优劣的主要指标包括：储能密度、储能和取能的速率、储存过程中的能量损耗、循环寿命和使用寿命，以及储存装置的经济性和它对环境的影响等。当然，针对不同的应用，对储能装置性能要求的侧重也往往有着很大的区别（图5-10）。在需要储能装置提供短时间快速功率支撑时，常使用功率型储能装置，如飞轮储能、超级电容器储能、超导电磁储能等，它们的储存时间往往小于30分钟。而在需要长时间、大功率能量储存和释放时，则常使用能量型储能装置，如抽水储能、压缩空气储能、化学电池储能等，它们的储存时间一般在1小时及以上。

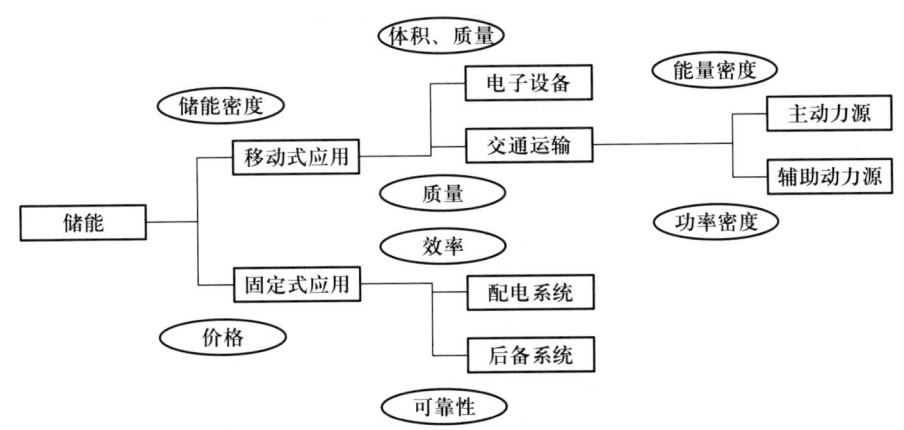

图 5-10　不同应用目标下储能技术的选择

（二）机械能的储存

机械能既可以以势能的方式储存，也可以以动能的方式储存。

势能储存是最古老的能量储存形式之一，包括弹簧、扭力杆和重力装置等。这些装置大多储存的能量都较小，常用来驱动钟表、玩具等。当然势能储存方式也可以用于大规模的能量储存。抽水储能系统就是其中的典型代表。蓄能时，它通过抽水机组将下水库的水抽至上水库中；放能时，抽水机组转换到水轮机的工况下运行，将上水库的水用于发电。抽水蓄能电站具有容量大、寿命长、运行费用低的优点，是目前技术最成熟、应用最广泛的大规模储能技术，成为世界各国用于解决电峰谷差的主要手段。

在储能家族中，与抽水储能属于一个阵营的大功率、长时运行的势能储能技术还包括压缩空气储能。它采用空气作为能量载体，当电力过剩时将空气压缩并储存在地下结构中（如地下空穴或废弃矿井），当需要时再将压缩空气与燃料混合，燃烧膨胀以驱动燃气轮机发电。

和抽水储能技术一样，压缩空气储能技术也已相当成熟。制约两者应用的关键因素常常在于是否具有适宜建造的地质条件，前者需要有高度不同的大型蓄水池，后者则需要有硬质的洞穴。

动能通常可以储存在旋转的陀螺之中，它被称为"飞轮储能"。飞轮储能系统主要包括储存能量用的转子系统、支撑转子的轴承系统和实现能量转换的电动机/发电机系统三部分。它利用电动机带动飞轮高速旋转，将电能转换成机械能储存起来；在需要时飞轮减速，电动机作为发电机运行，将飞轮动能转换成电能。飞轮储能的技术具有技术成熟度高、功率密度大、寿命长、充放电次数无限以及无污染等优点；同时也存在能量密度不够大、自放电率高等局限。目前，飞轮储能技术主要被用于动能回收、电能质量改善以及不间断电源等场合。

（三）电能的储存

前文介绍的抽水储能、压缩空气储能、飞轮储能系统均可以在将电能转换成机械能后将能量储存起来。此外，电能也可以储存在电池、静电场和感应电场之中，常见的有电池储能、电容器储能和电感储能。

1. 电池储能

电池是应用最广泛的储能方式，它利用电化学原理实现电能与化学能之间的转换。每个电池都至少包含电池的正极、负极、电解液三个核心部分和必要容器。此外，在正、负极之间常加上隔膜，以避免因正、负极电活性物质的接触而漏电。

从能量转换方向的角度，电池一般可分为原电池和蓄电池。原电池只能实现化学能转变成电能的过程，不能再充电，通常只能使用一次，故又称为一次电池；蓄电池则可以实现化学能与电能间的相互转化，能多次充放电，所以又称为二次电池。从正、负极电活性物质储存的角度，常见的锌锰电池、铅酸蓄电池、锂离子电池等，其电活性物质均储存于电池的内部，因此单个电池的容量就受到电池内部电活性物质多少的限制。在需要大容量或大功率储能设备时，人们需要将多个电池组成电池组。而以燃料电池和液流电池为代表的另一类电池，其本身只是个能量转换的电催化单元，电活性物质被储存在外部容器中，在电池工作时才被注入，因此单个电池的容量不受电池本身的限制。当然在需要大功率储能设备时，它们也会被组成电池组进行工作。此外，还有如锂－空气电池、钠－空气电池、铝－空气电池等空气电池，它们的负极活性物质被储存在电池内，而以空气中的氧为正极活性物质。下面介绍几种常见的电池。

（1）锌锰电池

锌锰电池以二氧化锰为正极，锌为负极，电解液中因添加了面粉或淀粉成为凝胶而不会流动，因此也被称为干电池。由于使用酸性的 NH_4Cl 或碱性的 $NaOH$、KOH 作为电解液，因而锌锰电池也被分成酸性锌锰电池和碱性锌锰电池。放电时，两者都是正极的 MnO_2 被还原，负极的锌被氧化，它们的工作电压基本一致。锌在酸性条件下易被腐蚀而存在漏液风险，使得酸性锌锰电池的保存寿命受到限制。锌锰电池原料丰富，价格低廉，使用方便，是我们日常生活中最常见的一次电池。

（2）铅酸蓄电池

铅酸蓄电池于 1859 年由法国人普兰特（Raymond Louis Gaston Planté，1834—1889）发明。由于它的能量成本优势和较长的使用寿命，铅酸电池至今仍在二次电池中占据主导地位。它以铅板作为负极，带有 PbO_2 涂层的铅板作为正极，硫酸作为电解液。放电时，正、负电极都转换成 $PbSO_4$；充电时，正极恢复为 PbO_2，负极恢复为 Pb。由于铅的密度较大，铅酸蓄电池的能量密度较小，因此铅酸电池多用于固定场所或车载系统之中。

（3）锂离子电池

得益于锂离子的荷质比大、氧化还原电位低和小尺寸的特点，锂离子电池具有较大的能量密度，目前已经几乎完全取代了此前的镍铬和镍氢电池，成为小型便携式用电设备中二次电池的首选。如图 5-11 所示，锂离子电池在充电时，伴随着具有层状结构的钴酸锂或磷酸铁锂等正极材料的氧化，锂离子被脱出正极材料进入电解液，同

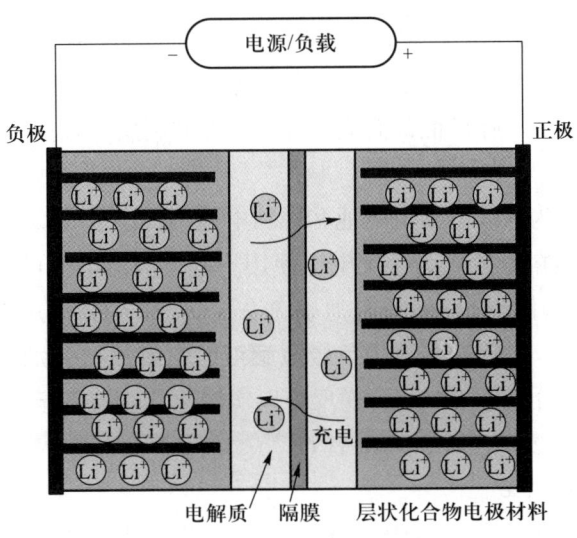

图 5-11　锂离子电池的工作原理

时在负极被嵌入还原的层状石墨之中；放电时，锂离子的运动方向则正好相反。随着近年来的技术发展，锂离子电池不仅在能量密度方面有了长足的改善，在功率密度和安全性方面也有了显著的提升，从而成为电动汽车和光伏、风电等系统中储能设备的有力竞争者。

> **科学家精神**
>
> ### 锂离子电池之父——古迪纳夫
>
> 古迪纳夫（John Bannister Goodenough，1922—2023）出生于德国，是钴酸锂、锰酸锂和磷酸铁锂正极材料的发明人。2019 年，古迪纳夫与英国科学家威廷汉（M. Stanley Whittingham）以及日本科学家吉野彰（Akira Yoshino）因在锂离子电池领域的杰出贡献，共同荣获了诺贝尔化学奖。
>
> 古迪纳夫的人生充满曲折与转变，令人慨叹。他本科期间先选了古典文学，后来转学哲学，期间还学习过化学，之后转修数学专业，博士阶段转而投身物理学研究，之后进行了长达 20 多年的随机存储器研究的相关工作。然而，在他 54 岁那年，他作出了一个重大决定：开始研究锂电池。经过不懈的努力，他在 97 岁时荣获诺贝尔化学奖。古迪纳夫曾说："我想解决汽车的问题。我想让汽车尾气从全世界的高速公路上消失。我希望我死之前能看到这一天。我今年 96 岁，还有时间。"即便到了百岁高龄，古迪纳夫仍然拒绝退休，坚持在科研一线，向固态电池领域发起新的挑战。甚至在去世前的一个月，他仍在坚持写论文，展现了他对科研的执着与热爱。古迪纳夫的人生故事，完美地诠释了"人生永远不会太晚"的深刻含义。

（4）燃料电池

燃料电池得名源自其使用氢气、甲醇、乙醇或甲烷等燃料作为阴极反应的还原剂，以空气或氧气为正极反应的氧化剂，在催化剂的作用下，在电极上发生电催化反应，同时释放出电能。由于它可以把化学能直接转化为电能，理论上能量转换效率可达 100%。由于技术因素的限制，再考虑整个装置系统的耗能，总的转换效率多为 45%~60%。严格来讲，燃料电池是一个能量转换设备，而非储能设备。其由于能量转换效率高，且污染少、噪声低，而成为理想的能源利用方式。

（5）液流电池

以全钒液流电池为代表的液流电池和燃料电池结构十分相似，其反应物质均被储存在电池之外。与燃料电池作为一次电池使用不同，液流电池可实现充放电的循环，因而作为储能设备使用。全钒液流电池以含有 VO_2^+ 和 VO^{2+} 的硫酸溶液为正极电解液，以含有 V^{3+} 和 V^{2+} 的硫酸溶液为负极电解液，电解液被分别储存在两个储槽中。正、负极在充放电时分别发生以下可逆反应以实现化学能与电能之间的可逆转换：

正极：$VO_2^+ + e + 2H^+ \rightleftharpoons VO^{2+} + H_2O$

负极：$V^{2+} \rightleftharpoons V^{3+} + e$

全钒液流电池安全可靠、维护成本低，在大规模储能领域将有广阔的应用前景。

2. 电容器储能

电能可以以化学能的形式储存于电池中，也可用静电场的形式储存在电容器中。储存在电容器中的电能 E 为

$$E = \frac{1}{2}CU^2$$

式中，C 为电容器的额定电容，U 为电容器的额定电压。

电容器额定电容的大小与两个极板的面积 A 成正比，与极板间的距离 d 成反比，其比例系数 ε 是介于两个极板间的物质的介电常数。即

$$C = \frac{\varepsilon A}{d}$$

与真空的介电常数 ε_0 相比，多数绝缘体的相对介电常数 ε_r 即 $\varepsilon_r = \varepsilon/\varepsilon_0$，为 $1\sim10$。由此，当 $\varepsilon_r \approx 2$ 的聚四氟乙烯应用于电容器的平板之间时，在相同电压下该电容器所能储存的能量将加倍。有些化合物如钛酸铁的 ε_r 可达 15 000，人们将其应用于电容器中，则可以制作出小体积、大容量的电容器。

增加电容器电容值的另一个思路是减小极板间的距离。在电化学体系中的电极/电解质界面双电层，就如同一个平板电容器，如图 5-12 所示。其正、负电荷的距离仅有 0.5 nm，因此表现出大电容的特性，因而被称为超级电容器。它由两个电极组成，它们通过浸泡在电解液中的隔膜被分开，结构与电池十分相似。不同的是充放电时，电解液中的离子只到电极的表面，不进入电极的内部，因此不会影响电极材料的结构，从而使其具有快的充放电速度和高长的循环寿命。但其能量密度通常较电池储能要小。

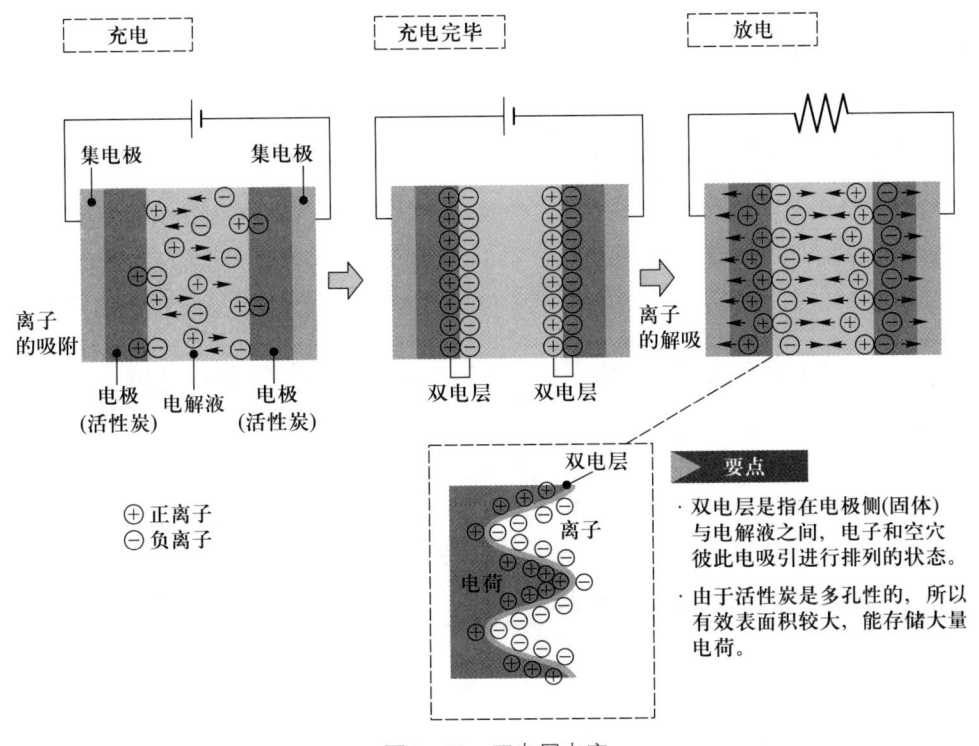

图 5-12　双电层电容

3. 电感储能

电能还可以储存在由电流通过如电磁铁这类电磁感应器建立的磁场中。储存在磁场中的电能 E 为

$$E = \frac{1}{2} LI^2$$

式中，L 为绕组的电感，I 为绕组的电流。

利用感应电场储存电能并不常用，因为它需要一个电流流经绕组去保持感应磁场。随着高温超导技术的进步，超导磁铁为这种储能方式带来了新的活力。

超导磁储能系统主要由超导线圈、失超保护、冷却系统、变流器和控制器等组成，如图 5-13 所示。超导磁储能系统利用超导线圈作储能线圈，由电网经变流器供电，在线圈中产生磁场而储存能量。需要时，超导磁储能系统可经过逆变器将所储存的能量送回电网或提供给其他超导储能线圈。与其他储能系统相比，超导磁储能系统具有较高的转换效率（约 95%）和很快的反应速度。它最大的缺点是成本高，需要压缩机和泵维持冷却剂的低温。

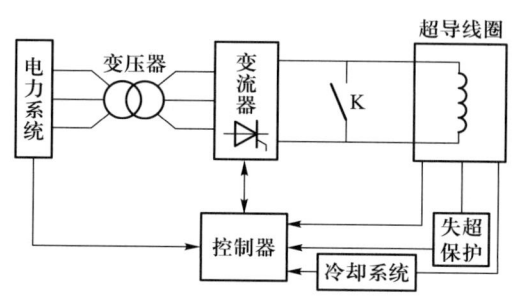

图 5-13 超导磁储能系统结构示意

（四）热能的储存

内能

热能是最普遍的能量形式，热能的利用量在直接使用的能量中占有很大的比率。当热能的供给量大于使用量时，人们也希望将其储存起来。与其他储能方式相比，热能储存的循环效率非常高，成本适中。

热能储存通过加热或冷却的方式来增加或减少物质的内能。按照储存热能的形式，它可分为三类。

1. 显热存储

它通过材料温度的升高来达到储热的目的。材料比热容越大，所蓄的热量就越多。水的比热容很大，因此是一种理想的储热材料。在以水为介质的太阳能采暖系统中，常配有大水箱进行蓄热。而在采用以空气为介质的太阳能采暖系统中，常使用岩石床作为储热材料。

2. 潜热存储

它利用物质相变时的吸放热来进行热量的储存。由于物质的相变热比物质的比热容大得多，因此潜热储存有更大的储能密度。衡量储热材料性能的指标包括：熔化潜热大，熔点在适应的范围内，冷却结晶率大，化学稳定性好，热导率大，对容器的腐蚀性小，不易燃，无毒以及价格低廉等。

3. 热化学存储

它利用化学反应的吸放热来进行热量的储存。在一个热化学反应中，化学键通过

可逆的化学反应而被打开，同时能量被储存起来。在热化学反应后，各组分可以被分开存储，直到需要时，再重新混合，发生反应并放出热量。热化学储存的优点是能量密度大、生命周期长和低温储存能量。然而，热化学反应过程复杂，热化学材料往往价格昂贵且有危险，因而限制了其大面积推广。

（五）氢能的储存

氢元素在地球上储量丰富。与传统燃料的能量性能比，氢在氧化过程中产生的能量是碳氧化的 4 倍，且与化石燃料不同，它在燃烧过程中不产生二氧化碳，因此被誉为 21 世纪的清洁能源。不过与传统燃料相比，氢的体积能量密度特别小，且扩散速度快，这两个特性必然给氢气的储存和运输带来影响。

氢气的储存方式多种多样，如高压气态储氢、低温液态储氢、固态材料储氢和有机液态储氢等。它们分别通过物理压缩、液化、吸附或化学反应的方式，将氢气以气态、液态、化合物和氢化物的形式进行储存。常见储氢方式的优缺点见表 5-3。

表 5-3　常见储氢方式的优缺点

储氢方式	说明	优点	缺点
高压气态储氢	通过高压压缩的方式储存在耐压罐中	技术成熟，充放氢速度快，成本低，能耗低	体积储氢密度低，安全性能较差
低温液态储氢	将纯氢冷却到 -253 ℃使之液化，然后充入绝热罐中储存	体积储氢密度大，液态氢纯度高	液化过程耗能大，易挥发，成本高
化合物储氢	通过不饱和液体有机物的可逆加氢和脱氢反应来储存	储氢密度大，储存、运输、维护保养安全、方便	成本高，操作条件苛刻，氢气不纯，有发生副反应可能
金属氢化物储氢	利用氢气与储氢合金材料之间发生物理或者化学变化从而转化形成固溶体或者氢化物的形式来储存	体积储氢密度大，安全，不需高压容器，可得到高纯度氢	质量储气密度小，成本高，吸放氢有温度要求

第三节　原材料的开发与利用

原材料是人类赖以生存与发展的物质基础，原材料的开发与利用同人民生活、经济发展等密切相关。从石器、青铜器、铁器到钢铁，再到现在层出不穷的新材料被开发，材料的发展与进步不断地改善和提高人类的生活质量，推动了人类社会的发展。这一节将着重讨论如何利用空气、海水及矿物等自然资源，来得到一些重要的无机物、有机物和金属原材料。

一、原材料的开发

大宗原材料的生产是工业生产的基础，这里将以空气分离、合成氨和氯碱工业为例介绍部分工业原材料的制取。

（一）空气分离

空气是一种重要的资源，是一种混合物，从空气中我们可以得到氧气、氮气和稀有气体等。

将气体转变成液体的过程称为液化。实验发现：采用单纯降温的方法可以使任何气体液化，而采用单纯加压的方法并不一定能使气体液化，必须把温度降到某一温度以下，再加足够的压强才能使该气体液化。这一温度称为该气体的临界温度，用符号 T_c 来表示；在临界温度下，使气体液化所需的最低压强，称为临界压强，用符号 p_c 来表示。温度在 T_c 以下，液化所需压强也小于 p_c，在临界温度和临界压强下，1 mol 物质所占有的体积称为临界体积，用符号 V_c 来表示。一些气体的临界参数 T_c、p_c、V_c 和熔点（T_m）、沸点（T_b）列于表 5-4 中。

表 5-4　一些气体的临界参数和熔点、沸点

气体	T_c / K	p_c / 101 kPa	V_c /（mL·mol^{-1}）	T_m / K	T_b / K
He	5.1	2.26	57.7		4
H_2	33.1	12.8	65.0	14	20
N_2	126	33.5	90.0	63	104
O_2	154.6	50.1	74.4	54	90
CH_4	190.9	45.8	98.8	90	156
CO_2	304.1	73.0	95.6	104	169
NH_3	408.4	111.5	72.3	195	240
Cl_2	417	76.1	123.9	122	239
H_2O	647.2	218.3	450	273	373

空气的临界温度是 133 K，一般冷冻剂无法达到这样低的温度，工业上常采用绝热膨胀法来获得低温。当加压气体时，气体被压缩，同时放出热量；反之，减压时，气体膨胀，则吸收热量。在绝热条件下，气体不能从外界环境取得热量，膨胀的同时自身的温度将剧烈下降。如果将气体压强由 2.02×10^4 kPa 减小到 1.01×10^2 kPa，温

度可降低 50 K。家用空调、冰箱的制冷也多基于这一原理。

多次反复压缩再使之膨胀能使空气低于其临界温度，从而被液化。液化空气再经过吸附净化以及精馏等操作，可获得纯氧、纯氮以及氩气等产品。这些产品不仅是钢铁工业、合成氨工业、煤化工等领域重要的工业原料，同时在污水处理、垃圾焚烧以及燃料电池等领域均具有广泛的应用前景。2017 年 3 月，国内首套国产十万等级特大型空分装置成功出氧，标志着我国的空气分离技术跨入了国际先进行列，是我国空分技术发展史上又一个重要的里程碑。

（二）合成氨工业

氨是一种用途广泛的无机物，利用氨可以制得多种氮肥，它还可广泛用于制造硝酸、纯碱、塑料、合成纤维和医药用品等，是一种重要的化工原料。

工业上，合成氨生产是将氮气和氢气按一定比例混合，在 500 ℃的高温、3×10^7 Pa 的高压和有催化剂存在的条件下进行。其化学反应方程式如下：

$$N_2 + 3H_2 \rightleftharpoons 2NH_3 + 92.3 \text{ kJ}$$

和大多数化学反应一样，合成氨反应是一个可逆反应。在其反应体系中，正向的氨分子生成反应与逆向的氨分子分解反应两者同时进行。当正反应速率与逆反应速率相等时，反应物和生成物的浓度不变，称为化学平衡状态。当可逆反应在一定条件下达到平衡时，各物质的平衡浓度虽然不变，但实际上正、逆反应还是在不断进行着，只是速率相等而已，是一种动态平衡。当条件发生变化时，原有的平衡可能被破坏，引起各物质的浓度变化，形成新的化学平衡状态，这一过程称为平衡移动。

如何才能使合成氨在一定时间内达到较高产率呢？这个问题要从化学反应速率和化学平衡两个方面来考虑。

1. 反应速率

影响反应速率的因素有温度、浓度和压强，还有催化剂。

（1）温度升高，分子之间的碰撞次数增多（碰撞才能起反应），表现为化学反应加快。

（2）浓度和压强对气体反应速率的影响是一致的，压强增加，浓度也增大，因而碰撞次数增加，反应加快。

（3）催化剂能加快合成氨反应。

2. 化学平衡

影响化学平衡的因素有温度、浓度和压强。

（1）温度的影响——在其他条件不变时，升高温度，平衡向吸热方向移动；降低温度，平衡向放热方向移动。

（2）浓度的影响——在其他条件不变时，增大反应物浓度或移去生成物，可以使平衡向正反应方向移动；反之则向逆反应方向移动。

（3）压强的影响——在其他条件不变时，增加压强，平衡向气体体积缩小的方向移动；降低压强，平衡向气体体积增大的方向移动。

由此我们可得出一个共同规律：如果改变影响平衡的任一条件，平衡就向能够削弱这种改变的方向移动。这个规律称为勒夏特列原理，又叫平衡移动原理。此外，从上面的规律中我们也可以看出，催化剂只对反应速率有影响，而对化学平衡的移动没有影响。

根据上述原理，要使合成氨得到较高的平衡产率，需要在低温和高压的条件下进行。但在工业生产中，高压对设备材料要求高，所以选用 $3 \times 10^7\ Pa$。而温度选用 $480 \sim 520\ ℃$，因为这是催化剂最适宜的温度范围。温度过低，催化剂不起作用，反应速率慢，达成平衡需要的时间太长，实际产率仍然极低，没有经济效益。

自哈伯和博茨发明催化合成氨技术 100 多年以来，合成氨工业的巨大成功，促进了氮肥生产，改变了世界粮食生产的历史，同时也奠定了其在多相催化科学和化学工程科学的基础地位。我国的氮肥工业自 20 世纪 50 年代以来不断发展壮大，目前合成氨产量已跃居世界第一位。未来寻找更高效的催化剂，探索常温、常压下合成氨反应的实现，以及氨在储氢材料、控制氮氧化物排放等领域中的新用途等将是合成氨工业的重要发展方向。

（三）氯碱工业

电解

工业上用电解食盐水的方法来制取烧碱（氢氧化钠）、氯气和氢气，并以它们为原料生产一系列化工产品，称为氯碱工业。

电解食盐水的生成过程主要有食盐水的精制、食盐水的电解和碱液的浓缩。

氯化钠（食盐）是离子化合物，它是一种强电解质。在食盐水溶液中，氯化钠是完全电离的，以 Na^+ 和 Cl^- 形式存在，水是一种弱电解质，水分子的电离是一个可逆过程，能电离出少量 H^+ 和 OH^-。电离方程式表示如下：

$$NaCl =\!=\!= Na^+ + Cl^-$$

$$H_2O \rightleftharpoons H^+ + OH^-$$

这样，溶液里含有 Na^+、H^+、Cl^-、OH^- 四种离子，它们在溶液里自由运动。当接通直流电时，离子发生定向移动（图 5-14）。因为电解池的阳极带正电，吸引带负电的离子向阳极移动；反之，电解池的阴极带负电，使带正电的离子向阴极移动。

在阳极上 Cl^- 比 OH^- 更容易失去电子，所以 Cl^- 失去电子被氧化成氯分子，从阳极析出。

阳极：$2Cl^- - 2e^- =\!=\!= Cl_2 \uparrow$（氧化反应）

在阴极上，H^+ 比 Na^+ 更容易得到电子，所以 H^+ 得到电子被还原成氢分子，从阴极析出。

阴极：$2H^+ + 2e^- =\!=\!= H_2 \uparrow$（还原反应）

阴极上 H^+ 不断得到电子生成氢气放出，阴极附近 H^+ 不断减少，破坏了水的电离平衡，使水分子继续电离，造成阴极附近 OH⁻ 浓度不断增加；当 OH⁻ 浓度大于 H⁺浓度时，阴极附近显示碱性，形成了氢氧化钠溶液。电解饱和食盐水发生的化学反应总的化学方程式可表示如下：

$$2\,NaCl + 2\,H_2O \xrightarrow{\text{电解}} 2\,NaOH + H_2 \uparrow + Cl_2 \uparrow$$

在实际工业生产中，人们常采用隔膜电解槽（图 5-15），它在保证离子通过的同时，能阻止阴极和阳极产物相混，从而避免了 Cl₂ 和 H₂ 相遇而可能发生的爆炸危险，以及 Cl₂ 和 NaOH 相接触而发生的副反应：

$$2\,NaOH + Cl_2 \xrightarrow{\quad\quad} NaClO + NaCl + H_2O$$

目前，我国每年生产烧碱（NaOH）近 4 000 万 t，占世界总量的约 40%，居世界首位。

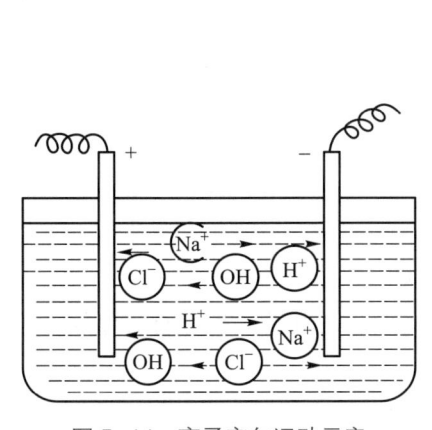

图 5-14　离子定向运动示意

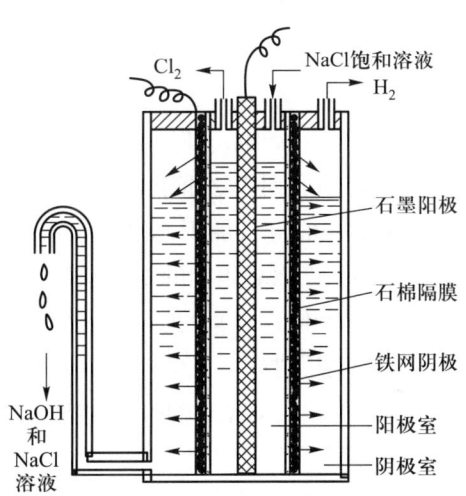

图 5-15　立式隔膜电解槽示意

二、无机非金属材料

无机非金属材料既包括玻璃、水泥、陶瓷材料等传统材料，也包括新型的半导体材料、碳材料和功能陶瓷材料等。

（一）传统无机非金属材料

无机非金属材料以玻璃、陶瓷和水泥等硅酸盐材料为主体，它们以耐高温、抗氧化、耐腐蚀、耐磨耗等优异性能而著称。它们也是现代工业和日常生活中用得最多的材料之一。

1. 玻璃

玻璃是一种无定型硅酸盐混合物，它没有确定的熔点，可在某一温度范围内逐渐软化。玻璃在软化状态时，可吹成各种形状，人们很早就利用玻璃的这种性质，制造成各种各样的器皿、艺术品。玻璃是建筑业最基本的材料之一，它不仅可以用于采光、隔热，而且也可以用于装饰。

普通玻璃以石英砂（主要成分是 SiO_2、Na_2CO_3 和 $CaCO_3$）共熔制成，俗称钠玻璃。其反应式为：

$$Na_2CO_3 + CaCO_3 + SiO_2 \longrightarrow Na_2CaSiO_4 + 2\,CO_2$$

如果以 K 取代其中的 Na，则可以得到熔点较高和较耐化学作用的钾玻璃。实验室用的耐高温的化学玻璃仪器，大多是用钾玻璃制造的。如果钠玻璃中的 Na 被 Pb 代替，可制成高折光性和高比重的铅玻璃，它是用于雕刻制作艺术品的玻璃。在玻璃中加入少量有颜色的金属化合物，就可制成彩色玻璃，如加入 CuO 或 Cr_2O_3，玻璃可显绿色；加入 Co_2O_3，玻璃可显蓝色；加入 Cu_2O，玻璃可显红色；加入 MnO_2，玻璃可显紫红色；等等。在玻璃中加入 AgBr 并进行适当的热处理，可制成变色玻璃。它的变色原理是：AgBr 见光容易分解，在强光下，逐渐析出 Ag 原子，再聚集成较大的银粒，使玻璃变为深棕色，这种玻璃可挡住 80%～90% 的光线。一旦强光消失，析出的 Ag 又转化为 AgBr，玻璃会自动褪色，重新恢复透光性。用这种玻璃制成的变色镜，在强光下可保护人们的眼睛。

对玻璃表面进行加工修饰，也可以在保持玻璃透明性的同时赋予玻璃特殊的功能。如修饰上铟锡氧化物的 ITO 玻璃，具有导电性，它是液晶显示屏、太阳能电池的重要部件。修饰了 VO_2 的热致变色玻璃，具有低温下对红外光的高透射率和高温下对红外光的高反射率，在节能建材领域有广泛的应用前景。

还有一些特种玻璃，如半导体玻璃、光纤玻璃等，在电子、激光通信等方面得到了广泛的应用。

氢氟酸（HF）对玻璃有腐蚀作用，反应式如下：

$$SiO_2 + 6\,HF \longrightarrow H_2SiF_6 + 2\,H_2O$$

利用这个反应，可将玻璃制成磨砂玻璃，或在玻璃表面进行蚀刻，制成工艺品等。

2. 水泥

水泥是建筑行业大量应用的硅酸盐材料。由石灰石（$CaCO_3$）和黏土（主要成分是 SiO_2）烧结而成的是硅酸盐水泥，它的主要成分是硅酸三钙（$3CaO \cdot SiO_2$）。

我们使用水泥时，常配以适量的水调和成浆，经过一段时间后，它们会凝固变硬，最终成为坚如岩石的物体。水泥的硬化过程可以分成两个阶段：第一阶段是指从水泥浆变为不可流动和刚性的水泥凝胶块，此时水泥尚不具有强度；第二阶段，凝胶块中的水被颗粒内部逐渐吸收，进行水化反应，此时，水泥才真正硬化，显示出机械强度。在调和水泥的过程中，若添加石英砂形成俗称"三和土"的调和物，或在水泥内部置入钢筋（俗称钢筋水泥），则它的机械强度更大。

3. 陶瓷

生产陶瓷的原料有天然矿物原料和通过化学方法制备的化工原料两种。天然矿物原料主要是黏土，主要化学成分是水合硅酸铝类，另外还有石英、云母、有机质等。化工原料则用 K_2O、Na_2O、MgO、KNO_3、Pb_3O_4 等作坯料，添加 TiO_2、ZnO_2、CrO_3 等作乳浊剂和着色剂。陶与瓷的区别，主要是在原料配比和烧制温度上。陶的原料是普通黏土，烧制温度为 800~1 000 ℃；瓷则选用纯净的黏土（瓷土），加入长石（$K_2O \cdot Al_2O_3 \cdot 6H_2O$）和石英（$SiO_2$），用 1 200~1 300 ℃高温烧制。因此，瓷器质硬而脆、坯体细腻。

自古以来，陶瓷就是一种重要的材料，用于工业、建筑、生活等，作室内装饰墙地砖、卫浴用品、茶具、器皿。据考古发现，我国 10 000 多年前已有陶器，3 000 多年前商代已有原始瓷器，陶瓷制品是我国灿烂文化的一部分。

（二）新型无机非金属材料

无机非金属材料既包括某些元素的单质、氧化物，也包括碳化物、氮化物、硼化物、硫系化合物（硫化物、硒化物、碲化物）和硅酸盐、铝酸盐、磷酸盐等。除了上面介绍的玻璃、水泥、陶瓷材料外，以半导体材料、碳材料和功能陶瓷材料等为代表的新型无机非金属材料，在电子信息、新能源、工业制造、现代国防和生物医学等众多领域发挥着不可替代的作用。

1. 半导体材料

固体材料根据其导电性的不同，可分为导体、半导体和绝缘体。大多数金属、石墨等都是导体，其电阻率通常小于 $10^{-3}\Omega \cdot cm$。玻璃、橡胶等材料因其电阻率通常大于 $10^7\Omega \cdot cm$ 而被归为绝缘体。半导体的电阻率则介于导体和绝缘体之间。

材料的导电能力本质上取决于材料中电子的分布情况。根据能带理论，材料中众多原子之间的相互作用，使得原子外的电子轨道能级发生移动，形成了多组能量近似的电子能级，即能带，如图 5-16 所示。这些能带按能量高低依次被电子填充，形成完全充满的满带、完全空的空带和部分充满的能带。在部分充满的能带内，电子只需从周围获得极少的能量即可在该能带内的各能级（即空穴）间进行自由运动，从而承担起导电的任务。而满带和空带，前者没有空穴，后者没有电子，都不能导电。在两个能带间不存在能级，形成了所谓的禁带，电子需要足够的能量才能从低能带跃迁到高能带的空穴之中，并在原能带上形成空穴。

像单晶硅这样的本征半导体材料，在基态时其低能量的能带均为满带，高能量的能带均为空带。但由于其最高能量的满带（价带）和最低能量的空带（导带）之间的禁带宽度（能量差）不是很大，因此少量的电子有机会从价带进入导带，从而使原来的满带和空带变成了部分充满的能带，使得半导体材料具有一定的导电能力。绝缘体材料由于禁带宽度太大，基本上不可能有电子跃迁，因此几乎不能形成部分充满的能带，几乎不具有导电性。而金属材料，其价带和导带重合在一起，最高能量的能带为部分充满状态，因此具有较大的导电能力。图 5-17 是导体、半导体和绝缘体的能带结构示意。

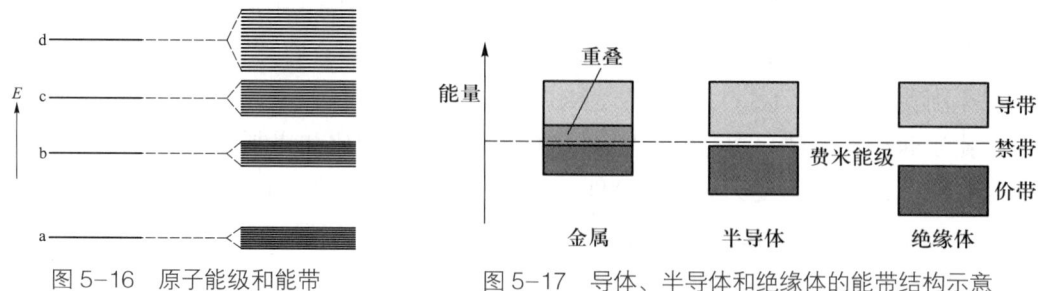

图 5-16　原子能级和能带　　　　图 5-17　导体、半导体和绝缘体的能带结构示意

为提高半导体材料的导电能力，我们可以通过掺杂杂原子的方法来进行。如果掺杂原子的价电子的能量水平接近半导体的导带，则只需少许的能量就可以使这些电子进入导带。这时，在外加电场作用下，半导体主要依靠导带中的自由电子导电。由于电子带负电荷，因此这种半导体被称为 N（negative）型半导体，如图 5-18（a）所示。如果掺杂原子的空电子轨道接近半导体的价带，则半导体价带中的电子可以进入这些空电子轨道，并在半导体的价带中形成空穴，这时在外加电场作用下，半导体主要依靠价带中的空穴来导电，由于空穴带正电荷，因此被称为 P（positive）型半导体，如图 5-18（b）所示。

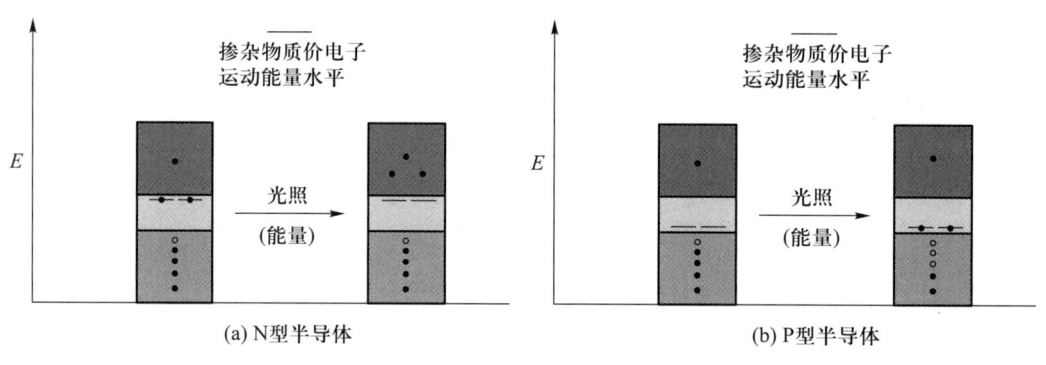

图 5-18　N 型半导体和 P 型半导体能带结构示意

更为重要的是，当将 P 型半导体和 N 型半导体结合在一起时，由于 P 型区多空穴、N 型区多电子，浓度差使得一些空穴从 P 型区向 N 型区扩散，留下了带负电的杂质离子，也有一些电子从 N 型区向 P 型区扩散，留下了带正电的杂质离子。在 P 型半导体和 N 型半导体结合面两侧，离子的积累导致内电场产生，减弱了电子和空穴的进一步扩散。上述两者的共同作用使得在界面处形成一层动态平衡的空间电荷区，也称为 PN 结，如图 5-19 所示。PN 结所具有电荷积累性和单向导通性等特性，使其在众多电子器件和光电器件中被广泛应用。也正因为如此，半导体材料成为电子芯片与太阳能电池等领域的核心材料。

目前，使用的半导体材料绝大多数为以硅为代表的无机半导体材料。当然，有机半导体材料也正在被不断地研究和开发之中。

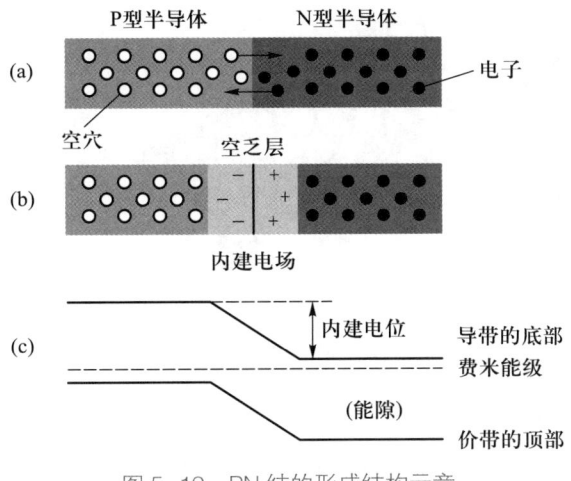

图 5-19 PN 结的形成结构示意

2. 碳材料

碳是自然界分布非常广泛的元素，尽管它在地壳中含量仅为 0.027%，但是对于一切生命体而言，它是最重要且含量最多的元素，人体中碳元素约占 18%。以碳为主要构成元素，人们发展了有机化学，并发展出了塑料、橡胶和纤维三大有机高分子材料。这里所谈的是碳材料，主要是针对以碳元素为主的无机碳材料，也称碳素材料。

碳原子可以以不同的方式和取向进行堆积和聚集，形成粒子、孔状、纤维状、薄膜状和块状的同素异形体，是迄今人类发现的唯一一种可以从零维到三维稳定存在的元素。碳材料包括石墨、金刚石、活性炭、玻璃碳、碳纤维，以及富勒烯、碳纳米管和石墨烯、石墨炔等。各种类型的碳材料结构不同，性能千差万别，有的甚至完全对立：

最硬（金刚石）→ 软（石墨）

绝缘体（金刚石）→ 半导体（石墨）→ 良导体（碳纳米管、石墨烯）

绝热体（石墨层间）→ 良导热体（金刚石、石墨）

全吸光（石墨）→ 高透光（金刚石）

这些碳材料因其独特的性能而成为重要的工业原料。石墨材料不仅被用于铅笔的制造，还因高导电性和化学稳定性而被作为电极和电刷得到广泛应用。金刚石则因高硬度而成为制造切割工具的理想原料。活性炭具有高比表面积和强吸附能力，是水处理和空气净化中重要的吸附剂。碳纤维由于密度小、强度和模量高、导热导电性能好，是高质量装备用复合材料的关键。新型碳纳米材料的发现，富勒烯（1985）、碳纳米管（1991）和石墨烯（2004），如图 5-20 所示，不仅使碳材料家族中增添了新的成员，同时使得碳材料的研究成为近年来最活跃的科学研究领域之一。研究显示，这些新型碳纳米材料在微电子器件、光电器件、储能材料、生物医学等领域都展现出了独特的优势。

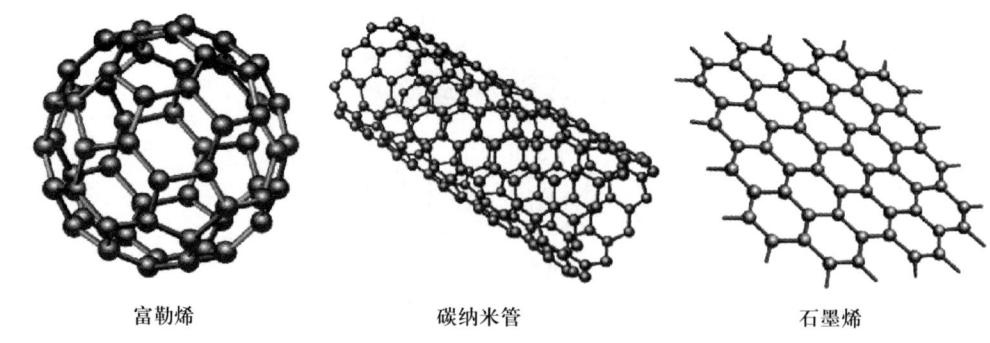

富勒烯   碳纳米管   石墨烯

图 5-20   富勒烯、碳纳米管和石墨烯的结构示意

3. 先进陶瓷材料

虽然和传统陶瓷材料一样，先进陶瓷材料也通过高温热处理来制得，但先进陶瓷材料在原料和工艺方面有别于传统，常采用高纯、超细原料，通过组成和结构设计，并采用精确的化学计量和新型制备技术制作，成为具有特定构造或特定性能的功能性陶瓷材料。例如，以氮化硅、碳化硅为代表的高温结构陶瓷材料具有耐高温、耐腐蚀、耐摩擦和强度高的优异性质，可被用于汽车发动机、轴承和切削刀具的制造；以氧化锆为代表的固体电解质陶瓷材料具有高温氧离子导电性，可用于高温燃料电池、氧传感器、酒精传感器等的制造；以羟基磷灰石为代表的生物陶瓷材料，具有优良的生物相容性和生物活性，可用于人造骨骼和义齿的制造。

三、金属材料

金属材料因成熟的制造工艺和优良的理化性能而成为重要材料之一。从常见的钢铁、铜、铝，到稀土合金、非晶态合金、形状记忆合金等，金属材料的家族正在不断发展壮大。

（一）金属材料及其防腐

金属是人类历史上使用最早的材料之一，在 3 000 多年前，我国自商代就已经开始制造和使用青铜器了。直到 20 世纪中叶，金属材料一直在材料中占绝对优势，这是因为金属材料有如下优势：第一，几千年来人们有一套成熟的生产技术和庞大的生产能力，如钢铁工业；第二，金属有许多优良的理化性能，形成其他材料不能完全替代的使用优势，如比陶瓷高得多的韧性、磁性和导电性等；第三，近、现代由于高新技术创新，人们生产出许多新的金属材料，如优质钢、高强度钢、各种合金和新金属材料等。

在冶金工业中，金属被分为两类：一类是黑色金属，指铁（Fe）、铬（Cr）、锰（Mn）及其合金（钢铁）；另一类是有色金属，指除去黑色金属之外的其他金属。有色金属又分四大类。

（1）重金属：密度大于 5 g/cm³ 的金属，如铜（Cu）、铅（Pb）、锌（Zn）、锡

（Sn）、镍（Ni）、钴（Co）、锑（Sb）、汞（Hg）、镉（Cd）、铋（Bi）等。

（2）轻金属：密度小于 5 g/cm³ 的金属，如铝（Al）、镁（Mg）、钙（Ca）、锶（Sr）、钡（Ba）、钾（K）、钠（Na）等。

（3）贵金属：指地壳中含量少、价格贵的金属，包括金（Au）、银（Ag）和铂族金属钌（Ru）、铑（Rh）、钯（Pd）、锇（Os）、铱（Ir）、铂（Pt）。

（4）稀有金属：指在自然界中储量少，分布稀散的金属，如铍（Be）、钒（V）、铬（Cr）、镓（Ga）、铟（In）、铊（Tl）、钪（Sc）、钇（Y）等。

金属与周围介质接触，因发生氧化还原反应而引起的损耗称为金属腐蚀。每年由于腐蚀而直接损耗的金属材料约占年产量的 1/10。加上局部腐蚀影响器械性能和使金属制品报废等，造成的损失就更大。因此，设法防止金属腐蚀具有重大的意义。

1. 金属的腐蚀

金属腐蚀可分为化学腐蚀和电化学腐蚀。

金属与接触的某些物质（一般为非电解质，如 O_2、H_2S、SO_2 等气体物质或有机溶剂中的硫化物）直接发生化学反应而引起的腐蚀称为化学腐蚀。

有些金属（如铝），在室温下跟空气中的氧气接触而被氧化，在表面形成致密的氧化膜，从而不再继续被腐蚀。另一些金属（如碳钢），在干燥空气里，长时间不会生锈，而在潮湿空气里很快就生锈了。这显然不能单纯用它跟氧气反应来解释，其中还包括金属的电化学腐蚀。

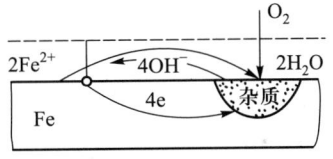

图 5-21 铁电化腐蚀示意

在潮湿空气中，钢铁表面会覆盖上一层极薄的水膜，空气里的二氧化碳等气体，溶解在这层水膜里，形成了弱酸性的电解质溶液。钢铁制品表面上的铁和钢铁中的杂质，形成了很多微型原电池，如图 5-21 所示。

铁是原电池的负极，不断地失去电子，这加速了铁的消耗。杂质是原电池正极，氧气得到电子跟水结合成 OH^-。电极反应式为：

$$负极：Fe - 2e^- \longrightarrow Fe^{2+}（氧化反应）$$

$$正极：O_2 + 2H_2O + 4e^- \longrightarrow 4OH^-（还原反应）$$

总的反应式为：

$$2Fe + 2H_2O + O_2 \longrightarrow 2Fe(OH)_2$$

阳极的二价铁离子遇到氧气，很容易氧化成三价铁离子，离子方程式为：

$$4Fe^{2+} + O_2 + 2H_2O \longrightarrow 4Fe^{3+} + 4OH^-$$

Fe^{3+} 跟 OH^- 相遇，生成 $Fe(OH)_3$ 沉淀。铁的氢氧化物吸收空气中的 CO_2 而转变成各种碱式碳酸盐，这是铁锈的主要成分。

金属腐蚀常常是两种腐蚀同时存在，究竟哪一种处于主要地位，要根据金属本身的结构和外界条件而定。

2. 金属的防腐

针对金属腐蚀的原因，我们可采取相应的防护方法，包括以下几种方法：

（1）改变金属结构：将金属制成合金，改变金属的内部结构，如制成不锈钢。

（2）覆盖保护层：在金属表面上覆盖保护层，使金属表面与腐蚀介质隔离。保护层通常有三种：非金属（油漆、沥青、搪瓷等），金属（镀锌、锡等）和氧化膜（钢铁的发蓝等）。

（3）电化学保护：用电化学腐蚀原理来进行保护。例如，可以在要保护的金属物件上连接一种比该金属更活泼的金属（如锌等），形成腐蚀电池。这样外加活泼金属就成为阳极而被腐蚀，金属物件则成为阴极而得到保护，这是一种阴极保护法。轮船外壳和船舵可以用这种方法得到保护。

（二）常见金属材料

目前，人们生产和生活中应用最多的金属材料仍是钢铁、铜和铝。

1. 钢铁

我们所说的钢铁其实是铁碳合金，它们的主要成分是铁，还含有碳和其他元素（如锰、硅、磷等）。人类用铁已有几千年的历史。

（1）铁的存在与性质

铁是自然界里分布很广的一种金属元素，在地壳中铁的含量约占5%，在金属中仅次于铝。

纯净的铁是一种具有金属光泽的银白色固体，熔点是1 535 ℃，密度是7.86 g/cm³，有良好的延展性、导热性和坚韧性。铁磁性是铁的一个特性，它能够被磁铁吸引并能够被磁化。

铁是一种较活泼的金属，在一定条件下能和许多物质发生反应。如在点燃或加热的条件下，铁能与氧气、氯气等反应；灼热的铁能与水蒸气反应，生成四氧化三铁（Fe_3O_4）和氢气；铁跟盐酸或稀硫酸反应，生成亚铁盐并放出氢气。

在常温下，铁与浓硫酸或浓硝酸接触，其表面会形成一层致密的氧化膜，产生钝化现象，这可以防止铁的内部被腐蚀。因此，运输浓硫酸或浓硝酸可以用铁制的槽车。

铁原子能容易地失去最外层的2个电子，变成带2个正电荷的阳离子：

$$Fe - 2e^- \Longrightarrow Fe^{2+}（亚铁离子）$$

若进一步失去次外层的1个电子，则变成带3个正电荷的阳离子：

$$Fe - 3e^- \Longrightarrow Fe^{3+}（铁离子）$$

自然界铁元素多以化合态的形式存在，见表5-5。人们把含铁量在50%以上的铁矿称为富铁矿，含铁量在 30% 以下的铁矿称为贫铁矿。贫铁矿一般没有开采的价值，但若与其他金属共生，可以设法综合利用。

表5-5　铁 矿 石

铁矿名称	赤铁矿	磁铁矿	褐铁矿	菱铁矿
主要成分	Fe_2O_3	Fe_3O_4	$Fe_2O_3 \cdot xH_2O$	$FeCO_3$
颜色	红色	黑色	褐色	灰色

（2）铁的冶炼

炼铁的主要原理是利用一氧化碳的还原性，把氧化铁还原成铁，其反应化学方程式如下：

$$Fe_2O_3 + 3\,CO \xrightarrow{\text{高温}} 2\,Fe + 3\,CO_2$$

工业上炼铁是在高炉里连续进行的：将铁矿石、焦炭和石灰石按一定比例配料，从炉顶进料口进入高炉，同时把经过预热的空气从进风口送入。高温下，铁矿石中的铁被还原为单质。从高炉里放出来的铁水可用于炼钢或铸成生铁锭；炉渣可以作建筑材料；炉顶放出的高炉煤气，一氧化碳含量较高，经净化处理后，可作燃料。

（3）炼钢

钢在工农业生产、国防建设和日常生活中的用途远远超过生铁，大部分生铁都被冶炼成钢。

将生铁冶炼成钢，就是要适当降低生铁里的含碳量，同时除去硫、磷等有害杂质，调整合金元素含量到规定范围内。炼钢的主要原理是利用氧化剂，在高温下将生铁里过多的碳和杂质（硫、磷等）氧化成气体或炉渣。

炼钢在炼钢炉中进行，有转炉、电炉等。炼钢炉炼得的是碳素钢，在炼钢过程中若加入不同的合金元素，并调节适当的含量，就能得到各种合金钢。

（4）钢铁的用途

一般，纯铁实用价值很低，而钢铁的用途就非常广。钢铁按含碳量的多少可分为生铁、钢和熟铁三类，它们在性质上有较大的差别，见表5-6。

表5-6　钢铁的性质和主要用途

名称	含碳量 /%	性质	主要用途
生铁	＞2.06	质硬、耐磨、性脆、易裂，只能浇铸，不能煅接加工	浇铸物品，如铁锅、机床架等
钢	0.03～2.06	质硬、有韧性，可延展，可铸、煅	轮船船身、机器设备、建筑结构
熟铁	＜0.03	质软、稍带弹性、高延展性、易弯曲，可煅接加工	铁丝、铁链、铁锚等

钢按化学成分不同，又可分为碳素钢和合金钢两大类。

碳素钢又称普通钢，是只含碳元素的钢。碳素钢按含碳量高低，分为三种：含碳量小于 0.3% 的为低碳钢；含碳量 0.3%~0.6% 的为中碳钢；含碳量大于 0.6% 的为高碳钢。一般，含碳量较高，硬度较大，但韧性降低，所以低碳钢、中碳钢可用于制造机器零件和管子，高碳钢用于制造刀具、量具和冲压模具等。

合金钢也称特种钢，它是在普通钢中加入一种或几种合金元素，使钢的结构发生变化，获得各种特殊的性能。钢中常见的合金元素有硅、铬、碳、锰、钼、铬、钨、钛、硼等。一些常用合金钢的性质和用途见表 5-7。

表 5-7　常用合金钢的性质和用途

名称	合金元素	合金元素的含量 /%	性质	用途
硅钢	硅	0.5 ~ 4.5	良好电磁性	变压器、电机元件
不锈钢	铬 碳	> 10.5 < 1.2	抗腐蚀性，良好机械加工性	化工设备，输油管、汽车装饰、餐具等
锰钢	锰	5 ~ 25	硬、韧性好	轨道、装甲钢板
钼钢	钼	0.3 ~ 0.5	硬度大、耐高温	耐热管、硬质工具
高速钢	铬 钨（钼）	3.5 ~ 4.5 10 ~ 18	坚韧、耐高温	高速切割工具、刀具

2. 铝

（1）铝的存在和冶炼

铝是地壳中含量最多的金属元素，约占金属元素总质量的 1/3，它在自然界中以化合物形式存在，制取铝的重要矿物是铝土矿（$Al_2O_3 \cdot nH_2O$），天然氧化铝中以晶体状态存在的称为刚玉。

我国铝矿资源丰富，分布很广，主要集中在广西、河南、山西和贵州四个省区，占全国储量 90% 以上。

炼铝的方法是先将铝土矿处理，得到较纯净的氧化铝，再用电解法制得金属铝，见图 5-22。

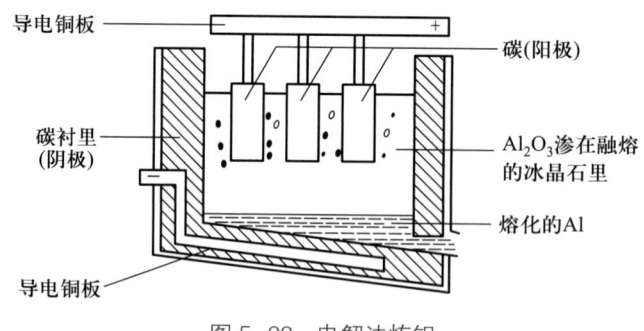

图 5-22　电解法炼铝

（2）铝的性质和用途

铝是银白色金属，较软，密度为 2.7 g/cm³，熔点为 660 ℃。铝有很多优良的物理性质，有广泛的用途。

金属铝对光的反射性能良好，人们常用真空镀铝膜的方法来制得高质量的反射镜。铝膜和多晶硅薄膜结合，可成为便宜、轻巧的太阳能电池材料。

铝的导电性很好，仅次于银、铜，在电力工业上铝可以代替部分铜作导线和电缆；铝的传热性也好，可以用来制造热交换器、散热材料和家用炊具等。

铝有良好的延展性，铝箔广泛应用于糖果、食品等作为包装材料。

各种铝合金性能优良，使铝在交通工具及航天工业等方面的用途日益增加。

铝是一种还原性很强的金属。铝粉可作还原剂，能把比铝活动性差的金属从它们的氧化物中还原出来。通常，铝粉和氧化铁的混合物称为铝热剂。

铝和铝的氧化物既能跟酸反应生成铝盐，也能跟碱反应生成偏铝酸盐（$NaAlO_2$）。因此，我们在生活中不宜用铝制品煮酸性食物，也不宜用碱洗涤它们。铝的化学性质较为活泼，铝制品也不宜长期盛含咸盐的物质。

氢氧化铝不溶于水，也是两性化合物，可制成胃病用药，中和过多的胃酸，生成的氯化铝有收敛作用，可以局部止血。氢氧化铝还可作吸附剂或离子交换剂等，用途较广。例如，人们利用铝盐（明矾等）水解生成氢氧化铝 $Al(OH)_3$ 胶体，它能吸附水里悬浮的杂质形成沉淀，起净水作用。

3. 铜

铜在地壳中含量很少，但它是国民经济不可缺少的重要金属，大约占产量一半的铜用于电气工业，同时在建筑、机械、军工和日常生活中都有广泛的应用。自然界中铜主要以化合态存在，如辉铜矿（主要成分 Cu_2S）、赤铜矿（主要成分 Cu_2O）、黑铜矿（主要成分 CuO）、胆矾（$CuSO_4$）和孔雀石（主要成分 $Cu_2(OH)_2CO_3$）等，也有极少数以游离态金属存在。

我国铜矿资源主要分布在长江中下游和内蒙古、云南、西藏等地区。我国铜矿以贫矿为主，含铜量 1% 以下的矿石占资源总量的 65% 以上。人们要经过几个复杂的操作过程才能得到铜，主要有碾碎矿石、富集、焙烧、转化、精炼。

我国用铜已有 3 000 多年的历史，目前主要冶炼中心分布在江西、安徽和云南等地。

除了纯铜（紫铜）以外，铜的合金也是重要金属材料，常见的有黄铜、青铜和白铜，其成分、性能和用途见表5-8。

表5-8　常见的铜的合金

名称	主要合金元素	性能	用途
黄铜	铜、锌（Zn 5%～45%）	耐腐蚀、坚硬、容易机械加工	船舶、机器及钟表零件、弹壳、管道、锁等
青铜	铜、锡（Sn 5%～45%）	耐腐蚀、易铸造	铸造精致工艺品等
白铜	铜、镍、锌（Ni 13%～25%，Zn 13%～25%）	耐腐蚀	仪器、仪表等

（三）新金属材料

随着经济与技术的发展，与其他材料一样，金属材料正在不断地被开发和研制成既性能优异又具有多种特殊功能的新型材料。

1. 稀土材料

在化学元素周期表中有一个系列叫镧系，共包括 15 种元素：镧、铈、镨、钕、钷、钐、铕、钆、铽、镝、钬、铒、铥、镱、镥。镧系元素加上钇、钪共 17 种金属元素，称为稀土元素。它们在自然界中的含量较少，化学性质非常相似，常在矿物中共生，它们的氧化物一般都难溶于水，又都是金属，也称为稀土金属。现在人们所说的稀土材料，一般是指由这 17 种元素中的一种或几种元素所形成的一类高纯单质及其化合物材料。稀土材料具有独特的结构和物理、化学性质。在普通的材料中加入少量稀土元素后，它的性能便可得到较大的改善，因而，稀土被称为材料工业的"维生素"。我国是世界上稀土资源最丰富的国家，我国的稀土资源约占世界总储量的 80%。我国稀土生产位列世界第一，稀土应用位列世界第二。

稀土材料有着广阔的应用前景。在冶金工业中，人们常利用加入少量稀土元素来改善金属性能，如在球磨铸铁中加入少量稀土元素，就能除去其中的非金属杂质，改变铸铁中的石墨形态，显著增加其密度和提高其机械性能，使它达到铸钢和锻钢的水平。在石油化学工业中，用稀土制成的分子筛催化剂活性很强，是石油炼制中催化裂化工序的重要添加剂，与一般催化剂相比，它可以提高汽油产率。掺钕钇铝石榴石（Nd：YAG）是一种良好的激光材料，在军事工业中，用它制成的激光器，可用于激光测距与瞄准、激光通信与雷达等。此外，由于这种激光器的瞬间输出功率特别高，焦点温度可达几百万摄氏度，可用来制造击毁飞机、导弹、卫星及坦克的激光武器。稀土金属与钴的合金是一种极好的永磁材料，已被广泛应用于微型电机、加速器、音响设备、电子手表、医疗器械等的制造。

2. 非晶态和准晶材料

在一般情况下，一种合金熔化时，其原子的排列是无规则的，当冷却至固态时，组成合金的原子或离子都将自发地按一定规则排列形成晶体，呈现出长程和短程均有序的结构特征。遗憾的是，在金属合金的晶体生长过程中，我们往往不能使这种有序性扩展到整个材料，而形成所谓的单晶。常见的合金材料多是由很多小的晶粒堆积而成的多晶结构。各晶粒之间存在着不同向的晶界，这会在相当程度上影响材料的各项性能。

将合金熔化后，再用高速冷却（约为 $10^6\ ℃/s$），使合金中的原子来不及按规则排列就被凝固住，就可以得到非晶态合金。与晶体不同，非晶态合金长程是无序的。但由于原子间的相互作用，每个原子在几纳米到几十纳米内，具有与晶体相似的有序结构，呈现出长程无序、短程有序的结构特征。非晶态合金避免了合金结晶时固有的缺点，在各项机械性能和功能上有了新的突破，如高强度、高硬度、高韧性、耐腐蚀、优良的磁导率和可吸附氢。非晶态合金材料是一种大有前途的新材料，但也有其不尽如人意之处。例如，采用急冷法制备，使材料厚度受到限制；由于其热力学上是不稳定的，受热有晶化倾向。

　　1984 年以色列科学家在寻找既轻又硬的铝合金材料时，首次发现并提出了"一种具有长程有序，但没有平移对称性的金属相"，即准晶结构。不久，中国科学家郭可信院士在镍钛合金研究中也证实了准晶结构的存在，并在自然矿物中也发现了准晶结构。准晶材料的发现是对传统晶体学的补充和发展。准晶结构既区别于传统的晶体结构，也区别于传统的非晶态结构。它长程有序，没有平移对称性，但具有传统晶体学认为不可能的 5 次及高于 6 次的旋转对称性。同时由于其特殊的构造，准晶材料表现出高脆性、高硬度、低弹性模量、低表面能、低摩擦系数、高化学惰性、低导电和导热系数等特殊性质，在不粘锅涂层、发动机绝热涂层、催化剂载体、光子晶体等中都具有广泛的应用前景。准晶材料的合成和非晶态材料的合成一样，主要通过快速凝固法来实现，目前实验室合成准晶材料的大小还仅有毫米级。

四、高分子材料

　　高分子化合物是由许多相同的简单有机小分子，通过共价键连接而成的链状或网状分子，它们的相对分子质量高达几千到几十万。高分子化合物材料既有人工合成的高分子材料，也有天然高分子材料。

（一）合成高分子材料

　　在人工方法合成的高分子材料中，人们广泛应用的是塑料、合成纤维、合成橡胶等。合成高分子材料具有天然高分子材料所没有的或更为优越的性能，如密度较小，更优越的力学性能、耐磨性、耐腐蚀性、电绝缘性等。

1. 塑料

　　塑料，顾名思义是指可塑之材料。早在 1868 年，美国人约翰·卫斯里·海厄特（John Wesley Hyatt，1837—1920）制造出第一种人造塑料——赛璐珞，它是用天然纤维素加工制成的。但真正用低分子合成的塑料即酚醛树脂，是在 1907 年诞生的。目前，全世界投产的塑料品种多达 300 余种。塑料比重轻，强度高，化学性能稳定，电绝缘性好，耐摩擦，在一定的条件下，容易加工成型，制成各种成品，进入千家万户。塑料的主要成分是合成树脂。合成树脂的基本原料是乙烯、丙烯、丁二烯、乙炔、苯、甲苯、二甲苯等低分子有机物，它们主要来源于石油、天然气、煤、电石等自然资源。人们为了改善塑料的某些性能，加一些辅助剂：加入填充剂（如石棉、碳酸钙等）来提高塑料的强度和使用温度；加入增塑剂（如磷酸酯类）来增强塑料的可塑性；加入稳定剂（如炭黑、钛粉等）来延长其使用寿命；加入润滑剂（如硬脂酸及盐类）使塑料表面光滑；添加颜料和染料使塑料制品外观漂亮。常用塑料种类及其用途见表 5-9。

表5-9 常用塑料种类及其用途

塑料种类	用途
聚乙烯（PE）	食品袋、薄膜、塑料、油桶
聚苯乙烯（PS）	玩具、开关、容器、发泡材料等
聚氯乙烯（PVC）	电线外壳、雨衣、桌布、农用薄膜等
酚醛塑料	绝缘材料、日用品、纽扣等
聚四氯乙烯	塑料王、耐酸碱盛器、不粘底涂层
有机玻璃（聚甲基丙烯酸）	眼镜片、灯具、有机玻璃片

2. 合成纤维

用天然气、石油、煤、农副产品为原料制成单体，再聚合得到的可以纺织的纤维叫合成纤维。天然纤维常受自然条件限制，而合成纤维却可随人类需要安排，因而人们具有更多的主动权。常见的合成纤维见表5-10。

表5-10 常见的合成纤维种类性能及用途

合成纤维	俗称	性能	用途
聚酯	的确良、涤纶	优点：高强度、耐磨、耐光、耐蛀、快干 缺点：吸湿差、导电性差、易产生静电	衣料、滤布、绝缘服，不宜做内衣
聚酰胺	尼龙、锦纶	优点：强度大、弹性好、耐摩擦、耐腐蚀 缺点：耐光差、保型差	衣料、弹力袜、渔网、降落伞，不宜做内衣
聚丙烯腈	腈纶	优点：柔软、保暖、不易发霉 缺点：弹性差、易皱	膨体绒线、帐篷、布篷
聚乙烯醇缩甲醛	维尼纶	优点：吸湿性好、价格低 缺点：染色差、易起球、弹性差	衣料、工业用布
聚丙烯	丙纶	优点：强度好、绝缘 缺点：不吸湿、染色差、易老化	绳索、网具、军用蚊帐
聚氯乙烯	氯纶	优点：难燃、保暖、耐酸、耐磨、弹性好 缺点：染色差、热收缩大	针织品、工作服、毛毯、帐篷，对风湿性关节炎有疗效

3. 合成橡胶

橡胶是指具有显著高弹性的一类高分子化合物，有天然橡胶和合成橡胶两类。天然橡胶可以从一些植物中获取，如橡胶树。合成橡胶是以从天然气、石油气中得到的丁二烯、异戊二烯、氯丁二烯等为单体，在一定的条件下聚合，并经硫化和加入填料后制成的成品。合成橡胶与天然橡胶具有同样的特性。目前，世界上合成橡胶的产量已大大超过了天然橡胶的产量。合成橡胶有丁苯橡胶、氯丁橡胶、丁腈橡胶和丁基橡胶等多种，其中丁苯橡胶是产量最高、用途最广的一种合成橡胶，它的产量占整个合成橡胶的60%左右。它以丁二烯和苯乙烯为单体，在一定条件下合成：

$$m\, CH_2{=}CH{-}CH{=}CH_2 + n\, HC{=}CH_2 \longrightarrow$$
$$\negthickspace\left(CH_2{-}CH{=}CH{-}CH_2\right)_m\left(CH{-}CH_2\right)_n$$

丁苯橡胶耐水、耐磨、耐自然老化和气密性好，被大量用于制造汽车外胎和其他各种橡胶制品。其他的合成橡胶制品各有不同的用途，如氯丁橡胶多用于制造运输带、防毒面具、电缆外皮等；丁基橡胶是制造轮胎内胎和充气气球的材料，但不宜用来制造外胎，因为它的弹性和耐磨性不佳。

（二）天然高分子材料

天然高分子是指自然界中动物、植物及微生物资源中的大分子。它们来自可再生资源，对环境友好。随着石油资源的日益减少，天然高分子材料的开发与利用受到了人们的重视。天然高分子材料主要包括纤维素、木质素、甲壳素和壳聚糖等。

1. 纤维素

纤维素为葡萄糖分子通过醚键连接形成的线性高聚物，是最丰富的可再生天然高分子材料，在木材、棉花、麦草、稻草、芦苇、麻、桑皮、楮皮和甘蔗渣等中都大量存在，地球上每年产生植物纤维约 2 000 亿 t。以天然高分子纤维素为原料，经溶解、过滤、脱泡、喷丝、再生等工艺可制备再生纤维材料。常见的再生纤维有黏胶纤维（包括人造棉、人造毛、人造丝），铜氨纤维，莫代尔纤维，莱赛尔纤维。这些再生纤维，以天然可再生资源为原料，可自然生物降解，既可以纯纺，也可以与其他纺织纤维混纺。它们的结构组成与棉相似，但吸湿性与透气性比棉纤维更好，织物柔软、光滑、透气性好，穿着舒适，染色后色泽鲜艳、色牢度好，被誉为"会呼吸的面料"。

一方面，受健康环保意识、崇尚自然等因素的影响，人们对再生纤维有了新的认识，再生纤维较之合成纤维越来越受到消费者的认可。另一方面，我们也要看到，由于纤维素内含有大量羟基（—OH），形成分子内和分子间氢键，造成它不易溶于常见的溶剂，也不易被熔融，因此，目前在再生纤维的生产中，人们常使用浓碱、铜胺溶液或有机溶剂，生产过程还存在一定的环境污染问题。因此，开发环境友好的纤维素溶剂是纤维素利用的关键。2002 年，美国阿拉巴马大学的罗杰斯（Robin D. Rogers）教授等发现纤维素无须活化或预处理即可溶解在环境友好的离子液体之中。他也因其在利用离子液体溶解和处理纤维素制备新型材料领域的杰出贡献于 2005 年获得了美国总统绿色化学挑战奖（学术奖）。我国中国科学院院士张俐娜教授在 2000 年也提出了低温氢氧化钠/尿素/水溶剂体系可以直接溶解纤维素的解决方案，并由此荣获 2011 年度国际纤维素和再生资源材料领域最高奖——美国化学会安塞姆·佩恩奖。

纤维素除可以被进行再生制作纺织原料外；也可以通过化学衍生的方法，制作各种纤维素衍生物，用于化妆品、药品、医用高分子材料、食品添加剂等众多领域；还可以通过生物、物理及化学的方法转换成葡萄糖、乙醇和生物柴油等。

2. 木质素

木质素是由芳香族单体经无序聚合而成的三维复杂结构（图5-23），它比纤维素更难溶解。作为造纸工业的副产品，木质素的成本较低，目前的主要利用形式仍是直接燃烧用于发电。木质素具有良好的力学强度、弹性和流变性，以及较高的碳含量、较强的反应性和化学兼容性，有望应用于制备建筑材料、液体燃料、合成气、高分子化合物、芳香族化合物和多种木质素单体等，也可以用于制备分散剂、乳化剂、填充剂、抗氧化剂、黏合剂、螯合剂、聚电解质材料和聚合物材料等。例如，木质素可替代苯酚，用于酚醛树脂黏合剂的生产。利用该树脂黏合剂生产的黏合板具有超低甲醛与苯酚释放、黏合强度高等优良特性。此外，基于木质素的结构特征和化学组成，其降解产物还可用于制备香草醛、阿魏酸、香豆酸、愈创木酚、乙烯基愈创木酚、儿茶酚以及具有旋光活性的木脂素和低聚物等高附加值化学品。从某种程度上讲，以生物质或木质素为原料制备的生物燃料与高附加值化学品，在越来越多的领域中可作为石油化工行业产品的重要补充。

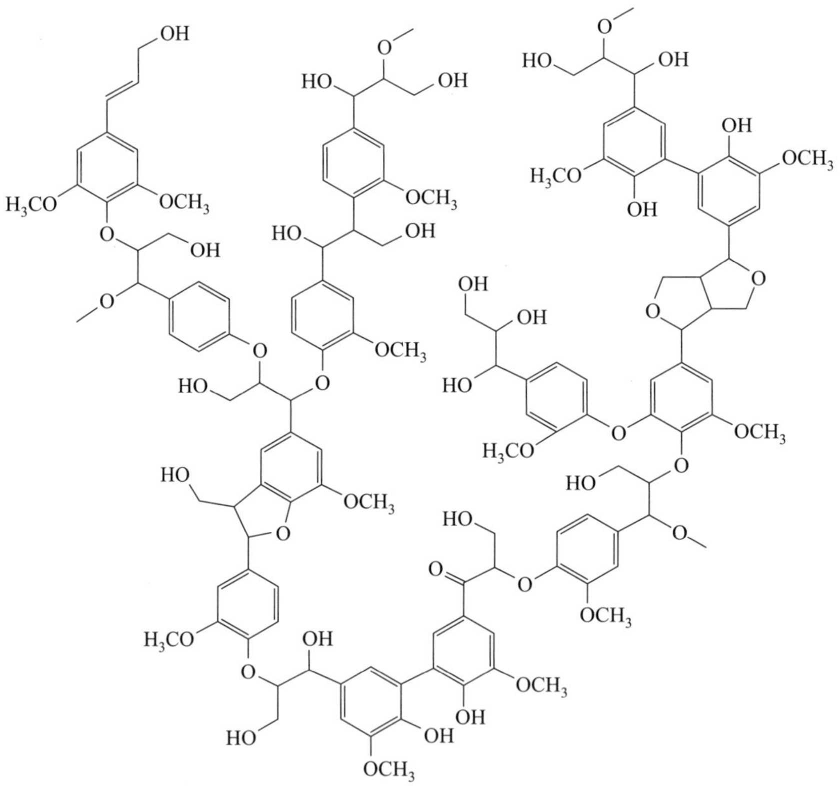

图 5-23　木质素结构式

3. 甲壳素和壳聚糖

甲壳素是自然界生物合成量仅次于纤维素的天然高分子，其主要来源是甲壳纲动物（如虾、蟹）的外壳和某些菌类、藻类的细胞壁，是自然界唯一大量存在的碱性阳离子聚多糖。甲壳素具有良好的生理适应性和生物可降解性，是一类重要的生物医用材料。用甲壳素制成的吸收型外科手术缝合线力学性能良好，组织反应好，柔软性好，易打结，具有创伤治愈效果，伤口修复快，创口平整、漂亮。在手术伤口愈合过程中，甲壳素缝线在体内的抗张强度逐渐下降，并在溶菌酶的作用下首先被分解成低聚糖，然后经过一系列化学反应，一部分以二氧化碳的形式由呼吸道传播出体外，另一部分则以糖蛋白的形式为人体吸收利用。

壳聚糖是甲壳素最重要的衍生物，由甲壳素脱去乙酰基获得。与甲壳素不同，壳聚糖的溶解性有较大改善，稀酸能溶解壳聚糖并使壳聚糖分子链带正电荷，低相对分子质量的壳聚糖具有水溶性。由于含有大量氨基、羟基、乙酰氨基等活性基团，壳聚糖具有良好的反应功能性和显著的生理活性，已在生物医药、化工、食品、环境、农业等领域得到广泛应用。例如，壳聚糖及其衍生物具有抗细菌、真菌和病毒的能力，被认为是新型的食品保鲜和包装材料。此外，人们将壳聚糖用于含油废水的处理，通过对棕榈油厂的废水处理发现，壳聚糖比活性炭和膨润土能更有效地去除废水中的油脂，去除率达到99%以上，并能降低悬浮固定物含量。

五、材料科学及其发展趋势

材料是人类生存与发展的物质基础，是社会生产力的重要因素。材料同时也是现代科学技术发展的先导。每一项重大新技术的发现，往往依赖材料科学的新发展。

（一）传统材料的地位与发展

传统材料品种繁多、量大面广，既是国民经济发展的基础，也与人民的基本生活密切相关。可以说材料的品种、数量、质量，是一个国家现代化水平的衡量标志之一。

例如，号称工业粮食的钢铁，是人类使用最多的金属材料，其强度高，机械性能好，资源丰富，成本低，适合大规模生产，在社会生产生活的各个领域都有着广泛的应用，是不可或缺的战略性基础工业品。几乎所有工业化国家的工业进程都是从大炼钢铁开始的，没有钢铁就没有其他工业产品，就没有高楼大厦，就没有枪炮车船。钢铁工业在国民经济中如同一切工业之母，直接决定了整个国家的工业化基础，即便是在发达国家，钢铁工业，尤其是高端钢铁工业，仍然是其工业链条中不可替代的重要产业。

发展传统材料产业，时至今日仍是全球性的重要课题，具有重大的社会和经济价值。传统材料的发展，首先是要确保能生产出满足社会经济发展所需的相应的产量、品种；其次是改进生产工艺，提高产品质量，提高产品回收率，降低能耗，降低成本，提高材料生产的经济效益；最后是重视环境保护，尽可能减少生产过程中的环境污染。

（二）新材料的发展方向

目前，新材料的制造从"试误法"或"炒菜式"配方方法转向根据需要设计。随着量子化学、固体物理等新学科的发展，计算机的应用以及计算机信息处理技术的发展，我们可以知道破坏某一分子的化学键需要多少能量，从而把不需要的分子"剪裁"下来，再按所需性能"接上"另一分子，从而在分子、原子结构的微观水平上构造出合乎要求的理想新材料。这种所谓的"分子设计"，使人类摆脱对自然材料的依赖，设计、制造出具有自然界中的材料所不具备的超常性质的"超材料"，使材料的生产和应用发生根本性的变革。同时，社会的进步又不断地对材料提出了新的要求。

概括起来，当今新材料的发展有以下几个特征：

（1）结构与功能相结合。人们开发一种新材料，首先，要求材料具有结构上的作用；其次，还要求具有特定的功能或者兼有多种功能。即新材料应在结构和功能上实现较为完美的结合。

（2）智能型材料的开发。所谓智能型，就是要求材料本身具有一定的"感知"能力，也就是具有自我调节和反馈的能力。

（3）少污染或不污染环境。在开发和使用新材料的过程中，以及在新材料被废弃后，应尽可能减少其对环境产生的污染。

（4）能再生。为了保护和充分利用地球上的自然资源，开发可再生材料是首选。

（5）节约能源。开发新材料要考虑节约能源，优先开发制作过程能耗较少的，或者新材料本身能帮助节能的，或者有利于能源的开发与利用的新材料。

（6）寿命长。新材料应有较长的寿命，即应用的时间较长，在使用的过程中少维修或尽可能不维修。

总之，新材料的发展动力既来自材料科学的创新，也来自人们对材料的新需求。随着材料科学的发展，依托新理论、新构思、新设想、新工艺，更多、更新的材料将不断地涌现，以满足社会经济发展和人们生活水平提高的需要。

学习活动

本节中对于新材料的介绍基本以其物质组成属性进行展开。事实上，材料的分类方法很多，也可按其应用分为：超导材料、绝缘材料、透光材料、吸光材料、发光材料、保温材料、导热材料、顺磁材料、抗磁材料……材料是人类赖以生存和发展的重要物质基础，我们身边的各种物品都由形形色色的材料所构成。请查阅资料，制作分享一份关于某一新材料特性、功能及其应用的海报。

思考与练习

参考答案

5-1 简答：什么叫自然资源？如何按利用性质分类？各举例说明。

5-2 简答：我国水资源有哪些主要特征？

5-3 简答：生物资源的多效益性包括哪些？

5-4 查找资料：请从我国自然资源部的网站上查找各年的《中国矿产资源报告》，比较 5 年来中国主要矿产储量的变化。

5-5 简答：什么是能源？在日常生活中你接触到哪些一次能源和二次能

源? 各举两例。

5-6　简答: 为什么煤炭仍是我国能源消费的主要燃料?

5-7　简答: 利用石油分馏的原理, 可得到什么产品?

5-8　简答: 什么叫核能? 原子核变化有哪几种类型? 举例说明之。

5-9　应用举例: 功率型储能装置和能量型储能装置分别适用于什么场合? 各举两例。

5-10　简答: 什么叫化学平衡状态? 平衡移动规律的内容是什么?

5-11　计算: 某氯碱厂年产 2×10^4 t 固体烧碱 (NaOH), 不计杂质。问: 每月要消耗含 95% 氯化钠的粗盐多少? 最多能生产氯气和氢气各多少?

5-12　应用举例: 碳是迄今人类发现的唯一一种可以从零维到三维稳定存在的元素, 其各种同素异形体性能各异。请举例说明。

5-13　简答: 碳钢在潮湿的空气中为什么容易被腐蚀? 举例说明金属防腐的方法。

5-14　简答: 说出三种常用塑料及其用途。

5-15　简答: 新材料发展的特征有哪些?

拓展阅读导航

1. Daniel D C, John P R. 自然资源保护与生活: 第 10 版 [M]. 黄永梅, 段雷, 等译. 北京: 电子工业出版社, 2016.

该书深入讨论了自然资源的保护、管理和与人类生活的紧密联系。书中涉及资源分类、管理方法、生态和资源管理的基本原理, 以及自然资源管理面临的挑战, 强调了资源的可持续利用对社会经济发展、公众健康和生态安全的重要性, 并提出了建立有效管理体制和制度的必要性。

2. 中国新材料产业发展报告: 2022 [M]. 北京: 化学工业出版社, 2023.

中国新材料研究前沿报告: 2022 [M]. 化学工业出版社, 2023.

中国新材料技术应用报告: 2022 [M]. 化学工业出版社, 2023.

中国新材料科学普及报告: 2022 走近前沿新材料 4 [M]. 化学工业出版社, 2023.

这些报告由中国工程院化工、冶金与材料工程学部和中国材料研究学会组织材料领域著名专家进行编写。报告不仅体现了中国在新材料领域的研究成果和发展趋势, 也展示了中国对于新材料研发和应用的重视, 以及对未来技术突破的期待。同时, 通过科学普及活动, 报告也致力于提升公众特别是青少年对新材料科学的认识和兴趣, 以促进中国材料科学和产业的整体进步。

第六章　自然环境与人类生活

学习目标

　　1. 了解生态系统的结构与功能，了解生态平衡与生物多样性，了解人口增长的规律及人口分布状况，了解当前主要环境问题以及可持续发展战略。

　　2. 理解保持人口规模的必要性和重要性，理解不同历史阶段环境问题的特征。

　　3. 反思个人行为是否对环境友好，调整行为习惯，努力成为合格的世界公民。

思维导图

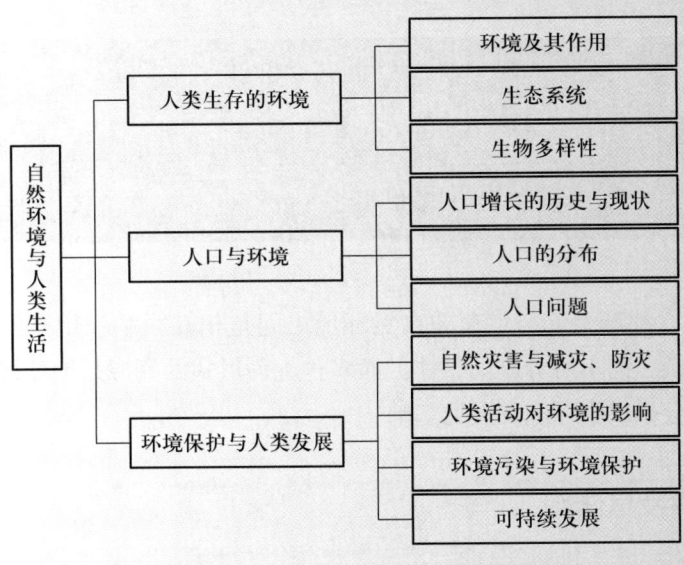

情境链接

　　复活节岛上有数百座巨大石像，如此蛮荒而遥远的地方有这些人造物，令人感到困惑。历史研究结果表明，直到1 500年前，复活节岛还是被高大树木和繁茂灌木覆盖着的温带森林。大约4世纪时，来自波利尼西亚的移民搭乘着木筏，满载着甘蔗、香蕉、番薯和鸡等，来此定居。12个氏族起初和平相处，直到有一天，酋长们决定以令人敬畏的石刻雕像来显耀自己的世系。几百年间，复活节岛上的酋长们争相比较，比谁的石像更巨大壮观。自此，成片的森林开始消失，多种原生树木就此灭绝。燃料缺乏、野生食物资源消失、土壤流失是最直接的后果，随之而来的是饥荒和氏族之间为争夺灌木丛的战争。[1]

　　复活节岛的故事是太平洋地区砍伐森林最极端的例子，从中可以得到深刻教训。人类繁衍生息与资源、环境之间有怎样的联系？本章将重点研究人口发展、生存环境，以及如何协调二者的关系，如何使人类的生存环境得到科学的保护和发展。

　　随着经济和科学技术的飞速发展，人类活动对地球环境的影响越来越大，环境承受着日益严重的压力。如何协调社会经济发展与环境保护的关系，实施可持续发展战略，已经成为日益紧迫的全球性问题。

第一节　人类生存的环境

　　人类生活在地球上，与生存的自然环境之间是相互联系、相互依存、相互制约的，形成一个统一的不可分割的整体。而多种生命形式的资源是地球最显著的特征之一，是人类社会赖以生存和发展的基础。

一、环境及其作用

　　环境是指围绕着人类的外部世界，是人类赖以生存和发展的物质条件的综合体。

---

① 戴蒙德. 崩溃：社会如何选择成败兴亡 [M]. 庞月娟，译. 北京：中信出版社，2022：1.

环境为人类的社会生产和生活提供了广泛的空间、丰富的资源和必要的条件。

（一）环境对生物的作用

生物的起源、进化和发展都不能脱离环境。每个生物个体都在发育的全部过程中不断地与环境进行着物质和能量的交换，它从环境中取得必要的能量和营养物质，同时又把代谢产物排放到环境中。

环境对生物的生理、形态和分布影响很大。生物在一个地区的生存是由该地区的各种环境要素综合作用的结果，其中对生物的生命活动起直接作用的环境要素称为生态因子，如光、温度、水、空气、土壤和其他生物等。

1. 光对生物的作用

光是生物的基本能源，它提供光能，使绿色植物进行光合作用，合成有机物，动物则直接或间接依赖植物生存。光的性质、强度和周期直接影响生物的生长发育和形态结构，如植物的开花、动物的繁殖和迁移都与光照的季节变化有关。最引人注意的是鸟类的迁徙现象，候鸟能准确无误地感知季节变化，春季北飞繁殖，秋季南迁越冬，就是由于光照长短起了重要的信号作用。

2. 温度对生物的作用

温度与生物的发育、分布和生活习性更有直接的关系。随着气温上升，植物生长速度加快。热带和亚热带有利于各种生物生存，种类丰富，而极地或高山寒冷地区种属和个体都大大减少。如两栖类和爬行类属喜热狭温性动物，在广西地区分别有 105 种和 177 种，而到内蒙古地区就仅共有 27 种了。在热带，白天高温，许多动物具有明显的夜行性或在晨昏活动，而在寒带，动物则有冬眠习性或用较厚的皮毛和羽毛来抵御寒冷。

3. 水对生物的作用

生命起源于水域环境，水是生物有机体的重要组成成分，没有水就没有生命。不同的水域环境造就了生物不同的生态特征。水生生物可直接生活在水中，海洋中的动物具备适应盐分的调节机能。在陆地潮湿环境中植物一般叶大而薄，根系浅而弱，如水浮莲就是如此。相反，在干燥炎热环境中植物叶面往往缩小成针状、鳞片状，或以干季落叶来减少水分蒸发，并且根系发达，如沙漠中的骆驼刺。

4. 空气对生物的作用

空气的供氧量和空气的运动也对生物产生影响。沼泽地区土壤含氧不足，植物形成特殊的呼吸根伸出地面吸收大气中的氧；热带海岸红树林的呼吸根也很发达，它用这些特殊形态来增大吸氧量。空气的运动产生风，风传播植物的花粉种子，但也增大了植物的蒸腾作用，造成植物的形态变异，甚至折断倒伏。

5. 土壤对生物的作用

植物从土壤中吸取其生长发育的养分，因此土壤的物理、化学性质对植物的作用极大，植物生长也受土壤限制。酸性土宜栽茶、种橡胶等，中性土可栽培蔬菜、粮食等，碱性土上则多为草原和荒漠植物。陆栖动物在土壤上活动，长期在开阔土地上行走的动物常常具有细长而健壮的腿，如羚羊、鸵鸟等，而骆驼则以特殊的足趾适于在流沙上行走。

（二）生物对环境的适应

在生物进化过程中，不同环境中的生物对其生存条件有明显的适应性，表现在生物的形态结构、生理机能和行为特征上。即使环境变化，生物也会产生新的适应性。这是自然选择和适者生存的自然规律的作用，有利于生物的生存和繁衍。

1. 形态适应

许多动物借助保护色、警戒色和拟态等躲避捕食者而得以生存。生活在草地、池塘里的青蛙为绿色，活动在农田土丘一带的泽蛙是灰褐色，以保护自己。有些有毒生物体色非常艳丽，称为警戒色，作为对捕食动物的一种预先警告。有些昆虫的体色与体型与其所栖息的植物的叶子或嫩枝极为相似，如枯叶蝶，使自身得到保护，这称为拟态。

2. 生理适应

生物往往能适应特殊条件。如骆驼极为耐干旱，有"沙漠之舟"的称号，10多天不喝水还能在沙漠中行走，其原因在于它的血液中有一种特殊的蛋白质能维持血液中的水分，同时在脂肪代谢过程中产生大量的水分，供其生理活动的需要。此外，骆驼多毛的外皮有隔绝温度的作用。这些都是在长期进化中适应环境的结果。

3. 行为适应

生物体具有在生理行为上与环境相协调、与时间相呼应的节律。生物具备高度精确测定时间的能力，称为"生物钟"，如植物开花的时间，许多鸟类、兽类的起居、归巢都有严格的时间节律。麻雀早晨鸣叫的时间会有季节性变化，因为不同的季节日出时间不同，黎明时间也不同。

（三）生物影响环境

环境与生物的相互关系，也表现在生物对环境的作用上。生物参与了环境中能量交换和物质循环过程，影响到地球各个圈层的物理、化学变化。

1. 生物改变大气成分

原始大气中不含游离氧，绿色植物出现后，通过光合作用产生氧，使原始大气从无氧大气变为有氧大气。同样原始大气中氮的含量原本也不多，由于土壤微生物的固氮作用将火山喷发时带出的少量氮留在大气中，氮成为大气的主要成分。而现代人类的经济活动造成大气中二氧化碳含量的增加，森林遭破坏使植物覆盖面积大规模缩小，也改变了大气的成分。

2. 生物影响水循环

森林对水循环的作用是巨大的。森林通过树冠枝叶截留雨水的作用，增加了林中湿度，减少了地表径流，能延长地表水流动时间，调节局部地区的水循环，也改善了大气中的水分状况和含氧量，有利于水土保持。

208

3. 生物参与岩石和土壤的形成

组成地壳的部分岩石是生物作用形成的，珊瑚礁、硅藻土是由海洋生物死亡后的残骸堆积而成的，石油、天然气和煤层都是有机生物体大量堆积掩埋后的产物。土壤发育的关键也是生物过程，植物通过养分循环造就了土壤。土壤有机质是植物利用土壤中矿物营养构成有机分子，植物死亡后又经微生物分解形成的。

二、生态系统

自然界是由生物因素（包括动物、植物、微生物及人类）与非生物因素（如土地、水、空气等）组成的，两者之间不断地进行能量交换和物质循环，成为一个不可分割的统一整体。生物群落与非生物环境共同组成的物质和能量系统称为生态系统。从一个小小的池塘（图6-1），到数百平方千米的森林都可以作为一个生态系统，而生物圈则是地球上最大的一个生态系统。

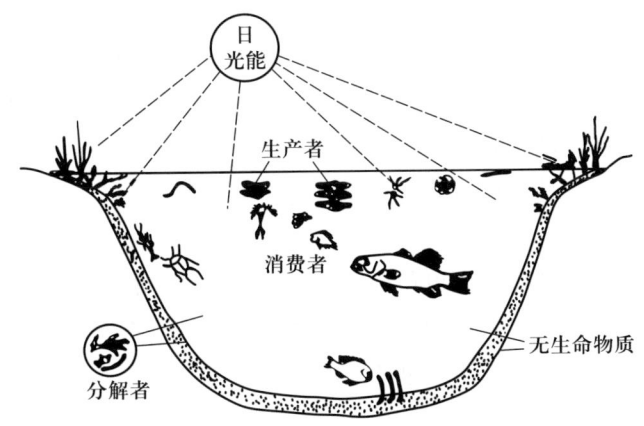

图6-1 池塘生态系统示意

（一）生态系统的组成

任何生态系统都是由非生物成分和生物成分两大部分组成的，生物成分又分为生产者、消费者和分解者，非生物成分和生产者、消费者、分解者构成一个完整的生态系统（图6-2）。

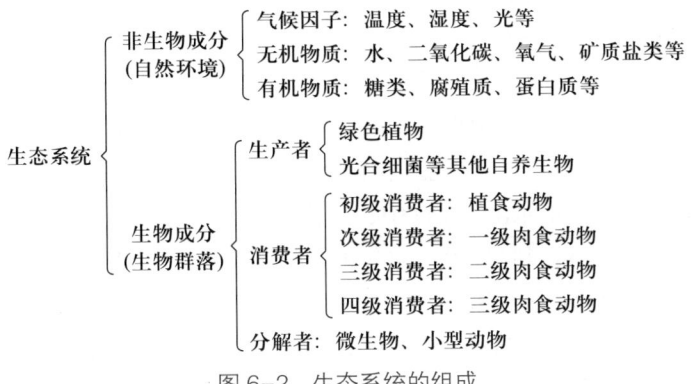

图6-2 生态系统的组成

1. 非生物成分

非生物成分指生物赖以生存的物质和能量的源泉，包括太阳的光能和热能、水分、空气和矿物盐类等，这些成分共同组成大气、江河、湖海和土壤环境，成为生物活动的场所。

2. 生物成分

生物成分因取得能量的方式和所起的作用不同分为三个类群。

（1）生产者

生产者主要是指绿色植物，它们能吸收光能，通过光合作用制造有机物质。某些能进行光合作用的细菌也属于此类。这一类成分也称为自养生物。它们摄取无机物质，利用太阳能制造有机物质，是生态系统能量流动和物质循环的基础。

（2）消费者

消费者是指以生产者生产的有机物为食的各种动物。它们不能从无机物质制造有机物质，只能直接或间接依赖生产者而生存，称为异养生物。按照营养方式的不同，它们可以分为植食动物和肉食动物。植食动物直接以植物体为食，是初级消费者，如昆虫、鼠类、马、牛、羊等。肉食动物是以动物为主要食物的动物。其中以植食动物为食的是次级消费者，如青蛙、蝙蝠和某些鸟类；以次级消费者为食的动物是三级消费者，可以类推到四级消费者，狐、狼和狮、虎分别是这两级消费者的代表。有些动物既食植物又食动物，是杂食性动物，如一些鸟类和鱼类。

（3）分解者

分解者主要是细菌和真菌，也包括原生动物、软体动物等，它们把复杂的动植物尸体和残肢分解为简单的化合物和元素，使其能被生产者再次利用，自己也从中获取营养能量。因此分解者也被称为还原者，属于异养生物。

（二）生态系统的功能

生态系统的主要功能，是在生态系统各成分之间不断进行能量流动和物质循环，这是通过各种营养关系，以食物链的形式相互联系在一起的。

在一个生态系统中，以植物（生产者）为起点，各种生物有机体通过食物的关系彼此关联而形成一个能量与物质的流通系列，称为食物链，如植物→昆虫→青蛙→蛇→鹰，就是最典型、最简单的食物链。

1. 生态系统的能量流动

生态系统要保持正常的运转需要不断地输入能量，生态系统中能量的根本来源是太阳能。绿色植物通过光合作用将太阳能转化为有机分子的化学能贮藏在所制造的有机物质中而输入生态系统中。这些能量沿着生态系统的营养层次转移，当植食动物吃植物时，这种能量被转移到植食动物中，当肉食动物吃植食动物时，又一次被转移，这样植物的潜能通过一系列取食关系使各种生物联系起来，就形成食物链。能量在通过食物链的每个营养层次时大部分转化为热能，只有小部分保留在生态系统中，最后能量将被消耗殆尽。因此能量流动是单向的，生态系统必须不断地从外界获取能量

（图 6-3）。

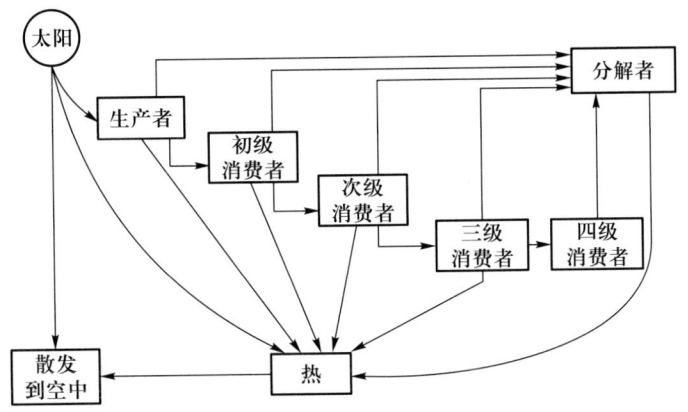

图 6-3　生态系统的能量流动

2. 生态系统的物质循环

物质循环也是生态系统重要的功能之一。自然界的各种化学元素被植物吸收而从环境进入生物界，并沿着生物之间的营养关系而流转，最后以排泄物和残体的分解形式又回到环境中去，如此周而复始，循环不息。因此物质循环与能量流动不同，它能在生态系统中被再次利用，不断地参与循环（图 6-4）。例如，在森林生态系统中：氮元素从空气、水和土壤等中被植物吸收，又通过植物被摄食死亡返回大气、土壤之中，还可被利用。水也是如此。

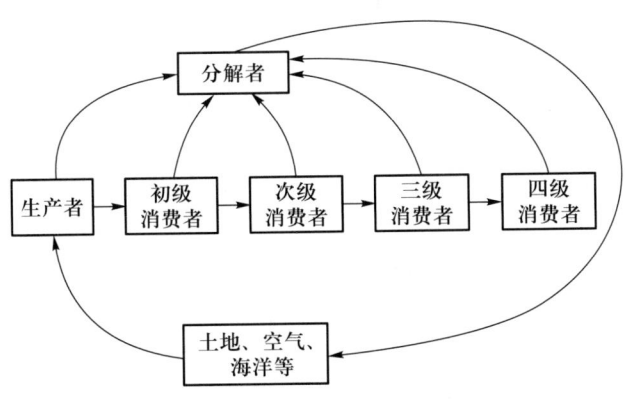

图 6-4　生态系统的物质循环

生态系统中的能量流动和物质循环是同时进行的，两者相互依存，不可分割。一方面，物质是能量的载体，使能量沿着食物链而逐步转移，成为能流；另一方面，能量是物质循环的动力，使物质从自然环境进入生物界而形成循环过程。这两种功能密切结合于生物体之中，维持着生态系统，因此生物群落是一切生态系统的核心和主体。

（三）生态平衡

保持生态平衡是保持生态系统的有序结构及其功能的重要环节。

1. 生态平衡的含义

生态平衡是指自然生态系统中生物与环境之间、生物与生物之间相互作用而建立的动态平衡联系。当一个生态系统的能量和物质的输入与输出基本相等时，能量流动和物质循环则保持平衡状态。在一定时期内生物群落的种类和数量保持相对稳定，生产者、消费者和分解者组成了完整的营养结构。即使受到外来的干扰，生态系统也能够通过自我调节恢复到原来的稳定状态。

事实上，任何生态系统都处在不断运动、变化和调节之中，当外界环境条件发生变化时，生态系统内部就会变化。生物为了适应环境条件的变化，必须调整自己，建立新的平衡。因此生态平衡是指生态系统处于相对稳定的状态，是一种动态平衡。

生态系统具有内在的自我调节能力，以保持其稳定性。在结构良好的阔叶林内进行择伐，只要采伐量不超过生长量，森林系统就能通过调节保持平衡，不被破坏。河流受到一定量的污染，可以通过沉降、分解和转化等过程达到自净，以恢复原来的稳定状态。

2. 破坏生态平衡的后果

生态平衡一旦被破坏，其后果是极其严重的，一些生态系统的结构和功能再难恢复到原来的稳定状态，轻则生态失调，重则环境被破坏，威胁人类的生存，特别是森林和草原等陆地生态系统和江湖等水域生态系统尤为关键。

森林在保持自然生态平衡方面起着重要的作用，是陆地上最主要的生态系统，它结构复杂，功能稳定，生物量最大。森林遭到破坏，就会使生态系统的正常结构和功能被瓦解，造成大气流动水分循环的混乱。美国曾为加速开发中西部大规模开垦草原，砍伐森林，致使土地裸露，失去水分，风蚀加剧。20 世纪 30 年代发生过巨大的黑风暴，毁坏了大量耕地。人类至今仍在滥伐森林，特别是在巴西、印度尼西亚等国家的热带森林地区，全球平均每年失去 11 万 km^2 的热带森林，造成了不可挽回的损失。

江湖水体是大自然水分循环的重要环节，并有调节气候、改善环境的功能。森林一旦被破坏，就会造成江湖泥沙淤积；盲目围湖造田，导致湖泊缩小，就会破坏水域生态平衡，产生不良后果。洞庭湖曾是我国第一大淡水湖，后来由于泥沙淤积和过度围垦，湖泊面积大大缩小，削弱了湖泊调节江河水量的作用，致使洪水灾害频繁发生，也使其调节气候效益的功能明显削弱，渔业资源遭受破坏，生物量减小。

生态失调表现为生态系统的营养结构发生变化，食物链关系遭到破坏，生物群落中某些种类减少，特别是生产者数量的下降必然使功能受阻，能量流动和物质循环不能正常进行，生态系统无法保持稳定状态，甚至崩溃。在陆地生态系统中，植物—植食动物—肉食动物间的平衡是十分重要的，这种平衡一旦被破坏，往往难以恢复。

学习活动

　　19 世纪殖民者为打猎把野兔从英格兰带到澳大利亚，野兔迅速繁殖，以致成灾，毁坏了大片草地。当地人不得已又引入家猫，家猫变成了野猫，虽然野兔减少了，但野猫也危及其他动物，给很多动物带来了灾难性的影响。在野猫的欺负下，很多澳大利亚的本土物种数量大减，还有一些濒临灭绝。

　　请与同学就以下问题展开小组讨论：

　　（1）为什么将野兔和家猫引入澳大利亚都会迅速繁衍成灾？

　　（2）导致生态失调的原因有哪些？会有什么后果？

　　（3）怎样才能避免生态失调？你从案例中得到什么启示？

三、生物多样性

　　生物多样性是指生命有机体（动植物、微生物）的种类、变异及其生态系统的复杂性程度。生物多样性是地球上生命经过几十亿年发展进化的结果，作为地球上各种生物赖以长期存在、繁衍、昌盛的基础和社会财富的源泉，已越来越受到人类的重视。

（一）生物多样性的层次

生物多样性包含三个层次：遗传多样性、物种多样性、生态系统多样性。

1. 遗传多样性

　　遗传多样性又称为基因多样性，指广泛存在于生物个体内、单个物种以及物种间的基因多样性。物种的遗传组成决定着它的性状特征，其性状特征的多样性是遗传多样性的外在表现。每个物种都有自己独特的基因库，使一个物种区别于其他物种。任何一个特定个体和物种都保持并占有大量的遗传类型，可以被看作单独基因库。

2. 物种多样性

　　物种多样性是指动物、植物、微生物物种的丰富性。全球生物的物种估计有 1 400 万种，而目前发现并描述的只有 175 万种。对某个地区而言，物种数多，则多样性强；物种数少，则多样性弱。自然生态系统中的物种多样性在很大程度上可以反映出生态系统的现状和发展趋势。通常，健康的生态系统往往物种多样性较强，退化的生态系统则物种多样性减弱。

3. 生态系统多样性

　　生态系统多样性是指生境多样性、生物群落多样性以及生态过程多样性。生境多样性主要指无机环境，如地形、地貌、气候及水文的多样性等。生境多样性是生物群落多样性的基础。生物群落多样性主要是指群落的组成、结构和功能的多样性。生态过程多样性主要是指生态系统中维持生命的物质循环和能量转换过程的多样性。

　　整个地球表面形成一个广大的生态系统，内部又可分为不同的等级。根据地表环

生态系统类型

境中的水分状况，生态系统最基本的类型可划分为陆地生态系统、海洋生态系统和淡水生态系统三类。

（二）生物多样性的意义

在生物多样性中生态系统多样性维持着系统中基本能量和物质运动过程，保证了物种的正常发育与进化过程以及其与环境间的生态学过程，从而保护了物种在原生环境条件下的生存能力和遗传变异度。因此，生态系统多样性是物种多样性和遗传多样性存在的保证，生物多样性是人类持续发展的自然基础。

1. 物种多样性是人类满足基本生存需求的基础

人类基本生存所需的食物、燃料、药材等依赖人类通过农、林、牧、渔业活动所获取的动植物资源。地球上至少有 7.5 万种植物可供人类使用，很多野生动物至今仍是人类食物的来源。尽可能充分利用地球上丰富的物种资源也许是解决一些世界性难题的一个出路。

2. 遗传多样性是增加生物生产量和改善生物品质的源泉

除直接利用野生动植物、微生物之外，人类也利用传统的育种技术和现代基因工程，不断培育新品种，淘汰旧品种，扩展农作物的适应范围，其结果大大提高了作物的生产力，也丰富了农作物的遗传多样性。

3. 生态系统多样性是维持生态系统功能必不可少的条件

生态系统多样性在维持地球表层的水平衡、调节微气候、保护土壤免受侵蚀和退化以及控制沙漠化等方面的作用已逐渐被认识和利用。生态系统多样性的生态价值具有长期性、潜在性，而且往往不可替代，人类利用这种多样性也能间接产生经济价值。例如借助天敌可适当减少在病虫害化学控制、农药控制等方面的投入，从而获得可观的经济效益。

4. 生物多样性价值的多面性

生物多样性价值包括生态价值、经济价值、社会价值、文化价值等。一般人们仅关心生物资源的直接消费价值，如食物、药物、燃料等，而忽视了生物多样性的潜在生态价值、经济价值和其他价值。

生物多样性的经济价值对国家经济贡献相当可观。一项研究结果表明，20 世纪 70 年代后期，美国大约国内生产总值的 4.5% 来源于野生动物，达到平均每年 870 亿美元的水平，而且仍然呈增长势头。生物资源（尤其是珍稀物种）的旅游观赏价值往往可以给地区经济和国家经济以巨大的推动力。生物多样性的其他价值往往由于难以定量而被低估。

（三）生物多样性的减少

1. 生物多样性减少的现状

我国是世界上生物极富多样性的少数国家之一。我国拥有 3.5 万种高等植物，物种丰富性次于马来西亚、巴西，居世界第三位；我国哺乳动物种数居世界第三位；鸟类和两栖动物种数均居世界第六位；我国是微生物资源大国，种数约占世界的1/6。由于中国是人口大国，对生物多样性具有很强的依赖性。中国经济的高速发展和庞大的人口压力给生物多样性造成很大影响，致使中国成为生物多样性受到严重威胁的国家。据统计，列入《濒危野生动植物种国际贸易公约》附录的原产中国的野生动物有120种，列入我国《国家重点保护野生动物名录》的有257种，列入《中国濒危动物红皮书》的鸟类、两栖爬行类和鱼类有400种。高等植物中受威胁的物种已达到3 879种。中国动植物物种受威胁比例可能高达15%~20%。

按已有资料统计，犀牛、麋鹿、高鼻羚羊、白臀叶猴等已在我国自然界中已消失了几十年甚至几个世纪了。我国目前濒危的主要动物有东北虎、华南虎、云豹、大熊猫、叶猴类、多种长臂猿、儒艮、坡鹿、白鳍豚；主要植物有崖柏、喜雨草、无喙兰、双蕊兰、海南苏铁等。在许多水域中，不仅某些经济价值高和敏感的物种在逐步减少甚至消失，而且主要经济鱼种，如对虾、海蟹、带鱼、大小黄鱼等的可捕捞量也在迅速缩减。

中国的栽培植物和饲养禽畜遗传资源也面临着严重威胁。由于经济高速发展，各农业区的生态环境遭受了不同程度的破坏，许多古老名贵品种因优良品种的推广而绝迹。山东省的黄河三角洲和黑龙江省的三江平原过去遍地都是野生大豆，现在只有零星分布；定县猪已经灭绝，九斤黄鸡面临绝种，北京油鸡数量锐减，海南峰牛、上海荡脚牛也已很难找到。

2. 生物多样性减少的原因

生境变化、环境污染、过度捕猎、物种入侵、单一种植和气候变化等都是生物多样性锐减的原因。[①]

（1）生物多样性减少的自然原因

生物多样性减少的自然原因可能是生物之间的竞争、疾病、捕食等长期变化，还可能是随机性的灾难性环境事件。自从大约38亿年前地球上出现生命以来，就不断有物种的产生和灭绝，生态系统的形成和消亡。地球上已经经历大约9次灾难性的物种大灭绝事件。例如，大陆的沉降、漂移、冰河期、大洪水等使地球上的生物遭受毁灭性打击。在2.5亿年前，出现了一次规模和强度最大的物种灭绝，估计当时海洋中95%的物种都灭绝了。在6 500万年前的白垩纪末期，很多爬行类动物，如恐龙等灭绝了，与此同时约有76%的植物物种和无脊椎动物物种也灭绝了。

（2）生物多样性减少的人为原因

人为活动直接或间接地引起很多物种濒临灭绝的边缘。引起生物多样性减少的最主要人为影响有：栖息地的破坏和变化；过度狩猎和砍伐；捕食者、竞争者和疾病的引入所产生的效应。物种的人为灭绝古已有之。例如，在南加利福尼亚发现的化石研究结果表明，在北美，自从有人类活动之后，有57种大型哺乳动物和几种大型鸟类灭绝。再如，大约1 000年前，在波利尼西亚人统治新西兰的200年间，新西兰出

① 庞素艳，于彩莲，解磊. 环境保护与可持续发展［M］. 北京：科学出版社，2015：48.

现物种灭绝浪潮，包括大恐鸟、大鸱鹕等 30 种大型鸟类以及毛海豹等。近几个世纪，由于工业技术的广泛应用，人类对自然开发规模和强度增加，人为物种灭绝的速率和受威胁的物种数量大大增加了。

生物多样性保护和生物资源的持续利用已经受到国际社会的极大关注。目前世界生物多样性保护已有《联合国生物多样性公约》《生物安全议定书》《湿地公约》等国际条约规范调整，各国也在采取积极的综合性措施进行生物多样性保护。联合国将每年的 5 月 22 日确定为"国际生物多样性日"，旨在保护濒临灭绝的植物和动物，最大限度地保护地球上多种多样的生物资源，以造福当代和子孙后代。

第二节 人口与环境

人既是生产者，又是消费者。随着人口增加，生产规模扩大，一方面需要的资源持续增多，另一方面废物排放量不断增大。人口问题已成为世界上影响社会经济发展的人口、资源、环境三大难题的核心，严重威胁着人类的生存。如何提高人口素质是我国现代化建设中面临的一个重大战略问题。

一、人口增长的历史与现状

自从地球上有了人类以来，人口就在不断地增长。人口变化过程可以由人口出生率、死亡率和自然增长率三个指标来反映，三者关系是：自然增长率 = 出生率 – 死亡率。

（一）世界人口增长情况

根据联合国人口调查统计结果，世界人口在 2022 年 11 月 15 日突破 80 亿。在 2011 年时还是 70 亿，仅仅用了 11 年就增加了 10 亿。而当世界刚进入 20 世纪的时候，全球人口仅 16.5 亿。人口增长过快已经给人类敲响了警钟。

世界人口增长的全部历程大致经历了三个历史阶段。

1. 高出生率、高死亡率、低自然增长率阶段

这个阶段包括工业革命以前人类的全部历史。当人类处于原始社会时，社会生产力极端低下，人口死亡率极高。对加拿大发现的原始人进行估算，这个阶段每 200 km² 至多只有 1 个人，推算旧石器时代的人口平均每千年增长 20‰，约为现在增速的 1/1 000。旧石器时代后期，全球人口 100 万~300 万，直到新石器时代才增长

到 5 000 万。那时，人类的平均寿命还不到 20 岁，人口的增长非常缓慢。随着生产力和社会的发展，人类生存的基本条件有了很大的改善，人口也有了缓慢增长，并且日趋稳定，到后期人口增长逐渐加快。公元元年人口已达到 2.5 亿~3 亿，到 17 世纪初人口进入 5 亿大关。但由于严重的自然灾害和大规模的战争经常发生，人口死亡率居高不下，使人口增长波动不定，有些时期甚至出现人口负增长。

2. 高出生率、低死亡率、高自然增长率阶段

18 世纪工业革命之后，人类社会由传统农业社会向现代工业社会过渡，世界生产力出现大飞跃，人口大规模增长。特别是科学技术的发展对人类的健康具有决定性的意义，到 20 世纪前半期抗菌素类药物的发明和推广，大幅度降低了死亡率，使得第二次世界大战以后人口更是迅速增长，从 1960 年至 2000 年 40 年的时间就实现了在 30 亿基数上的翻番，达到 60 亿，这是前所未有的高速度。联合国 2022 年 11 月 15 日宣布，世界人口当天迈过 80 亿门槛。

世界人口增长是日趋加快的。地球上总人口达到第一个 10 亿用了近 300 万年，第二个 10 亿也用了 123 年，而第三、四、五、六、七、八个 10 亿则分别为 33 年、14 年、13 年、12 年、12 年、11 年（表 6-1）。人口翻一番的时间也大为缩短。

表 6-1　世界人口增长速度

分期	达到的大致时间	增加 10 亿人口所需时间
第一个 10 亿	1804 年	近 300 万年
第二个 10 亿	1927 年	123 年
第三个 10 亿	1960 年	33 年
第四个 10 亿	1974 年	14 年
第五个 10 亿	1987 年	13 年
第六个 10 亿	1999 年	12 年
第七个 10 亿	2011 年	12 年
第八个 10 亿	2022 年	11 年

第二次世界大战刚结束时（1945 年），人口超过 1 亿的国家只有中国、印度、苏联、美国 4 个。不到半个世纪，1990 年人口超过 1 亿的国家就达到 10 个。2022 年世界上人口最多的 10 个国家是中国、印度、美国、印度尼西亚、巴基斯坦、尼日利亚、巴西、孟加拉国、俄罗斯、墨西哥，预计到 2050 年世界人口大国状况将发生很大变化（表 6-2）。

表 6-2　世界上人口最多的 10 个国家　　　　　　单位：百万

2022 年			2050 年		
位次	国家	人口	位次	国家	人口
1	中国	1 426	1	印度	1 668
2	印度	1 412	2	中国	1 317

续表

2022 年			2050 年		
位次	国家	人口	位次	国家	人口
3	美国	337	3	美国	375
4	印度尼西亚	275	4	尼日利亚	375
5	巴基斯坦	234	5	巴基斯坦	366
6	尼日利亚	216	6	印度尼西亚	317
7	巴西	215	7	巴西	231
8	孟加拉国	170	8	刚果民主共和国	215
9	俄罗斯	145	9	埃塞俄比亚	213
10	墨西哥	127	10	孟加拉国	204

数据来源：联合国《世界人口展望 2022》。

3. 低出生率、低死亡率、低自然增长率阶段

随着科技的进步和社会福利事业的发展以及人口素质的普遍提高，人们的观念发生变化，妇女受教育的水平提高、就业机会增多，节育措施普遍实施，这些使出生率下降。值得注意的是，人口的增长情况在发达国家和发展中国家之间出现不平衡的态势，由于种种原因，欧美发达国家中人口的自然增长率呈现下降的趋势，有一些国家出现了人口零增长甚至负增长现象，但发展中国家人口依然继续增长，从全球来看，人口增长速度开始减缓，但全世界每年仍能增加近 1 亿人。

（二）我国人口增长情况

我国人口目前位居世界第二。截至 2023 年底，我国总人口达到 140 967 万（指我国 31 个省、自治区、直辖市和现役军人的人口，不包括居住在 31 个省、自治区、直辖市的港澳台居民和外籍人员）。我国是世界上最古老的国家之一，经历了各种社会制度和不同的生产方式，社会生产力逐步得到提高，人口也在不断增长。我国历史上人口演变大致经历了以下几个阶段。

1. 先秦时期——人口缓慢发展阶段

这时中国处于原始社会和奴隶社会，生产力低下，人的死亡率很高，平均寿命很低。据历书不完整的记载，到夏禹时代（公元前 2205 年）人口达到 1 355 万；一千多年后西周初期（公元前 1079 年）人口仍维持在 1 371 万，变化不大。战国时期形成我国历史上人口增长的第一个高峰，到秦统一时（公元前 221 年）人口达到约 2 000 万，这时我国奴隶制度向封建制度过渡，社会生产力得到进一步解放。

2. 从秦到明——人口起伏增长阶段

这时处于统一的封建社会时期，社会生产力水平仍然较低，而频繁的灾荒和战争造成人的大量死亡。据统计，从公元元年到 1644 年，较大的水灾和旱灾各有近千次，并造成大饥荒，一次旱灾可造成的死亡率最高达总人口的 70%。战争造成人口大量减

少，这使人口呈波状起伏状态。东汉时期（157 年）人口已有 5 648 万，一百多年后三国时期的频繁战争使人口减少到 760 万；盛唐时期人口达 5 000 万，唐末仅剩 1 600 多万。这时我国人口呈周期性起伏状缓慢发展趋势。

3. 清至民国——人口迅速增长阶段

清朝处于封建社会后期。人口大幅度增长始于清代康熙和乾隆年间。清初 1651 年人口约 5 300 万，到康熙二十四年（1685 年）即达到 1.1 亿，乾隆五十五年（1790 年）人口突破 3 亿大关，鸦片战争（1840 年）前人口达到 4 亿。1685—1840 年是我国人口激增的第二个高峰，此时政局稳定、疆域扩大、生产发展。鸦片战争后，我国沦为半殖民地半封建社会，人口增长减缓，到 1911 年清王朝灭亡时人口降到 3.65 亿。人口在辛亥革命前又恢复增长，1911—1936 年，中国人口从 4.1 亿增长到 5.3 亿。抗日战争期间，人口再次减少。1949 年人口达到 5.4 亿。

4. 中华人民共和国成立以来——人口膨胀阶段

我国进入社会主义时期，生产力迅速发展，人民生活逐步改善，人口死亡率大幅度下降，人口则迅猛增长。我国 1949 年人口为 5.4 亿，到 1987 年人口翻番，达到 10.8 亿，1995 年 2 月 14 日达到 12 亿，2023 年总人口接近 14.1 亿。

中华人民共和国成立后人口增长有两个高峰期：第一个高峰期为 1953—1958 年，平均每年增加 1 200 万，1957 年自然增长率达 23‰；第二个高峰期为 1962—1970 年，人口共增长 1.6 亿，人口自然增长率年平均为 25.4‰。

20 世纪 70 年代以来计划生育工作加强了，人口出生率和自然增长率分别从 1970 年的 33.43‰和 25.8‰下降到 1994 年的 17.7‰和 11.2‰，取得了很大成就，有效地控制住了人口增长速度，使得"中国 13 亿人口日"和"世界 60 亿人口日"推迟了 4 年。

当前我国人口状况的特征如下：

一是人口开始下降，人口总量依然巨大。2023 年末，我国人口为 14.1 亿，2023 年我国出生人口超过 900 万。我国人口总量已达峰值，未来很长时间内将保持下降趋势。近 60 年来，2022 年首次出现人口数量下降，2023 年自然增长率已下降到 -1.5‰左右。

二是人口年龄结构总体稳定，人口老龄化速度加快。2023 年末，全国 0—15 岁人口为 2.5 亿，占全国人口的 17.6%；16—59 岁劳动年龄人口为 8.6 亿，占 61.3%。1990 年起我国为成年型国家，但生育率的迅速下降加速了人口老龄化的进程。据统计，2023 年我国 65 岁以上的老年人口已达 2.2 亿，约占总人口的 15.4%，已经进入深度老龄化时代。老龄高峰将于 2030 年左右到来，并持续 20 余年。人口老龄化将带来很多社会问题，"银发经济"也会带来新的机遇。

三是人口素质持续提升，人才红利逐步显现。2023 年，我国具有大学文化程度人口超过 2.5 亿。16—59 岁劳动年龄人口平均受教育年限达 11.05 年，比 2022 年提高 0.12 年。人才队伍结构优化提升，人才发展红利加快释放，有利于支撑新旧动能转换、产业结构升级，对经济持续发展具有较好的支撑作用。[①]

[①] 王萍萍. 人口总量有所下降 人口高质量发展取得成效国家统计局［EB/OL］.（2024-01-18）［2024-05-24］. 国家统计局官网.

二、人口的分布

人口分布是指一定时间内人口在特定地区范围的空间分布状况，主要指人口的地域差异，一般用人口密度来表示。人口密度是指单位土地面积上居住的人口，它反映一定地区的人口疏密程度。

由于自然条件差异和经济文化发展不平衡，人类从诞生之日起就不断有迁移活动，逐渐形成了当代世界人口的分布特点。

（一）世界人口的分布

当代世界人口分布最大的特点是分布极不平衡，各大洲之间、各国之间、各地区之间、城市与农村之间人口分布都不均衡。

1. 世界人口大多数集中在占地球面积不到 1/3 的陆地上

世界人口中 90% 居住在占地球面积 25% 的部分陆地上。在陆地上，沿海地区人口稠密，内陆地区人口稀少，世界上离海岸 200 km 范围的地区面积仅占世界陆地总面积的 30%，人口却占世界总人口的 50% 以上；低平地区人口稠密，高山地区人口稀少，世界上海拔在 200 m 以下的地区面积只占陆地总面积的 28%，人口却占世界总人口的 56%；中、低纬度地区人口稠密，高纬度地区人口稀少，在北纬 20°~60° 地区集中着世界 80% 的人口。

2. 世界各大洲人口分布极不均衡

世界人口在 2022 年达到 80 亿，以世界陆地面积约 1.49 亿 km^2 计，平均人口密度约为 54 人 /km^2。但各大洲人口分布是不均衡的，亚洲是世界上人口最多的洲，人口已达 47 亿，约占世界人口的 60%，而陆地面积仅占世界陆地面积的约 20%，人口密度为 158 人 /km^2，是世界上人口最稠密的地区；大洋洲则是除南极洲以外人口最少的洲，其人口仅为 4 500 万，约占世界人口的 0.6%，而土地面积却占世界陆地总面积的 5.7%，人口密度仅为 5.3 人 /km^2。

世界上有四个人口分布密集的地区：第一个为东亚和东南亚，第二个是南亚，第三个是欧洲，第四个为北美洲东部（特别是美国东北部）。这四个地区的面积仅占世界陆地面积的 14%，但却集中了世界人口的 2/3 以上。世界人口非常少的地区有以下区域：南、北极圈以内地区，北半球北纬 50° 至北极圈之间广大的原始森林地带，回归线附近和温带大陆内部的沙漠、戈壁地区、热带雨林区以及高山地区。

3. 世界各国城市人口急剧膨胀

近代以来，世界人口由地广人稀的乡村地区向城市地区迁移，越来越向城市集中，世界人口更密集地集中在小块地区。全世界城市人口占总人口的比例 1960 年仅为 34.2%，进入 21 世纪初，已有 50% 以上集中于城市。这尤其表现在广大发展中国家，亚洲、非洲、南美洲的城市人口近年来都有很大增加。联合国人居署发布的《世界城市报告 2022》显示，未来 30 年，全球城市化将持续——城市化率将从 2021 年的 56% 达到 2050 年的 68%。2022 年中国城区常住人口超过 1 000 万的超大城市有上海、北京、深圳、重庆、广州、成都、天津、东莞、武汉、杭州。

（二）我国人口的分布

我国是世界上人口第二多的国家，约占世界总人口的 18%，而土地面积仅占全球陆地总面积的约 6.4%，人口密度远超世界平均水平。我国人口的分布也很不平衡，有以下特点。

1. 东南地区和西北地区差异大

东南地区人口稠密，西北地区人口稀少。以黑龙江省的黑河和云南省的腾冲连线为界，全国可分为东南和西北两部分：东南部土地面积约占全国的 43%，人口占全国总人口的 94%；西北部土地面积约占全国的 57%，人口只占全国的 6%。

2. 沿海地区和内陆地区差异大

我国沿海地区人口稠密，内陆地区人口稀少。全国人口有 3/5 集中分布在离海岸线 500 km 以内的地区。有研究结果表明，我国距海岸 200 km、500 km、1 000 km 范围内的人口分别占 35.9%、60.2%、90.6%。平原地区人口稠密，山地和高原人口稀少。全国有近 80% 的人口集中分布在海拔 500 m 以下的平原和低矮丘陵地区。

3. 各省间差异大

各省、直辖市、自治区间人口分布很不平衡，人口密度相差悬殊。上海市面积 6 340 km^2，常住人口 2 475 万（2022 年），人口密度达 3 900 人/km^2；而西藏自治区面积约 123 万 km^2，常住人口仅 366 万（2021 年），人口密度约 3 人/km^2。江苏、台湾等省是人口密度大的省份，而青海、内蒙古、新疆等省区人口密度均很小。

（三）影响人口分布的因素

人口分布取决于自然条件和地理环境的影响。随着生产力的发展，社会经济条件成为世界人口分布的决定性因素。

1. 自然因素

自然因素始终是人口分布的重要影响因素，包括气候条件、海拔高度等。

气候条件对人口分布的影响非常显著，特别是气温和降水。当前世界人口最密集的地区位于中、低纬度特别是温带和亚热带地区，地球南北两极和极北地区有漫长的寒冬，不适合人类居住，特别是农作物不能在户外生长。热带地区气温过高，也不利于人类生存，农作物易受虫患灾害，人易患传染病。过分干旱的地区不宜耕种，也限制了人口增长，沙漠地区占全球土地面积 18%，却只分布着世界人口的 4%。当然，雨量过多地区的土地容易被冲刷，出现内涝和盐碱化，不利于农作物生长，也不适合人类生存。

海拔高度也对人口分布产生影响。世界人口的 90% 居住在低于海拔 400 m 的平原，如印度的恒河平原，中欧、西欧平原，美国东北部五大湖区，中国的长江三角洲、华北平原等。造成这一现象的原因是海拔过高使人们很难适应高山反应和昼夜温差大的气候条件，而且高山地区耕地有限，高山、高原气温低也不适合生物生长，所以海拔过高地区很少有人定居。

此外土壤土质和能源与资源的地区差异也影响世界人口的分布。

2. 社会经济条件

人口分布归根结底取决于社会经济条件。随着人类科学水平和技术能力的提高，自然条件对人类居住和生活的限制越来越小。气候过冷、过热或过于干旱的地区都可以有人定居，特别是生产力的发展大大改变了产业结构，人们从服务于农业纷纷转向制造业和服务业，从农村流动到城市，从而使人口趋于集中。在不同社会制度下各国的经济政策和人口政策，如发达国家和发展中国家不同的生育观念，都对人口分布产生了重大影响。

三、人口问题

20 世纪以来人口迅速增长，这已经引起并将进一步加剧许多关系人类基本生存的问题，如资源、环境等方面，人类必须认真对待这一严峻问题。

人口问题是人类面临的全球性问题的核心，已成为世界关注的焦点。20 世纪主要的人口问题是人口迅速增长，到 20 世纪 60 年代和 70 年代，世界人口增长率达到人类有史以来的最高点。表 6-3 列出了世界人口平均增长率的演变情况。

表 6-3　世界人口平均增长率

年	人口平均增长率 /‰
（公元）元年—1000	0.2
1000—1500	1.0
1500—1800	2.0
1800—1900	6.0
1990—1950	8.9
1950—1960	18.4
1960—1970	21.5
1970—1980	20.4
1980—1990	19.1
1990—2000	15.8
2000—2010	13.2
2010—2020	10.7

（一）人口问题的影响

人口过多对世界经济和社会发展极为不利，尤其加剧了发展中国家的困难。人口增长造成如下几个比较突出的问题。

1. 人口对资源、环境的压力加剧

庞大的人口对各种自然资源的巨大需求无疑加大了对自然环境的压力，如对耕地和水的需求增大了。粮食是人类最基本的生活资料。由于人口的增长，很多发展中国家，特别是非洲国家粮食供应不足。人口增长，再加上冲突、极端气候和经济冲击，许多国家人均粮食产量下降，严重缺粮，只能依赖粮食进口，全世界目前每年有 8.28 亿人挨饿，23 亿人面临中度或重度的粮食不安全状况。粮食短缺是迫切需要解决的严重问题。人口增加引起粮食不足，必然导致毁林开荒、毁草垦殖、过度放牧和捕捞，造成自然生态环境的破坏，使资源耗竭，生态失衡。发展中国家已逐步面临竭泽而渔、自毁家园的威胁，继而引起经济和社会的崩溃和动乱。

2. 经济发展缓慢，就业压力严重

人口迅速增长制约了大多数国家尤其是发展中国家经济的发展。由于人口急剧增长，国家就需要负担庞大的衣食住行和教育费用，国民收入中能够用于扩大再生产的积累就很有限，这制约了经济发展。为了满足迅速增加的儿童教育、住房、医疗等社会福利需要，国家就要承受巨大的经济压力。一旦负担起庞大的生活和教育费用，国家就无力扩大再生产，始终处于较低的经济发展水平，人民生活水平难以得到提高。

由于人口迅速增长，发展中国家人口年龄结构偏低，就业适龄人口基数大、增长快，与有限的就业需求之间形成了尖锐的矛盾，不仅存在大量公开失业人口，还存在大量隐蔽性失业大军，特别是在农村。如中国 2022 年劳动力人数为 7.8 亿，需要就业，而农村人口有 5 亿，这就使得农业劳动力人均耕地面积不多。发展中国家大多经济发展缓慢，无力筹措资金安排就业，造成大部分适龄人口找不到就业机会而成为失业人口。

3. 人口老龄化问题突出

在关注全球人口继续增长的同时，我们不能不注意到人口年龄结构的深刻变化。为遏制人口激增的势头，人口出生率必须降低，但随着生育率的下降，人口老龄化问题就显得突出了。按照联合国的划分标准，一个国家或地区总人口中 65 岁及以上人口比重超过 7% 即属老年型国家和地区，几乎一切发达国家都属于此列，此外还有中国；老年人比例占 4%~7% 属于成年型国家，集中在亚非拉发展中地区；老年人比例占 4% 以下则属于年轻型国家，主要集中在亚非不发达地区。

事实上，自 20 世纪 70 年代以来，全球人口在快速增长的同时，人口老龄化趋势就不断显现，不仅出现于发达国家，也在发展中国家出现。这是人类寿命延长和生育率下降的必然结果。21 世纪，世界各个国家和地区都将先后出现人口老龄化问题，2022 年全球有 65 岁及以上的人口 7.71 亿，预计到 2030 年，老年人口将达到 9.94 亿，到 2050 年将达到 16 亿。因此，如果说 20 世纪是人口激增的世纪，那么 21 世纪可以称为人口老龄化的世纪。

人口老龄化会带来一系列社会问题，如劳动力短缺，特别缺少从事繁重体力劳动的人；又如劳动力愈益老化，也就是劳动年龄人口中 45 岁以上者所占比重高，不利于劳动生产率和工作效率的提高。人口老龄化带来的最大问题是政府直接和间接用于

老年人群体的财政支出越来越大，这会成为国家的重负。

（二）人口问题对策

人口问题已成为许多国家和地区面临的严重挑战，特别是人口众多的发展中国家。人口问题不仅关系到民族的生存和发展，也关系到人类社会的稳定和繁荣，已逐渐引起了国际社会的高度重视。[①]

1. 坚持发展生产力

要提高社会生产力，增大养育人口的能力。从本质上讲人口问题仍是一个发展问题。解决人口问题要以发展为后盾已成为许多国家的共识，只有发展才有出路。这也因为人口问题不仅仅是数量问题，还包括人口素质和人口结构。只有坚持发展生产力，促进经济和社会全面发展，并通过文化教育、卫生保健、环境保护等综合措施，才能从根本上解决人口问题。

2. 保持适度人口数量

人口数量对社会发展不起决定性作用，但数量的多寡可以促进或延缓社会的发展。将人口增长率维持在资源环境和经济力量所能承受的水平，使人类的需求保持在一定的环境承载力之内，保持适度的人口规模，是实现可持续发展的一个必要条件。

各国都制定了人口政策以解决各自的人口问题，实施计划生育是解决人口问题的有效措施，可以使人口的增长步伐放缓。特别是中国开展了有效的计划生育工作，近30 年来整整少生了 3 亿人，世界人口的年增长率从 20 世纪 60 年代的 20‰以上到 90年代逐步下降到 15.7‰，中国的计划生育政策为控制世界人口做出了自己的贡献。进入 21 世纪后，我国人口形势发生了重大变化。劳动力持续问题、老龄化问题、人口结构性问题等开始显现。2012 年末，我国 15 岁至 59 岁劳动年龄人口比上年末减少345 万，这是改革开放以来我国劳动力人口首次下降。截至 2013 年，我国 60 岁以上老年人已经达到 2.024 3 亿，比上年增加 853 万多，接近总人口的 15%，上升了 0.6个百分点。2013 年 11 月，党的十八届三中全会审议通过《中共中央关于全面深化改革若干重大问题的决定》，决定提出，坚持计划生育的基本国策，启动实施一方是独生子女的夫妇可生育两个孩子的政策，逐步调整完善生育政策，促进人口长期均衡发展。2013 年 12 月，中共中央、国务院印发《关于调整完善生育政策的意见》，明确了生育政策调整的重要意义和总体思路。自 2016 年起，我国全面实施一对夫妇可生育两个子女政策，自 2021 年开始，开始实施一对夫妻可以生育三个子女的政策，并配套支持措施，积极开展应对人口老龄化行动。

中国人口政策从"独生子女"到"单独二孩"，再从"全面二孩"到"三个子女"的转变，正是根据形势变化需要适时做出的调整策略，以保持适度人口结构和规模，实现可持续发展。

---

① 庞素艳，于彩莲，解磊. 环境保护与可持续发展 [M]. 北京：科学出版社，2015：57.

（三）大力开发人力资源

人力资源指一切有劳动能力的人口资源。人力资源特别是人才资源是最活跃、最主动、最重要的社会经济资源形式。因此我们既要充分利用已有的人力资源，更要培养高质量的人才资源，用以发展经济、创造国家财富，这是世界各大国崛起的重要原因。由于发展中国家劳动力总供给大于劳动力总需求，我们就必须一方面严格有效地控制人口自然增长率；另一方面开发人力资源，实现充分就业。

1. 控制人口自然增长率，实现适度人口增长

人既是劳动者，又是消费者，人类的自身再生产要与社会物质再生产相协调发展。人口增长的失控，必将加重资源与环境的压力、经济的困难与社会的动乱。人口发展要有与经济发展、资源承载、环境质量、生存空间和人口自身发展规律相协调的"适度人口"目标。

2. 大力发展劳动密集型产业，实现充分就业

对人口众多的发展中国家而言，现实的问题是农业剩余劳动力转移的难题，出路在于广泛开辟就业机会，大力发展劳动密集型产业：一方面可以进行农业内部的结构调整，农业多种经营潜力很大，提高复种指数仍有可能；另一方面逐步实现农业剩余劳动力向非农产业转移，转向劳动密集型工业，特别是那些多用劳力、少用资金的产业，以创造更多的就业机会，可以发展乡镇企业，发展第三产业，积极进入世界劳务市场。

3. 增强人力资本投资强度，发展技术密集型与高新技术产业

随着新技术革命潮流的出现，当今各国都努力发展高技能、低资本密集为主的工业体系，但发展中国家面临的主要问题是人口文化素质较低，原因是人力资本投资严重不足。改变这种状况的最重要的转化条件是实施人口质量投资战略和人力资本投资战略。

开发人力资源是我国经济长期发展的一项战略任务，我们要发展教育，为中国经济持续发展和社会全面进步提供丰富的高质量的人力资源。

第三节　环境保护与人类发展

人类依赖自然环境，环境是人类生存和发展的必要条件。但是当前全球正面临着日益严重的环境问题。影响自然环境的因素有两个方面：一是自然因素，频繁发生的自然灾害会影响局部地区，甚至全球的环境变化；二是人为因素，如人类不合理活动造成对环境的破坏和污染。在环境科学中，把自然因素造成的环境问题，称为原生环

境问题，也叫第一环境问题；把人为因素造成的环境问题，称为次生环境问题，又叫第二环境问题。人类必须保护自己的环境。发展经济和保护环境是世界各国面临的双重任务。

一、自然灾害与减灾、防灾

自然环境孕育了人类，但环境的异常现象也给人类带来了灾祸。自然灾害是人类面临的最严重的挑战之一，给人们的生命财产带来极大威胁。各国都必须重视减灾、防灾。

（一）当前自然灾害的特点

20 世纪 60 年代以来，自然灾害表现出前所未有的显著特点。

1. 自然灾害极其严重

近半个世纪以来，世界各地严重自然灾害频繁发生，地球各圈层（大气圈、水圈、生物圈、岩石圈）内的自然灾害大致同步出现，包括大地震、大旱、大涝、风暴潮、海啸、火山爆发……据不完全统计，从 1965 年到 1992 年的 28 年间，全球共发生了 4 653 次自然灾害（已造成 10 人以上死亡或 100 人以上受灾的自然灾害统计），灾害导致 360 万人死亡，受灾人口 30 亿，直接经济损失达 3 400 亿美元。从 1990 年至 1999 年全球灾害共造成 87.8 万人死亡，19 亿人受影响，每年造成 1 000 亿美元损失。2004 年 12 月 26 日发生的印度洋海啸就导致超过 25 万人遇难。我国是世界上自然灾害最为严重的国家之一，因灾死亡人数多，中华人民共和国成立以来超过 50 万人因灾死亡。2016 年我国自然灾害造成 1.9 亿人次受灾，1 432 人死亡，因灾直接经济损失达 5 032.9 亿元（人民币）。

2. 自然灾害频率增加

近年来全球自然灾害发生的频率、灾害影响的人数和直接经济损失都在迅速增加。据 20 世纪 90 年代初的资料，与 20 世纪 60 年代相比，频率增加了 3.2 倍，年死亡人数增加了 5.2 倍，受灾人数增加了 6.9 倍，而年经济损失增加了 30 倍。例如，据联合国的统计，1999 年全球的自然灾害造成 52 000 人丧生和 650 亿美元的经济损失；联合国国际减灾战略署 2016 年 10 月称，在过去 20 年中全球因灾死亡人数达到 135 万。

3. 人为因素加剧了自然灾害

人口激增和工业化迅速使环境恶化，自然生态系统遭到破坏，如大规模毁林、土地被侵蚀、大气和水体被污染、温室效应等，这些人为因素正在改变着自然环境的本来面目，并与自然灾害交织在一起，增大了灾害的危害。因此当前自然灾害远较以前复杂，尤其是人为因素引起环境质量恶化造成的损失是无法计量的。

4. 自然灾害的重灾区是发展中国家

每年全球人口中约有 10% 要面对自然灾害的袭击，面临地震、热带风暴、洪水和干旱的人口分别为 1.3 亿、1.19 亿、1.96 亿和 2.2 亿，这些受灾人口主要分布在发展中国家。联合国国际减灾战略署发布的报告表明，在 1996—2015 年的 20 年中，中低收入国家死于自然灾害的人数为 122 万，约占全球的 90%。发展中国家成为重灾区的原因与人口众多、工业化进程加快、环境缺乏保护、防灾意识薄弱和资金投入不足相关。如果发展中国家不对自然灾害予以更多的重视，那么在未来几十年中，还将有数百万的人可能被自然灾害夺去生命。

（二）主要自然灾害

自然灾害是指给人类生存带来灾祸的自然现象和过程，包括天文灾害、陆地灾害和海洋灾害（表 6-4）。陆地灾害按自然要素可分为地质灾害、地貌灾害、气象灾害、土壤灾害、水文灾害、生物灾害，每一种又可再分为多种具体灾害。其中世界性的三大自然灾害是地震，旱涝灾害和风暴灾害。

表 6-4　自然灾害分类

灾害系列	灾害类型	灾害
天文灾害系列	宇宙灾害	宇宙射线等
	太阳系灾害	太阳黑子的周期性活动、陨石冲击、行星波等
	月球灾害	引潮力及月相变化产生的破坏作用等
陆地灾害系列	地质灾害	地震、火山、地气等
	地貌灾害	泥石流、沙漠化、土壤侵蚀、滑坡等
	气象灾害	台风、干旱、雨涝、热浪、寒流等
	土壤灾害	盐碱化、土层及养分减少、耕地减少等
	水文灾害	洪水、淡水短缺、矿井水灾、水污染等
	生物灾害	植被退化、物种灭绝、森林火灾、病虫害、兽害等
海洋灾害系列	海流	风暴潮、海啸、黑潮、海浪等
	海温变化	厄尔尼诺等
	海面变化与海水污染	海平面上升等

1. 地震

地震灾害是众灾之首，往往造成死亡人数最多，经济损失最大。据联合国的统计，从 1900 年至 1985 年，世界地震导致死亡 265 万人，约占各种自然灾害造成的死亡总人数的 58%，年经济损失约几十亿美元。我国自 1949 年以来地震死亡人数占全部自然灾害死亡人数的 50% 以上。1976 年 7 月 28 日，我国唐山地区发生了 7.8 级大地震，使一个有百年历史和百万人口的城市毁于一旦，24.2 万多人死亡。2008 年 5 月 12 日，四川汶川发生 8.0 级强震，累计死亡 6.92 万余人。

地震是地球表层的震动，是地球内部能量积聚在局部地区和极短时间内的突然释放。地震都发生在地表以下，发生振动的地方叫作震源，在地面上与震源正相对的地

227

方叫作震中，从震中到震源称为震源深度。地震学上用地震震级和地震烈度两个不同概念来衡量地震的大小。震级是按地震本身强度来定的等级标准，反映地震所释放的能量的大小。一次地震只有一个震级，地震释放的能量越大，震级越大，至今测到的最高震级是 8.9 级。地震烈度是指在一次地震中具体地点地面受到的影响和遭破坏程度。地震烈度不仅取决于地震震级的大小，也受震源深度、震中距离、地震波传播介质、地质构造等条件的综合影响，因此在同一地震作用下各地烈度不同，一般震中区烈度最高，随与震中距离的加大而减小。国际上一般将地震烈度分为 12 度，地震引起的地面震动及其影响的程度越严重，烈度越高。

地震灾害不仅导致建筑物倒塌，引发人员伤亡和财产损失，还诱发多种次生灾害，如地震会引起火灾、水灾、放射性和毒气污染、瘟疫、泥石流、滑坡、崩塌、海啸等一系列灾害，有时还会导致社会混乱、经济破坏，带来广泛的社会问题。

世界地震分布是有规律的，往往呈带状集中分布，多分布于地壳板块结合处的脆弱地带。世界地震主要有两大带：一是环太平洋地震带，位于太平洋与大陆交接处，包括西太平洋岛屿和东太平洋美洲西部地区。全球约 80% 的浅源地震和 90% 以上的中、深源地震都集中在这一地带；二是地中海—喜马拉雅地震带，位于欧亚大陆、非洲大陆与印度洋的结合地带，这里分布着除环太平洋地震带以外的大部分浅源地震和全部中源地震。

2. 旱涝灾害

旱涝灾害导致的经济损失大，死亡人数也多。据统计，2022 年来全球自然灾害每年导致的经济损失高达 2 238 亿美元，旱、涝两种气象灾害造成的经济损失就占 35% 以上，其中干旱占 15%，洪涝占 20%。旱涝灾害造成的人员伤亡也很大。世界范围内的旱涝灾害是极为频繁的，造成了严重后果。1968 年开始的非洲大旱到 1983—1984 年更为严重，发展成 20 世纪最大的一次干旱和饥荒，约 200 万人死亡，至少 1.5 亿人受到饥饿的威胁。1998 年我国共有 29 个省、自治区、直辖市发生严重洪涝灾害，农作物受灾面积 2 120 万 ha，死亡 3 000 余人。

旱涝灾害带来的危害是多方面的。干旱除了导致饥荒外，长期干旱更引起沙漠化，非洲撒哈拉地区从 1968 年持续到 1984 年的旱灾使这个地区的沙漠每年南移 5 km。洪涝灾害除造成人员伤亡外，还淹没农田、冲毁房屋、道路桥梁和堤坝。

旱涝灾害是由天气形势变化造成的，如季风进退的异常，厄尔尼诺现象（是指圣诞节前后，在东太平洋南美沿海近赤道海面海水异常升高的现象，明显影响大气环流，造成严重的天气异变）等，某些地区长时间晴朗少雨形成干旱，某些地区长时间连续阴雨形成洪涝。旱涝灾害分布范围广，影响面积大，世界各国都有灾情发生，但又以季风气候区最为突出，亚洲东部季风区为世界上旱涝灾害频繁、面广的地区。1951—1991 年，我国平均每年发生旱灾 7.5 次，发生洪涝 5.9 次。

3. 风暴灾害

风暴灾害破坏力大。在 2022 年全球自然灾害造成的损失中，风暴造成的人员伤亡和经济损失分别占到 5% 和 59%。其中台风（飓风）危害极大，据统计，自 18 世纪以来，造成死亡人数达 10 万以上的台风发生过 8 次，其中死亡人数达 30 万的就出现过 4 次。

台风的破坏力造成的危害，主要是由强风、暴雨和风暴潮引起的。台风风速可达到 12 级（32 m/s）以上，可造成建筑物倒塌，大树被拔起；带来的暴雨可造成洪涝灾害，引起的风暴潮可使海水上涌五六米并冲上海岸，形成大灾。1970 年 11 月在孟加拉湾海岸发生了历史上最大的风暴灾害，强风推着海浪，短短数小时海岸成为汪洋，夷平了村庄，夺走 30 万人的生命，导致 100 万人流离失所，470 万人受害，庄稼损失价值 6 300 万美元。

台风的分布具有地区性，全球主要发生在 8 个海区，威胁严重的地区有 3 个：孟加拉湾北部及沿海地区；我国东南沿海、日本和东南亚国家；加勒比海地区和美国东部海岸。据 20 世纪下半叶的统计，全球每年发生台风大约 80 次，半数发生在北太平洋。我国也是台风重灾区，1949—1998 年，在我国登陆的台风平均每年 7 次。1989—1992 年我国平均每年受灾面积 307 万 ha，死亡 450 人，每年直接经济损失 80 多亿元（人民币）。

（三）减灾、防灾对策

许多国家，特别是发展中国家已经认识到减轻自然灾害的影响对全人类的重要意义。1987 年联合国第 42 届大会通过了"国际减轻自然灾害十年"的决议，把 1990—2000 年这十年作为研究防治自然灾害的活动期；21 世纪初，联合国又实施了"国际减灾战略计划"。这些措施提醒和教育人们重视环境保护，预防灾害，减轻灾害的损失。世界各国都十分重视灾害研究，成立了相应的研究机构和国际组织，召开研究灾害的国际会议，出版有关灾害研究的期刊。

我国在长期与自然灾害的斗争中积累了丰富的经验，制定了"以防为主，防抗救相结合"的减灾方针，组织大规模江河治理，加强气象、水文、地震的监测预警工作，取得了明显效果。1989 年国家成立了"中国国际减灾十年委员会"，2000 年更名为"中国国际减灾委员会"，2005 年更名为"国家减灾委员会"，推进全社会减灾活动。2009 年国务院批准每年 5 月 12 日为全国减灾防灾日，提醒重视减灾防灾，努力减少灾害损失。

我国的主要减灾对策是：加快建立健全灾害监测预报系统，提高测报水平，兴建减灾工程，将减灾与经济建设紧密结合，提高整体防灾能力；灾害发生后，动员一切力量，减少生命、财产损失，保障灾民生活，减轻灾害影响；进一步完善减灾法规，加强宣传教育，提高全民减灾意识；重视增强科学技术在减灾中的作用。

二、人类活动对环境的影响

人类生活在环境中，同时又是环境的塑造者。随着生产力和科学技术的发展，人类与环境的关系越来越密切，人类也越来越大地对环境产生影响。人类积极合理地规划利用和改造自然，就能创造出有利于人类生活和生产的条件，美化环境；如果滥用和破坏自然资源，在发展生产时忽视对环境的保护，必将使环境恶化，不利于人类自身生存和发展，会遭受大自然的惩罚。

（一）对大气的影响

人类的生活和生产活动排放的气体改变了一部分大气的组成成分和含量，使局部气候产生变化，甚至影响到全球气候。

1. 温室效应

大气中存在的一些气体，如二氧化碳（CO_2）、甲烷（CH_4）等，它们具有吸收红外线的能力，能透射太阳短波辐射，吸收地面长波辐射，当它们在地球上空过多聚集时，能阻止地表辐射热的散失，造成地表温度上升，有类似玻璃窗和塑料棚的作用，这种现象称为"温室效应"。自工业革命以来，人类大量燃烧煤、石油和天然气，不断给大气增添数量巨大的人造二氧化碳。"温室效应"的直接后果是全球气候变暖，2023 年是有记录以来最热的一年，全球近地表平均温度比工业化前水平高 1.45 ℃，过去 10 年是有记录以来最热的 10 年。近年来暖冬和酷暑波及欧洲、亚洲和美洲。如果全球对二氧化碳等温室气体的排放不加以限制，地表温度就有进一步上升的可能，估计到 2030 年二氧化碳的含量将比工业革命前增长一倍，到 21 世纪中叶全球平均气温将比现在升高 1.5~3.5 ℃，由此可能造成冰川融化加快，海平面不断上升，城市受淹，良田盐碱化和沙漠化，气候带发生移动，地球生态系统遭到破坏，给人类生存环境带来难以预料的严重后果。

学习活动

2023 年 12 月 6 日，由 90 多个国际机构的专家们联合发出的《临界点报告》在联合国气候峰会上面世，该报告称，由于气温升高，地球生态系统正面临 5 项"临界点"，如果这 5 个维度的观察指标一一被突破，可能会让我们所在的蓝色星球迎来"生态崩溃"。

报告中提到的五个"临界点"包括格陵兰岛冰盖的消亡、南极洲冰架的全面崩塌、永久冻土层的大范围融化、温暖水域中珊瑚礁的死亡以及北大西洋大气环流的崩溃。

请就以下问题展开小组讨论：

（1）假如地球达到这五个"临界点"，会有什么连锁反应？

（2）气候变化与我们有什么关系？

（3）我们可以采取哪些积极行动应对气候变化？

2. 对臭氧层的破坏

臭氧层主要分布在离地球 25~30 km 范围的大气平流层中，臭氧能吸收对人类和动植物有害的 99% 的紫外线，它如同一道天然屏障，保护地球上生物免遭紫外线的伤害。但工业和生活中作为制冷剂和溶剂的氟利昂（氯氟烃类物质）等的大量使用和逸入大气，造成臭氧层被破坏。氟利昂能与臭氧层发生反应，消耗臭氧分子，使臭氧浓度下降。臭氧浓度每下降 1%，太阳紫外线辐射就增加 1.5%～2%。紫外线辐射对生物组织具有极大的破坏力。1985 年人类在南极上空首次发现臭氧层空洞，随后又在北半球高纬度地区也发现了臭氧层空洞。1987 年召开的国际保护臭氧层大会，通过了世界第一个关于控制使用氯氟烃等消耗臭氧层物质的条例。

（二）对土地的影响

人类在经济活动中使用和管理土地不善，导致土地危机，土壤退化就是土地危机的突出表现，其特征是土壤肥力耗尽，土地生产能力下降，表土流失，最严重的导致土壤荒漠化。2015—2019 年全世界每年大约有 1 亿 ha 土地退化，因为荒漠化，全球每年农作物损失估计为 42 亿美元，主要在亚洲和非洲的发展中国家。

首先，过度放牧和过度耕种造成土壤退化。由于过度放牧，牲畜的头数超过牧场的承受力，就会加速草地退化，导致杂草、灌木蔓延，土地板结。非洲南部一些国家牛畜养头数超过草场承载力的 50%～100%，致使草场严重退化。耕地的承载力也有一定限度，历史上就有土地休耕制。但近年来由于人口的压力，已无法正常实行休耕制，这就易使土壤结构遭到破坏，有机质含量下降，导致土壤退化。

其次，土壤的盐碱化使水浇地退化。过度灌溉及排水不畅，就有可能造成地下水位上升，使水分蒸发，盐分集结在土壤表层，长期聚集就会严重危害土壤，导致土壤盐碱化，造成水浇地退化，影响植物生长。

最后，森林的砍伐也造成了土壤退化。土壤养分随植被减少而逐步丧失，树木的减少还增强了风侵蚀的危害。巴西亚马孙河流域由于开辟农田与牧场而砍伐森林，使 50% 以上的土地由于肥力不足而退化。

（三）对水资源的影响

淡水资源是有限的，人类的活动使水资源日趋短缺。2023 年《联合国世界水发展报告》指出，在过去的 40 年中，全球用水量以每年约 1% 的速度增长，在人口增长、社会经济发展和消费模式变化的共同推动下，预计直到 2050 年，全球用水量仍将以类似的速度继续增长。这部分增长主要集中在中低收入国家，尤其是新兴经济体。

造成水危机的原因主要包括：第一，人口迅速增长对用水的压力，世界淡水用量每年都以 5% 左右的速度在递增，造成人均占有水资源量日趋减少。第二，毁林与土壤退化减少了稳定的径流量。森林有较强的集水能力，良好的土壤结构易于水分的吸收与保存。如果森林遭到损毁，土壤严重退化，其保水能力就会下降。第三，"温室效应"也影响了水资源的分配。全球温度升高，影响水的蒸发，冬季积雪减少，冰川融化加快，从而改变径流季节分配，加剧地区间季节性缺水。此外，水资源分布不均，某些地区耗水量过大、水资源浪费以及水体污染等因素，进一步加剧了供需矛盾。

当前缺水已是一个世界性的普遍现象，水资源不足成为许多国家，尤其是发展中国家社会和经济发展的重要制约因素，甚至影响到人们的基本生存条件。联合国大会从 1993 年开始，将每年 3 月 22 日定为"世界水日"，以提醒人们重视日趋严峻的水危机。

（四）对生物的影响

人类活动对生物的影响表现在对生物和物种资源的破坏上，尤为严重的是使森林资源锐减和物种灭绝。

1. 森林资源锐减

森林是陆地生态系统的重要组成部分，但由于森林火灾、病虫害特别是人类长期的破坏和砍伐，森林面积大幅度下降，从 1862 年的 55 亿 ha 减少到 1990 年的 40 亿 ha。目前森林仍在不断减少，特别是热带森林遭到大规模砍伐，2022 年全球损失 410 万 ha 热带原始森林，最严重的是巴西，减少了 180 万 ha，占比 43%。

森林资源锐减主要是人类造成的。第一，将森林转为耕地和牧场。人口的增长迫使人类不得不砍掉原始森林来种植粮食。据联合国的估计，被毁森林中 45% 的面积被转变为耕地。巴西朗多尼亚州为移民农耕，20 世纪 80 年代砍伐了占该州面积 24% 的森林。毁林放牧也在拉美一带盛行，1985 年至 2022 年间，巴西牧场主和农民通过砍伐树木开拓了约 50% 的农业面积，其中大部分农田的前身是亚马逊雨林。第二，对薪柴和木制产品的需求也导致砍掉大片森林。非洲不少国家能源消费中 70% 以上仍靠薪柴。第三，空气污染和酸雨也严重损害着森林。欧洲森林在 20 世纪 80 年代曾遭此损害，占森林总面积 14% 的 1 930 万 ha 森林呈受害迹象，其中最严重的是波兰。

2. 物种灭绝

物种灭绝日趋严重。目前世界上存在的生物物种 200 万~1 000 万种，由于人类不合理的开发活动，生物物种不断减少，一些生物濒临灭绝，到 20 世纪末，50 万~300 万种生物物种尤其是珍稀的动植物种遭遇灭绝的危险。

物种灭绝的危险主要来自生物生活环境的破坏和人为捕杀。野生生物的生存在很大程度上依赖其生活环境，如森林、草原，它们提供了野生生物生存必需的食物和栖息条件。地球上大多数物种生活在热带，特别是热带雨林，雨林的面积只占地球的 7%，但生存的动植物却占 50% 以上。热带雨林大幅度减少必然导致大批物种灭绝。据研究，如果拉丁美洲地区森林面积缩小为原来的 52%，占森林植物物种 15% 的约 1.36 万种将灭绝。人为捕杀也加速了物种的灭绝。出于商业和食用目的，人类长期以来大量捕杀各种动物，非洲大象从 1979 年的 130 万头锐减到 1989 年的 62.5 万头（据国际自然保护联盟的报告，2016 年仅存 41.5 万头），南大洋的蓝鲸数量只剩下原来的 5%。目前超过 26% 的哺乳动物物种受到灭绝威胁。

三、环境污染与环境保护

环境污染是人类活动影响环境造成的恶果，是伴随工业化进程而出现的不良现象。

（一）大气污染与防治

大气污染曾是工业发达国家的突出问题，现在在发展中国家也日趋严重。大气污染主要是大量消耗矿物燃料造成的，燃煤排放的污染物主要是烟尘和二氧化硫，石油燃烧排放的主要是二氧化硫。

大气污染造成的危害是多方面的，其中最主要的是酸雨污染，它与温室效应、臭氧层破坏并称为破坏大气的三大元凶。酸雨是排放到大气中的二氧化硫和氮的氧化物在一定条件下转化成硫酸和硝酸而导致的。正常雨水因溶解二氧化碳而呈微酸性，但当溶有硫酸和硝酸使 pH<5.6 时就形成酸雨。酸雨的危害极大，它有很强的腐蚀性。20 世纪 70 年代以来，世界上森林大面积死亡、湖泊酸化、农业生产受损都与此有关。

大气中的二氧化硫、烟尘等有害物质在一定条件下直接危害人体健康，例如，震惊世界的英国伦敦烟雾事件发生在 1952 年 12 月 5 日到 8 日，英国全境几乎都为烟雾覆盖。伦敦市工厂和居民生活燃煤所产生的烟雾不断聚集在该市低空。大气中二氧化硫和尘粒浓度超过平时浓度的 6~10 倍。在短短四天内伦敦死亡人数比往年同期多 4 000，同时肺炎、肺癌、流行性感冒及其他呼吸道疾病死亡率成倍提高。

大气环境保护的主要任务是控制污染源，控制污染排放是重要措施，可以通过合理布局工业、改变能源结构、改进燃烧方式和改革工艺流程等措施来实现。对煤炭能源的利用必须提高燃烧效果，减少污染物排放，应用高效消烟、除尘设备，同时搞好环境绿化，以净化空气。

（二）水污染与水环境保护

在工业和农业生产活动中各种有害、有毒废水大量被排入江河湖泊等水体中，造成淡水源的污染。这些废水主要来自城市工业废水、生活污水和农田排水等，其中城市工业废水是主要来源。

废水中的污染物主要有以下几类：

（1）有毒物质，主要是重金属化合物（如汞、镉等）和难分解的有机污染物，如含氯的 DDT（一种杀虫剂）和六六六等。

（2）耗氧性污染物，包括生活污水和食品、造纸等工业污水，多含有机物，氧化时要消耗水中的溶解氧。

（3）植物营养污染物，来源于洗涤剂、化肥、饲料等污水，会使湖水富营养化，使藻类大量繁殖。

（4）病原体污染物，各种生活污水和来自屠宰场、医院等的废水，含各种病原体，易传染各种疾病。

水污染的主要根源是高度工业化和城市化。现代工业发达国家和大城市水污染都曾比较严重，轰动世界的"日本水俣事件"就是典型事例。

"日本水俣事件"发生在 1953—1968 年，日本熊本县水俣市的一些工厂将含汞的工业废水排入水俣湾，造成水体污染严重。居民食用这种受污染水域中的鱼后中毒，造成中枢神经疾病。这次事件有近 300 人中毒，其中死亡 60 余人。

水污染造成的危害是极其严重的，如造成水源短缺、供水紧张、水质下降、疾病蔓延。据联合国的调查，全世界河流稳定流量的 40% 左右被污染。

水环境保护要靠控制和治理。首先，要加强废水治理，减少污染负荷。废水、污水要经处理才能排放，重污染厂矿要整顿或搬迁。其次，要增强河流自净能力，调节洪枯水量。最后，要改变废污水排放的空间位置和时间节奏，避免集中排放。

（三）土壤污染与防治

土壤中增加的因人类活动产生的某些有害物质，超过了土壤的自然净化能力，致使土壤质量下降，正常功能失调，导致土壤污染。

土壤有害物质的来源是多方面的，由大气污染造成的酸雨降落或用遭污染的水灌溉，或施用污泥，都会使土壤受到污染。一些固体废弃物（如矿渣）长年露天堆放，日晒雨淋，其有害成分渗入地下，也会污染土壤。不适当地使用化肥和农药也会造成土壤污染：过量使用化肥使土壤中酸性物质增加，土质变硬，土壤结构被破坏；农药的使用破坏了微生物的正常生存和繁殖，有机物不能被分解转化为植物能吸收的养分，致使土壤变得贫瘠，不利于作物生长。另外，大量废弃的食品包装袋、快餐饭盒和农用地膜等塑料制品造成的"白色污染"像瘟疫一样在世界各地蔓延，在环境中既不容易分解，又不能腐烂、消灭，即使埋在地下一二百年也不会自行分解，它们的存在会使土壤板结，地力下降，造成庄稼减产。

土壤污染除了影响作物的产量和质量外，其有害物质能通过食品（如粮食、蔬菜、水果、乳、肉、禽、蛋等）在人畜体内积累，以致引起中枢神经中毒及肝脏损害，甚至致癌、致畸。日本就曾发生过吃粮食中毒的"镉米"事件。1955 年，日本富山县农民由于长期用铅锌冶炼厂排出的废水灌溉稻谷，有毒的镉元素在被农作物吸收后，通过食物链进入人体，危害人的健康。受害的农民骨痛难忍，207 人死亡，280 人残疾。

土壤污染的防治要从控制污染源着手，不让受污染的废水污泥进入农田，同时合理安全施用农药，合理有效地施用化肥，加强土地管理，废渣堆放少占用农田；还要采用合理的土壤耕作措施，调节土壤中的空气水分，增强土壤的自然净化能力。

（四）噪声污染与防治

噪声是指振幅和频率杂乱、断续或无规律的声振动。凡是干扰人们休息、学习和工作的不需要的声音都可称为噪声污染。噪声的强度用声级来表示，其单位是分贝（dB），一般声音超过 50 dB 就会影响人的睡眠和休息。

城市噪声来源很多，主要有四类：工厂噪声，如鼓风机、空气压缩机、冲床等，运转时噪声达 80~120 dB；交通运输噪声，指运行中的汽车、火车、飞机发出的声音，飞机起降时噪声高达 140 dB；建筑施工噪声，如打桩机、压路机运转时发出的声音；社会生活噪声，如群众集会、家用电器发出的声音。

城市噪声会产生各种危害性后果，主要是降低人的工作效率，影响身体健康。在 60 dB 以上噪声中长期工作会使人感到疲倦，听力衰退，神经衰弱，精神不集中。而在 90 dB 以上噪声环境中长期工作或生活，就会严重影响听力，造成噪声性耳聋，并引起其他疾病，如高血压、胃溃疡等。噪声还能使玻璃震碎，烟囱倒塌，甚至造成动物和人的死亡。

噪声污染的治理唯有控制噪声污染源，主要是控制工厂噪声污染源和交通运输噪声污染源。工厂企业要采取消声、隔声、吸声措施，并调整不合理布局，搬迁出市区人口密集区。降低交通运输噪声除降低发动机、排汽及车体结构噪声外，还必须注意降低汽车喇叭声和车辆刹车噪声。我们可通过一系列措施建成城市低噪声控制区。

综上所述，环境保护就是保护自然环境，防止生态破坏和环境污染，使之更好地适合人类生产、生活和自然界生物生存的需要。环境保护必须做好两个方面的工作：其一是预防污染和其他公害、保护自然环境；其二是在产生环境污染后做好综合治理。因此，环境保护应该始终贯穿经济与社会发展的全过程。

科学家精神

蕾切尔·卡逊与环境保护运动

美国海洋生物学家蕾切尔·卡逊（Rachel Carson，1907—1964）是环境保护运动先驱，她的作品《寂静的春天》（Silent Spring）引发了美国以至于全世界的环境保护事业。

她 1941 年出版第一部著作《海风的下面》，阐明加强生态环境保护的紧迫性，如过度捕鱼将导致海洋生物资源枯竭和生物链断裂，超量抽取河水会造成水资源缺乏而引发一系列严重后果，大气、土壤、水污染将给人类带来生存与发展的灾难。

20 世纪 40 年代，许多国家对 DDT 的使用量不断增加，人们也把 DDT 作为减少或消除虫害的突破性成果。1955 年卡逊读到有关 DDT 的最新研究成果后，她确信 DDT 对整个生态网造成的危害被人们忽视得太久了。在以后的几年中，她陆续发现了随意喷洒 DDT 等杀虫剂和除草剂危害各种生物以及人类的大量证据，一些证据表明人类的癌症与一些杀虫剂有关。

1962 年，《纽约人》杂志发表了她基于这项研究的首篇文章，这就是《寂静的春天》的前言。文章一经发表就引起了巨大的反响，公众对政府纵容一些农药公司危害生态环境义愤填膺。而农药公司的第一反应，是企图通过起诉《纽约人》杂志而封住卡逊的口，一场为保护生态环境的博弈揭开了序幕。《寂静的春天》于 1962 年开始在书店出售后，农药制造商雇用一些失去良知的学者污蔑、歪曲卡逊的论断，赞扬杀虫剂的好处，同时对卡逊进行无耻的人身攻击。此时卡逊的健康每况愈下，但是，她面对攻击环保的丑恶之声毫不动摇，继续宣传她的主张。

　　不久，肯尼迪总统的科学顾问委员会公布了杀虫剂问题的报告，用事实证明了卡逊的正确论断，致命的化学品确实在污染生态环境的情况下被大规模使用。此后，许多公司杀虫剂的生产、销售和使用受到严格的控制，甚至杀虫剂被禁用。

　　遗憾的是，在《寂静的春天》出版后几个月，卡逊的健康全面恶化。1964年4月14日，她被癌症夺去了生命。当今，在人类为消除各种污染，保护生态环境，科学利用和节约资源能源而努力奋斗时，更加敬佩蕾切尔·卡逊——这位在癌症缠身、生命濒危时仍然全力保护生态环境的先锋和卫士。

四、可持续发展

　　发展问题始终是人类社会关注的焦点，人类一直在寻求正确的发展道路。传统的发展观点基本是以工业增长为衡量发展的唯一标志，片面追求国内生产总值增长，带来的严重后果就是环境急剧恶化、资源日趋减少、人民的实际福利水平下降，发展最终将难以持续而陷入困境。面对当今世界日趋严重的环境问题，特别是全球性的生态危机，人们开始检讨以工业增长作为衡量标志的传统经济发展观，探索一种全新的发展观念和模式，它能使人类进步不局限于部分地区和短暂的年代，而是要将整个地球的繁荣持续到遥远的未来，这就是可持续发展战略。

（一）推动可持续发展的历程

　　1972年6月在瑞典召开了"联合国人类环境会议"，当时人类面临着环境日益恶化、贫困日益加剧等一系列突出问题，国际社会迫切需要共同采取一些行动来解决这些问题，会议通过了重要文件——《人类环境行动计划》，提出了"人类只有一个地球"的响亮口号。

　　20世纪80年代初期，欧洲一些发达国家首先提出"可持续发展"的观念，经与发展中国家的对话，在1989年5月联合国环境规划署第十五届理事会期间达成共识，发表了《关于可持续发展的声明》。同年在联合国大会期间，经过一系列谈判和磋商，大会通过了具有重大意义的联大228号决议，重申了已达成的共识，明确指出全球环境不断恶化的主要原因是不可持续的生产方式和消费方式，特别指出发达国家应对全球环境恶化负主要责任，强调环境与发展不可分割。

　　1992年6月在巴西举行的"联合国环境与发展会议"正式将"可持续发展"确定为人类社会发展的新战略，从而第一次把可持续发展由理论和概念推向实践和行动。会议制定并通过了《里约宣言》和《21世纪议程》两个纲领性文件，号召各成员国制定本国可持续发展战略与政策并加强合作，并于1992年底通过决议建立了联合国"可持续发展委员会"。现在可持续发展战略已得到世界普遍认同，不论发达国家还是发展中国家都以此作为指导本国经济、社会发展的总体战略。

2002 年 8 月，为纪念"联合国环境与发展会议"召开 10 周年，联合国在南非召开了"可持续发展世界首脑会议"，191 个国家派团参加了这次会议，其中 104 位国家元首或政府首脑参加，这次会议回顾了《21 世纪议程》的执行情况、取得的进展和存在的问题，并制定了一项新的可持续发展行动计划，会议通过了《可持续发展世界首脑会议执行计划》这一重要文件。

"联合国人类环境会议""联合国环境与发展会议""可持续发展世界首脑会议"这三次联合国会议被认为是国际可持续发展进程中具有里程碑性质的重要会议。

（二）可持续发展战略思想

"可持续发展"的概念 1980 年首次出现在国际自然保护同盟的《世界自然资源保护大纲》中，其后不断被重新阐述、深化含义。1987 年世界环境与发展委员会发布的一份题为《我们共同的未来》的报告对"可持续发展"所作的定义是"既能满足当代人的需要，又不对后代人满足其需要的能力构成危害的发展"。该定义因为系统地阐述了可持续发展的思想，被人们广泛接受并引用。可持续发展所要解决的核心问题有人口问题、资源问题、环境问题与发展问题（简称 PRED 问题）。可持续发展强调发展，但要求在严格控制人口、提高人口素质和保护环境、资源永续利用的前提下推进经济和社会的发展。

（三）可持续发展战略的目标

可持续发展战略所追求的总体目标是：既要使当代人的各种需求得到满足，又要保护生态环境，不对后代人的生存和发展构成危害。

可持续发展战略的目标可以作如下表述：

（1）可持续发展的核心是"发展"。这种发展应能不断满足当代人和后代人的生产、生活和发展，以及他们对于物质、能量、信息和文化的需求。这对发展中国家而言尤为重要，消除贫困是实现可持续发展不可缺少的条件。发展中国家一般都面临着贫困和生态恶化的双重压力，但第一位的是发展，先消除贫困，才能提供必要的物质基础，逐步解决生态危机。

（2）可持续发展的重点是"公平"。这里包括两种公平：其一是当代人之间的公平，穷国与富国的权利分享；其二是对子孙后代的公平，当代人和后代人之间的福利分享。这种公平特别体现在代与代之间用公平的原则，去使用和管理属于全人类的资源和环境，每代人都要以公正为原则担负起各自的责任，当代人的发展不能以牺牲后代人的发展为代价。

（3）可持续发展的关键是"合作"。在国际社会和地区之间应体现均富、合作、平等的原则，在空间范围内，缩短同代人之间的差距，不应造成物质上、能量上、信息上乃至心理上的鸿沟，以实现"资源—生产—市场"内部之间的协调和统一。

（4）可持续发展的本质是"协调"。人类社会要营造"自然－社会－经济"支持系统适宜的外部条件。人类要建立新的道德和价值标准，彻底改变对自然界的传统态度，必须学会尊重自然、师法自然、保护自然，而不是将自然作为可以随意盘剥和利用的对象。人类不是自然界的中心，而只是自然界的一员，必须与自然界和谐相处，使得人类生活在一种更严格、更有序、更健康、更愉悦的环境之中。因此，人类应当使这种系统的组织结构和运行机制不断地被优化。

可持续发展要求人们改变传统的生产方式和消费方式，以依靠科技进步和提高劳动者素质来促进经济增长的新模式取代过去那种靠高消耗、高投入、高污染和高消费来带动和刺激经济高增长的发展模式，减少经济发展对资源和能源的依赖，减轻对环境的压力，把环境保护作为发展进程的一个重要组成部分。可持续发展很好地把眼前利益和长远利益、局部利益与全局利益有机地统一起来，使经济能够沿着健康的轨道发展。因此可持续发展战略是当前和未来人类发展的最好选择。

（四）我国的可持续发展之路

可持续发展战略的实施对于中国这样一个人口众多、人均资源少的国家而言显得尤为重要。早在 20 世纪 70 年代，我国政府就根据具体国情制定了实行计划生育和保护环境、促进经济与环境协调发展的基本国策。在 1992 年"联合国环境与发展会议"后，我国政府率先组织制定了《中国 21 世纪议程——中国 21 世纪人口、环境与发展白皮书》，从人口、环境与发展出发，提出了中国可持续发展的总体战略、对策及行动方案，作为指导我国国民经济和社会发展的纲领性文件，开始了我国可持续发展的进程。1996 年 3 月，第八届全国人民代表大会第四次会议审议通过的《中华人民共和国国民经济和社会发展"九五"计划和 2010 年远景目标纲要》，就把实施可持续发展作为现代化建设的一项重大战略，使可持续发展战略在中国经济建设和社会发展过程中得以实施。

经过多年的努力，我国实施可持续发展战略取得了举世瞩目的成就。在经济发展方面，我国国民经济持续、快速、健康发展，综合国力明显增强；在社会发展方面，人口增长过快的势头得到遏制，科技、教育事业取得积极进展；在生态建设、环境保护和资源合理开发与利用方面，生态环境的恢复与重建取得成效；在可持续发展能力建设方面，可持续发展战略已纳入了各级各类规划和计划之中，全民可持续发展意识有了明显提高。

但是，我国在实施可持续发展战略方面仍面临着许多矛盾和问题。为了全面推动可持续发展战略的实施，我国制定了《中国 21 世纪初可持续发展行动纲要》，明确 21 世纪初我国实施可持续发展战略的目标、基本原则和保障措施等，提出我国实施可持续发展战略的指导思想是：坚持以人为本，以人与自然和谐为主线，以经济发展为核心，以提高人民群众生活质量为根本出发点，以科技和体制创新为突破口，坚持不懈地全面推进经济、社会与人口、资源和生态环境的协调，不断提高我国的综合国力和竞争力，为实现第三步战略目标奠定坚实的基础。总体目标是：可持续发展能力不断增强，经济结构调整取得显著成效，人口总量得到有效控制，生态环境明显改善，资源利用率显著提高，促进人与自然的和谐，推动整个社会走上生产发展、生活富裕、生态良好的文明发展道路。

2022年党的二十大报告指出，要推动绿色发展，促进人与自然和谐共生，统筹产业结构调整、污染治理、生态保护、应对气候变化，协同推进降碳、减污、扩绿、增长，推进生态优先、节约集约、绿色低碳发展。

当然，对我国来说，实施可持续发展战略任务十分艰巨，需要我们全民族团结奋斗、长期不懈的努力。我国可持续发展战略一定会逐步走上法治化、制度化和科学化的道路。

思考与练习

6-1 简述：生物受哪些环境控制？是如何进行控制的？

6-2 名词解释：

（1）生态系统

（2）生态平衡

（3）温室效应

参考答案

6-3 简答：我国人口状况有何主要特征？

6-4 简答：当前人口问题主要有哪些？

6-5 简答：当前世界自然灾害的主要特点是什么？

6-6 简答：如何区别地震震级和烈度？世界地震分布有何规律？

6-7 简答：旱、涝灾害是怎样形成的？有何危害？

6-8 简答：造成土壤退化的原因是什么？

6-9 简答：水污染物的主要来源是什么？如何分类？

6-10 简答：举例说明城市噪声源有哪些，有什么危害，如何防治。

6-11 论述：试用可持续发展观点论述环境保护的重要性。

拓展阅读导航

1. 卡逊. 寂静的春天［M］. 辛红娟，译. 南京：译林出版社，2023.

该书在美国问世时是一本很有争议的书。它那惊世骇俗的关于农药危害人类环境的预言，不仅受到与之利益攸关的生产与经济部门的猛烈抨击，而且也强烈震撼了社会广大民众。蕾切尔·卡逊第一次对人类对自然的"征服"提出了质疑，她所坚持的思想终于为人类环境意识的启蒙点燃了一盏明亮的灯。

2. 韦斯曼. 没有我们的世界［M］. 赵舒静，译. 上海：上海科学技术文献出版社，2011.

该书以全新的视角探讨人类对这个星球的影响，它引导我们在脑海中勾勒一个没有我们的世界，人类的哪些破坏活动是永不磨灭的，我们最杰出的艺术和文明中哪些将留存最久。这是一部笔触细腻的叙述性写实文学，科学性和可读性完美结合。

3. 韦斯特. 规模：复杂世界的简单法则［M］. 张培，译. 上海：中信出版社，2018.

全书最根本的思想，就是世间万事万物，通常都不能按照简单的线性比例放大。随着城市规模的扩大，其人均 GDP 会呈现系统性增长的特点，平均工资、犯罪率及其他许多城市指标也是如此。这反映出了所有城市的基本特征，即社会活动和经济生产率将随着人口规模的扩大而系统性提高。可以重点阅读第一部分大背景，更新看问题的视角。

第七章　科学技术的发展与反思

学习目标

　　1. 了解生物技术和信息技术的发展及其应用，了解人工智能的发展及其成果。

　　2. 理解通信技术和网络技术的发展，理解互联网对世界的影响。

　　3. 关注生物技术在安全性、伦理方面存在的争议，感悟科学技术发展给人类带来的积极作用，反思生物技术研究与应用中应遵守的规范和虚拟世界带来的网络道德失范问题，逐渐形成反思科学技术发展引发的社会问题的意识。

思维导图

科学技术的发展与反思	生物技术的发展	现代生物技术的研究内容
		现代生物技术的应用
	信息技术的发展	信息的处理
		信息技术的应用
	通信与网络技术的发展	通信技术
		网络技术
	人工智能的发展	人工智能概述
		人工智能的成果与展望
	技术发展的反思	生物技术发展的反思
		信息技术发展的反思
		虚拟世界与网络道德

情境链接

　　小学生小明很喜欢探索数学的奥秘。今天他决定研究一下勾股定理，于是他与 ChatGPT 交谈，在交流过程中理解并掌握了勾股定理。小明还是一个诗词爱好者，从小喜欢背唐诗。今天他请 ChatGPT 生成一幅"床前明月光，疑是地上霜"的图，很快一幅精美且充满诗意的图片展现在小明眼前。周末到了，小明跟着爸爸、妈妈去了东方明珠、外滩、豫园，他让 ChatGPT 写了一首诗"游上海"："东方明珠入云端，外滩夜景美如仙。豫园春色浓如酒，今日游踪记心间。"小明把它与自己作的诗进行了比较，很佩服 ChatGPT。

　　ChatGPT 给小明的学习、娱乐带来了很大的帮助。人工智能促进经济发展和科技创新，不过也带来了一些潜在的风险：可能会取代一些传统的工作岗位；人工智能发展过于迅速，对人类的学习方式、伦理及价值观会产生冲击；等等。

　　你对人工智能的发展前景及其对人类生活与工作的影响有何看法？

　　科学技术是第一生产力。人类历史上经历了以动力技术革新为主要标志的第一次技术革命，也经历了以电能的开发和应用为主要标志的电力技术革命，现在正在经历以电子计算机和人工智能为核心的信息技术革命。科学技术全方位影响着人类的生产和生活方式，它的发展极大地推动了人类社会的进步。但是，我们也应该清醒地看到，科学技术是双刃剑，人类只有不断反思，才能让科学技术更好地为自身服务。

第一节　生物技术的发展

　　生物技术也可称为生物工程，它并不完全是一门完全新兴的技术，按历史发展和使用方法的不同，生物技术可分为传统生物技术和现代生物技术两大类。

　　传统生物技术指应用发酵、杂交育种等传统的方法来获得需要的产品。传统生物技术到目前并没有消失，有些还结合了现代生物技术，继续为我们的生活提供各种产品。现代生物技术指以生物化学或分子生物学方法改变细胞或分子的性质而获得需要的产品。

一、现代生物技术的研究内容

根据操作的对象和技术，现代生物工程一般包括基因工程、细胞工程、酶工程、发酵工程和蛋白质工程。

（一）基因工程

基因工程技术是现代生物技术的核心技术。基因工程是指在基因水平上，采用与工程设计十分类似的方法，按照人类的需要进行设计，然后按设计方案创建出具有某种新的性状的生物新品系，并能使之稳定地遗传给后代。

DNA 重组技术是基因工程的核心技术，是指根据人们的愿望严密设计，在生物体外对 DNA 进行人工切割和拼接重组，产生重组 DNA 分子，然后将重组 DNA 分子导入受体细胞，使遗传信息和生物性状向预期方向改变。

人类掌握基因工程技术的时间并不长，但已经获得了许多具有实际应用价值的成果。例如，我国科学家把杀虫蛋白质基因转入棉花，成功地培育出了转基因抗虫棉花，我国也成为继美国之后第二个可以自主培育抗虫棉的国家。据国际农业生物技术应用服务组织（ISAAA）发布的《2019 年全球生物技术 / 转基因作物商业化发展态势》，到 2019 年，全球有 29 个国家种植了 1.904 亿 ha 的转基因作物，是 1996 年（转基因作物商业化种植元年）的约 112 倍，使转基因技术成为世界上应用最快的作物技术。中国 2019 年转基因作物的种植面积为 320 万 ha。到 2019 年国内转基因产品可以分为两类：一类是我国自己种植和生产的转基因抗虫棉和转基因抗病毒番木瓜；另外一类是从国外进口的转基因大豆、转基因玉米、转基因油菜、转基因甜菜和转基因棉花，主要用作加工原料。2020 年国内开始有序推进生物育种产业化应用，2021 年国家启动转基因玉米大豆产业化试点工作，2023 年试点范围已扩展到河北、内蒙古、吉林、四川、云南 5 个省、自治区 20 个县，并在甘肃安排制种。2014 年农业农村部根据国家有关法规标准，审定通过了部分转基因玉米大豆品种，并向 26 家企业发放了转基因玉米大豆种子生产经营许可证，同时明确这些品种实际种植区域必须符合国家生物育种产业化有关安排。

（二）细胞工程

关于细胞工程的定义和范围还没有一个统一的说法。一般认为，细胞工程是指根据细胞生物学和分子生物学原理，采用细胞培养技术，在细胞水平上进行遗传操作。细胞工程的主要技术包括动植物的组织和细胞培养、细胞融合、细胞核移植、染色体（组）工程和细胞育种技术等。

在细胞培养中，人们经常使用一个词——克隆。"克隆"一词由英文 clone 音译而来，指无性繁殖以及由无性繁殖而得到的细胞群体或生物群体。

著名的克隆羊"多利"是细胞核移植的成果。科学家把芬兰多塞特母绵羊乳腺细胞的细胞核移植进苏格兰黑面母绵羊的去核卵细胞中，形成融合细胞。融合细胞能像

"克隆猴"的
前世今生

受精卵一样进行细胞分裂、分化，从而形成胚胎细胞。随后，科学家将胚胎细胞转移到另一只苏格兰黑面母绵羊的子宫内，胚胎细胞进一步分化和发育，最后诞生了"多利"。从遗传特征上看，多利具有与芬兰多塞特母绵羊相同的特征。2017 年，中国科学院神经科学研究所在世界上率先成功地用体细胞克隆出两只猴"中中"和"华华"。

（三）酶工程

酶工程是指研究酶的生产、酶分子改造和应用的一门技术性学科。

酶的生产大致经历了四个发展阶段。最初从动物内脏中提取酶，例如，从猪的胰脏里提取 α 淀粉酶；随着酶工程的进展，人们开始通过大量培养微生物来获取酶，例如，用一种芽孢杆菌来生产 α 淀粉酶，从 1 m³ 的芽孢杆菌培养液里获取的 α 淀粉酶，相当于几千头猪的胰脏中酶的含量。在基因工程诞生后，通过基因重组来改造产酶的微生物，例如，将芽孢杆菌的合成 α 淀粉酶的基因转移到一种繁殖更快、生产性能更好的枯草杆菌里，转而用这种枯草杆菌来生产 α 淀粉酶，使产量提高了数千倍。近些年来，人工合成酶成为酶工程中的一个热门课题。

酶在使用中也存在着一些缺点，如容易失去活性、难以回收。酶工程中的固定化技术可以增强酶的稳定性，并且使昂贵的酶可以反复使用。

玉米深加工是我国西部开发中的推广技术。玉米深加工离不开酶工程，以玉米为原料，通过酶的催化作用，来生产多种产品，大大提高了玉米的利用价值。例如，饮料中普遍使用的高果糖浆，就有相当一部分来自玉米淀粉的降解。高果糖浆甜度高，热值低，是蔗糖的理想替代品。

（四）发酵工程

发酵工程是指利用微生物的某些特定性状，通过现代化工程技术来大量生产有用的物质。

现代发酵工程不但生产酒精类饮料、醋酸和面包，而且生产胰岛素、干扰素、生长激素、抗生素和疫苗等多种医疗保健药物，生产天然杀虫剂、细菌肥料和微生物除草剂等农用生产资料，在化学工业中生产氨基酸、香料、生物高分子、酶、维生素和单细胞蛋白等。

（五）蛋白质工程

在现代生物技术中，蛋白质工程出现得较晚，是在 20 世纪 80 年代初期出现的。蛋白质工程是指改造蛋白质的结构，使其具有新的特性的一项生物技术，又称"新一代基因工程"。它能人工生产自然界原来没有的、对人类生活有用的蛋白质分子。

蛋白质工程的基本内容和目的主要有两方面：一是按预期设计，用物理或化学手段对特定基因加以修饰和改造，合成具有特定功能的全新的蛋白质；二是对现有的蛋白质进行定向改造，最终得到更符合人类需要的蛋白质。例如，胰岛素是治疗依赖型糖尿病的特效药物，但是天然胰岛素在人体内寿命只有几小时，重症病人每天要注射好几次药物，这给病人增加了不便和痛苦。我们通过蛋白质工程改变胰岛素的空间结构，得到长效胰岛素，还可以增强其稳定性。

二、现代生物技术的应用

现代生物技术已经广泛地应用于工业、农业和畜牧业、医药等众多领域，产生了巨大的经济效益和社会效益。

（一）生物技术在工业领域的应用

生物技术在工业领域的应用非常广泛。

材料是社会与经济建设的重要支柱之一。通过生物技术构建新型生物材料，是现代新材料发展的重要途径之一。例如，化工塑料废弃后很难降解，从而造成环境污染，有"白色污染"之称。一些微生物可以产生与塑料类似的高分子化合物（聚酯），并且可以被微生物降解，因此我们可用发酵方法大规模生产这类生物塑料。近年来的研究成果表明，利用微生物生产的塑料具有高熔点、高弹性、耐紫外线等优点。

能源是人类生存的物质基础之一，是社会与经济发展的原动力。传统能源造成的环境污染，以及越来越严重的能源危机，迫使人们努力寻求新能源。地球上每年生产出的纤维物质，也就是那些稻草、麦秆、玉米秸、灌木、干草、树叶等，只要拿出 5% 来，加以合理利用，就足够满足全球对能源的需求量，这就是生物质能的利用。科学家利用生物工程，通过一系列转化，将纤维素转化为酒精。如果在汽油中掺入 10% 的酒精，在略加改装的汽车上即可使用。为加快生物燃料乙醇等生物质能产业发展，世界各国大都成立专门管理机构，负责产业政策制定以及发展管理，如巴西"生物质能委员会"、美国"生物质能管理办公室"、印度"国家生物燃料发展委员会"等。很多国家还制定了中长期发展规划，如美国"能源农场计划"、巴西"生物燃料乙醇和生物柴油计划"、法国"生物质发展计划"、日本"新阳光计划"、印度"绿色能源"工程等。在此推动下，世界生物燃料乙醇生产、消费规模快速增长，从 2005 年的 3 628 万 t，增加到 2016 年的 7 915 万 t。2017 年 9 月 13 日，我国国家发展和改革委员会、能源局、财政部等 15 部门联合发文推广乙醇汽油。据报道，到 2017 年，我国生物燃料乙醇年消费量近 260 万 t，产业规模居世界第三位；全国有 11 个省区试点推广乙醇汽油。[①]

> **学习活动**
> 　　查找资料，了解我国当下乙醇汽油的应用现状，讨论乙醇汽油在我国的发展前景。

---

① 十五部委联合推广乙醇汽油［J］. 人民交通，2017（10）：7.

（二）生物技术在农业和畜牧业领域的应用

生物技术能提高作物产量，加快畜禽繁殖速度。例如，由我国科学家袁隆平培育成功的杂交水稻使水稻的产量有了大幅度提高，为解决我国和世界的粮食问题做出了巨大贡献。又如，胚胎分割和移植技术为大量繁殖优良牲畜品种提供了有力的技术手段。母牛一般一胎只能生一头小牛，一头良种母牛一生只能繁殖大约 10 头牛犊，如果将良种牛的早期胚胎切割成数块，再分别移植入数头普通母牛（代理母亲）子宫内培养，可同时获得数头良种牛犊，由于这一技术的应用，本来一生只能生下约 10 头后代的优良母牛就可以每年产 50 头以上小牛。目前，牛胚胎移植技术已进入商品化阶段，加上胚胎冷冻技术不仅解决了胚胎移植中母畜性周期的时间限制，而且解决了远距离的运输问题，如今 1 000 只牛胚胎连同冷冻容器总质量不超过 50 kg，在飞机上只要相当于一个座位的地方就能够容纳，从而使世界范围内的良种推广大大简化。

生物技术还能培育优良品种的作物和畜禽。例如，赖氨酸、甲硫氨酸是人体内不能合成而必须从食物中获得的氨基酸，是人体必需的氨基酸，但是在我们的主要食物谷物和豆类种子中这两种氨基酸含量有限，因此研究人员尝试对种子储存蛋白的编码基因进行改造，使氨基酸组成发生改变，从而增加赖氨酸、甲硫氨酸的含量。又如，油料作物油菜和大豆，也成功地进行了基因改造，转基因油菜和大豆中特定的脂肪酸含量都大大提高。此外，利用转基因技术，我们还可以培育出耐受不良环境的农作物、抗病农作物和抗病畜禽。

生物技术还使农业超越了传统领域。科学家已经培育出多种转基因动物，它们的乳腺能特异性地表达外源目的基因，因此从它们产的奶中我们能获得所需的蛋白质药物。转基因牛或羊吃的是草，挤出的奶却含有珍贵的药用蛋白，因而，我们可以获得巨大的经济效益。

（三）生物技术在医药领域的应用

生物技术贯穿了疾病预防、诊断和治疗的整个过程。

乙型肝炎是世界上广为流传的传染病之一，全世界乙型肝炎病毒携带者估计多达 2 亿，乙肝病毒携带者有可能转变成慢性肝炎患者，发生肝癌的比例比一般人高 50 倍以上。1982 年，乙肝疫苗首次在美国面市，但当时生产的乙肝疫苗是从携带者的血液中制得的，数量少、价格昂贵，并且，由于这种疫苗是血液制品，安全上没有保证，为避免传染艾滋病，有些国家已禁止使用血源性乙肝疫苗。现在，世界各国使用的是基因工程乙肝疫苗，价格低，安全性好，因而得到推广。中国是世界上乙肝患者最多的国家，乙肝疫苗接种预防已被列入新生儿计划免疫项目，我们的下一代将不再受乙肝的困扰。

由于酶催化的高效性和特异性，酶学诊断方法具有可靠、简便、快捷的特点，在临床诊断中已被广泛应用。酶学诊断方法包括两个方面：一是根据体内原有酶活力的变化来诊断某些疾病，一般健康人体液内所含有的某些酶的量是恒定在某一范围的。当人体某些器官和组织受损或发生疾病后，某些酶被释放到人血、尿或体液内，借助血、尿或体液内酶的活性测定，我们可以了解或判定某些疾病的发生和发展。二是利用酶来测定体内某些物质的含量，从而诊断某些疾病，例如利用葡萄糖氧化酶和过氧化氢酶的联合作用，检测血液或尿液中葡萄糖的含量，从而作为糖尿病临床诊断的依据，这两种酶都可以用固定化技术制成酶试纸或酶电极，临床检测十分方便。此外，DNA 诊断技术是利用重组 DNA 技术，直接从 DNA 水平做出人类遗传性疾病、肿瘤、传染性疾病等多种疾病的诊断。DNA 诊断技术具有专一性强、灵敏度高、操作简便等优点。

蛋白酶可用于治疗多种疾病，是临床上使用最早、用途最广的药用酶之一。蛋白酶（多酶片的主要成分）在医药领域的应用最初是在消化药上，用于治疗消化不良和食欲不振。胰蛋白酶、糜蛋白酶等能催化蛋白质分解，可用于化脓伤口净化、去除坏死组织、抑制污染微生物繁殖等方面。此外，基因治疗是应用基因工程技术和分子遗传学原理治疗人类疾病的一种新疗法。世界上第一例成功的基因治疗是对一个 4 岁的美国女孩进行的，她由于体内缺乏腺苷脱氨酶而完全丧失免疫功能，治疗前只能在无菌室生活，否则会受到感染而死亡。1990 年 9 月，这个女孩接受了她自身的但带有矫正基因的 T 淋巴细胞的回输，病情大为好转，进入了普通小学上学。人类基因组计划的完成，将有助于人类认识许多遗传疾病以及癌症的致病机理，为基因治疗提供更多的理论依据。

第二节　信息技术的发展

"信息"一词最早出自唐诗《碧云集》的《暮春怀故人》："梦断美人沈信息，目穿长路倚楼台。"这里"信息"的意思是音信、消息。随着人类社会的发展，尤其是在电子计算机出现之后，"信息"的含义不断丰富。

一、信息的处理

随着人类社会的不断进步与发展，人们所要处理信息的种类越来越多，数据越来越复杂，要求也越来越高。

（一）信息处理的演变

人类经过了五次信息技术革命，伴随着这五次信息技术革命，信息处理也可分成五个阶段。

第一次信息技术革命是人类在群体生产中形成了语言，时间约 35 000 年至 50 000 年前。语言的产生是伟大的信息技术革命，成为人类社会化信息活动的首要条件。第二次是人类创造了文字、纸张，发生在大约公元前 3500 年，从此人类的文明信息能通过文字很好地传递下去。第三次是发明了印刷术。大约在 1040 年，我国开始使用活字印刷术，直到 1451 年，欧洲人也开始使用印刷术。印刷术使知识得以广泛传播，拓宽了信息传播的范围，并提高了传播效率，促进文明的步伐加速。第四次发生在 19 世纪，人类开始使用电报、电话、广播、电视来进行信息传播，极大地缩短了信息传递的时间。人们能够方便地使用电报和电话与远方的亲友联系，信息传播开始打破距离的界限，世界开始逐渐变得紧密相连。第五次始于 20 世纪 60 年代，以电子计算机、通信卫星、计算机与通信技术有机结合的现代网络技术的出现为特征。计算机既能够自动、高速处理海量的数据信息，也能够对文字、声音、图像等信息进行快速处理，对人类的生产活动和社会活动产生了极其重要的影响，成为信息社会中最重要的工具。网络是人类发展史上最重要的发明，改变了我们的生活方式和经济模式，连接了全球各地的人们，促进了经济发展和文化信息的交流。

（二）电子计算机技术

电子计算机的快速发展为处理大量的数值和非数值数据信息提供了可能和保证。实际上电子计算机最主要的功能是与"处理"这个词相联系的。而"处理"是比"计算"要广泛得多的概念。

电子计算机由硬件与软件构成。硬件由机械和光电元件等组成，是电子计算机的物理基础。软件主要指电子计算机系统中的程序，是电子计算机与人交互的核心"语言"。计算机软件多用于某种特定目的，如控制一定的生产过程，使计算机完成某些工作。

电子计算机是按照"输入—处理—输出"这一模式进行工作的。电子计算机好比一个黑匣子，这个黑匣子有一个入口和一个出口。人们只要从入口"输入"必要的信息，就能从出口"输出"所要得到的信息，而"处理"这些信息是在黑匣子（电子计算机）中实现的，见图 7–1。

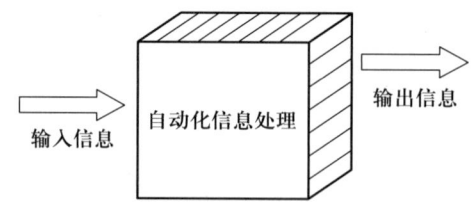

图 7–1 电子计算机的功能

电子计算机"处理"信息的主要特点是对信息进行自动化处理。它对于输入的信息自动进行存储、变换、加工，然后再将加工后的信息输出。

这里特别要说明的是，科学计算仅仅是信息处理的一种，而信息处理在更多的场合中是非数值计算。信息处理包含对任何形式的信息，如数字、声音、图像等进行计算、管理和加工。

前面已经讲过，电子计算机是自动化处理信息的现代化电子设备。那么，电子计算机怎样根据人们的要求自动去处理信息呢？原来，人们在要求计算机处理某一信息时，预先已经根据需要编制好了程序，并且已把它输入了电子计算机。当要处理该信息时，人们只要将它输入电子计算机，然后运行已编好的程序即可。这就是冯·诺依曼结构体系，其核心是"存储程序控制"，即将程序编码和数据存储在存储器中，实现可编程的计算机功能。硬件和程序的分离大大促进了计算机的发展，冯·诺依曼结构体系的计算机由五个基本组成部分组成：运算器、控制器、存储器、输入设备、输出设备（图7-2）。

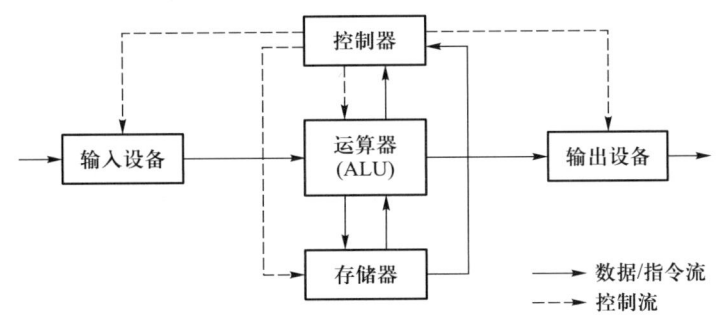

图 7-2　冯·诺依曼结构体系图

实际上，电子计算机在处理信息时也分成若干个步骤。每个步骤称为一个操作。每一个操作按照一个确定的命令来进行，这个命令称为指令。一个指令就是一组字符，这组字符规定操作是对什么样的数据（称操作数）进行的，同时也规定所进行的操作是什么样的操作（如加法、减法、乘法、开方等），以及所得的结果应放在什么地方等。

（三）多媒体技术

传统的计算机一般只有一个中央处理器，在中央处理器中，程序的执行是按一条接一条地顺序进行的，通过处理器反映程序的数据流也是一个接一个地连成一串的，所以叫串行执行指令。应用并行处理技术就可在同一时间内在多个处理器中执行多个相关的或独立的程序。

多媒体技术（multimedia technology）是进一步拓宽计算机应用领域的新兴技术，它能把文字、数据、图形、图像和声音等信息媒体作为一个集成体由计算机来处理，把计算机带入一个声、文、图集成的应用领域。

多媒体系统（图7-3）是指利用计算机技术和数字通信与网络技术来处理和控制多媒体信息的系统。从广义上说，多媒体系统就是集电话、电视、媒体、计算机网络等于一体的信息综合化系统。

家中的电视机、电脑、手机和通信系统互连，将多种形式的信息进行集合，形成一种交互式的系统，为人们的生活和工作提供了较大的便利，你可以和远隔重洋的亲人视频交流，与公共教育网的连接，使孩子们可以不出家门就可以听课等。

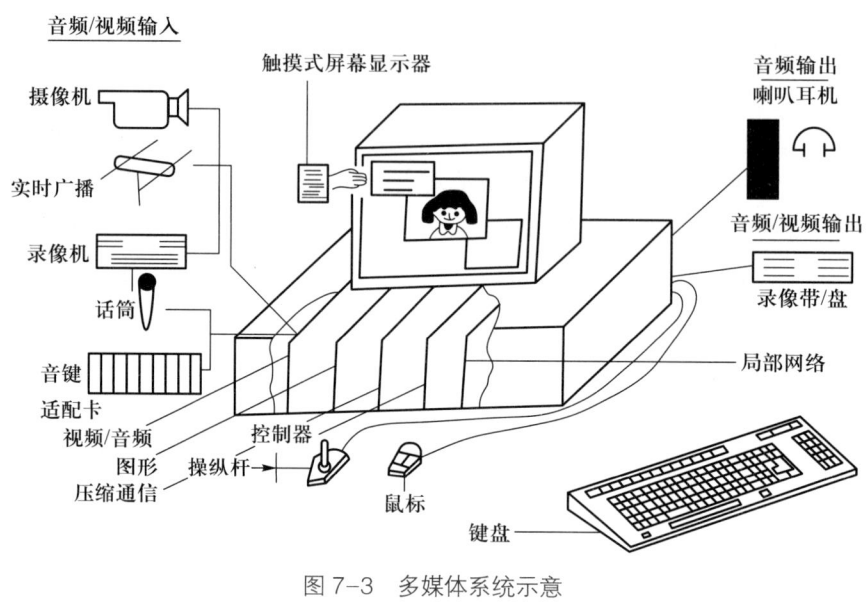

图 7-3　多媒体系统示意

二、信息技术的应用

随着信息技术的广泛应用，形成了以信息技术为核心的新质生产力。信息技术为推动人类社会进步提供了强大的技术支持。

（一）移动智能终端

移动智能终端拥有接入互联网的能力，通常搭载各种操作系统，可根据用户需求定制各种功能。生活中常见的智能终端包括移动智能终端、车载智能终端、智能电视、可穿戴设备等。

现代社会，手机已从最初诞生时作为通信交流的工具，拓展到以 Android、IOS 系统为代表的智能手机。智能手机就像一台个人电脑一样，具有独立的操作系统，并可以通过移动通信网络实现无线网络接入。它是可以在较广范围内使用的便携式移动智能终端。

电子商务以网络技术为手段，以电子交易方式对商品进行交易和相关服务，是传统商业活动各环节的电子化、网络化和信息化。

同时网络营销也是电子商务的一种产物，而且对于网络营销来说，在做之前要先做好网络营销方案，才能使计划有效实施。

移动支付是用户使用其智能移动终端（通常是智能手机）对所消费的商品或服

务进行账务支付的一种服务方式。现在，移动支付的领域越来越广泛，不仅百货商场、超市、菜市场等场所可以使用移动支付，而且公共汽车、地铁等交通工具也可以使用移动支付，使人们的生活越来越便捷，带一部智能手机出门，就可以轻松"搞定一切"。

（二）地理信息技术

遥感、全球卫星导航系统、地理信息系统三者有机结合，构成了地理信息技术。这些新兴技术的应用，是现代地理科学的重要标志，也引起了世界各国的普遍重视。

1. 遥感

遥感（RS）是应用一定的探测仪器，从远处把物体接收、发射或反射的电磁波特性记录下来，用以分析、揭示出物体的特性及其变化的综合探测技术。

根据目标地物的不同，遥感可分为陆地资源遥感、海洋遥感和气象遥感等；根据遥感平台的高度差异，可分为地面遥感、航空遥感和航天遥感；根据遥感的物理波段不同，可分为紫外遥感、可见光遥感、红外遥感、微波遥感和多波段遥感等。

遥感具有成像空间范围大、时间短、波谱多的特征，目前在水利建设、土地利用、资源调查、灾害监测、农作物估产和考古等方面都有广泛的应用。

2. 全球卫星导航系统

全球卫星导航系统（GNSS）是以围绕地球的一系列人造卫星系统为基础，确定地球上某一点的精确定位和导航的技术。无论在深山、大海，还是高空，全球卫星导航系统都可以实现全天候、全球性的定位服务。全球卫星导航系统主要由空间卫星系统、地面监控系统和用户接收系统三大部分组成。

目前，世界上主要的全球卫星导航系统有美国的全球定位系统（GPS）、俄罗斯的格洛纳斯卫星定位系统（GLONASS）、我国的北斗卫星导航系统（COMPASS）和欧盟的伽利略卫星导航系统（GARLILED）（表7-1）。

表7-1 四大卫星定位系统比较[①]

卫星导航系统名称	卫星标准	定位精度	完成时间	研制国家或地区
全球定位系统	24颗（21颗工作卫星，3颗备用卫星）	综合定位达厘米级，民用10 m	1994年	美国
格洛纳斯卫星定位系统	24颗（21颗工作卫星，3颗备用卫星）	5～15 m	1996年	俄罗斯
北斗卫星导航系统	35颗（5颗地球静止轨道卫星，3颗倾斜地球同步轨道卫星，27颗中圆地球轨道卫星）	2.5～5 m，民用10 m	2020年	中国
伽利略卫星导航系统	30颗（27颗工作星，3颗备用卫星）	1 m	2020年	欧盟

---

① 李宇飞. 四大全球导航系统特性比较［J］. 太空探索，2019（9）：41-45.

全球卫星导航系统是测量科学的一次革命性变化，它在社会经济、生产建设、军事行动和科学研究等领域有着广泛的应用。

3. 地理信息系统

地理信息系统（GIS）是利用计算机软硬件技术，对空间数据进行组织、管理、分析、显示的系统，其基本构成一般包括五个部分：系统硬件、系统软件、空间数据、应用人员和应用模型。简而言之，地理信息系统是管理和分析空间数据的科学技术，能为有关区域综合、方案优选、战略决策等提供支撑。

地理信息系统作为一门以应用为目的的信息技术，广泛应用于资源管理、城市管理、防灾减灾、矿产调查、农业生产等各行各业。

地理信息系统
的功能

人们发现，在实际应用中将遥感、全球卫星导航系统和地理信息技术综合应用，可以应对各种复杂问题。全球卫星导航系统可以准确、快速地提供目标的空间位置；遥感可以用于准确地提供目标及其环境的信息，发现地球表面上的各种变化；而通过一定的技术手段，二者都可以转到地理信息系统中。全球卫星导航系统和遥感是地理信息系统数据的重要来源，地理信息系统则能对所获得的数据进行处理、分析和管理，提取各种有用的信息，进行空间决策支持。这就是 3S（RS、GNSS、GIS）技术集成（图 7-4）。

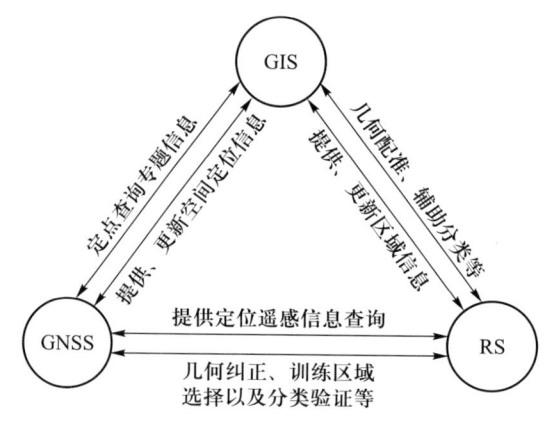

图 7-4　3S 技术集成

（三）虚拟现实技术

虚拟现实技术（VR）是一种计算机仿真系统，它利用计算机生成一种多源信息融合的、交互式的三维动态视景和对实体行为进行系统仿真的模拟环境。虚拟现实技术是仿真技术的一个重要方向，其关键技术包括实时三维计算机图形技术、广角立体显示技术、对观察者特征部位的跟踪技术、语音输入输出技术等。

虚拟现实技术发展可以概括为四个阶段：第一阶段是概念萌芽阶段，发生在 20 世纪 50 年代，科学家们开始构想和探索一种可以模拟真实环境的技术。第二阶段是技术萌芽阶段，到了 20 世纪 60 年代，科学家们开始尝试将虚拟现实技术应用到实际的科研项目中，一些基础的虚拟现实设备和技术也开始出现，如头盔显示器、数据手套等。第三阶段是技术积累阶段，20 世纪 70 年代至 90 年代，随着计算机技术的不断进步，虚拟现实技术的逼真度和交互性也得到了极大的提升，虚拟现实技术开始被应用于多个领域，如游戏、教育、医疗等。第四阶段是产品迭代阶段，21 世纪以来，虚拟现实技术的设备和产品开始进入商业化阶段，并逐渐普及到普通消费者的生活中，如虚拟现实游戏、虚拟现实教育、虚拟现实旅游等。虚拟现实技术开始与其他技术融合，如人工智能、物联网等，使其在未来具有更广阔的应用前景。

（四）云计算

云计算 ①（cloud computing）是一种基于网络的超级计算模式，它根据用户的不同需求，提供所需的资源，包括计算资源、存储资源、网络资源等，这些资源通过网络以按需、易扩展的方式获得，可以根据使用量付费。云是网络、互联网的一种比喻说法。过去人们在图中往往用云来表示电信网，后来也抽象用它来表示互联网和底层基础设施。云计算甚至可以让你体验每秒 10 万亿次的运算能力，这么强大的计算能力可以模拟核爆炸、预测气候变化和市场发展趋势。用户通过电脑、笔记本电脑、手机等方式接入数据中心，按自己的需求进行运算。

对云计算的定义有多种说法。对于到底什么是云计算，我们至少可以找到 100 种解释。现阶段广为接受的是美国国家标准与技术研究院（NIST）的定义：云计算是一种按使用量付费的模式，这种模式提供可用的、便捷的、按需的网络访问，进入可配置的计算资源共享池（资源包括网络、服务器、存储、应用软件、服务），这些资源能够被快速提供，只需投入很少的管理工作，或与服务供应商进行很少的交互。

学习活动

互联网及移动智能终端为现代生活带来了极大的便利，结合本节所学内容，进行如下操作：（1）在智能手机上安装"百度地图"App，建立从学校到家的导航设置，明确自己回家需要的时间及途经的红绿灯数量；（2）安装"天猫商城"App，查询 75 英寸电视机的价格区间，了解 75 英寸电视机最低价是多少。小组交流：你认为网上购物的优点是什么？

第三节　通信与网络技术的发展

通信和网络技术是现代信息技术的主干。先进的通信和网络系统，使得信息流动

---

① 这里有关云计算的概念的相关表述参考了中国云计算、云创存储等网站的信息。

更为快速、便捷。借助飞速发展的通信与网络技术，全世界的信息处理工作好像已经处在同一幢现代化的大楼之中，时间和空间的限制被极大地突破，人类社会的发展也因此进入了一个新的阶段。

一、通信技术

随着网络的飞速发展，通信技术渗透到社会生活的各个领域，支撑信息社会行业间的融合发展。

（一）通信技术概述

人类的通信事业有一个理想的奋斗目标，那就是任何一个人不管在何时何地都可与另外的任何人以各种方式进行任何种类的信息交流。为实现这一目标所开发的技术都称为通信技术。通信技术包括信息传输技术和信息处理技术等。

传递信息所采用的一切技术设备总称为通信系统，一般通信系统模型如图 7-5 所示。

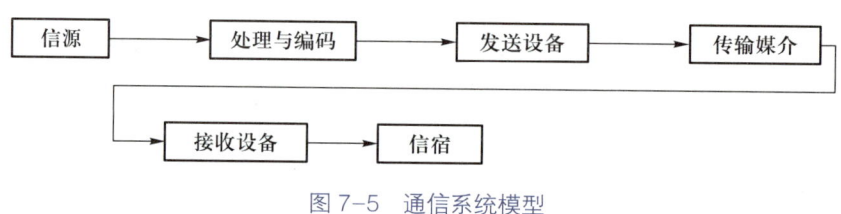

图 7-5　通信系统模型

通信系统模型包括以下几部分：

（1）信源。信源是发出信息的源头。信源可发出各种各样的信号，包括模拟的或数字的、连续的或离散的等。从表示媒体来看，信源又分为语音、传真、图像、文字和数据等。

（2）处理与编码。为了便于信息的传输，人们必须对信源发出的信息进行处理与编码。对信息进行处理与编码的应用是相当广泛的。

（3）发送设备。经过处理与编码的信息由发送设备发出。

（4）传输媒介。信息发送后，需要一定的媒介来传输。传输媒介一般分为有线和无线两种。有线媒介包括金属线、金属电缆、光纤、光缆等。无线媒介包括短波、超短波、微波、激光等。应当指出，每一种传输媒介，作为传输信息的手段，都必须配置相应的技术措施，构成一种传输方式，如光纤通信、卫星通信等。

（5）接收设备。接收设备对信息进行解码与处理，是与发送设备互逆的处理。

（6）信宿。信宿即信息的最终"落脚点"。

具有信源和信宿功能的设备就是通常所说的终端设备，终端设备包括电话机、传真机、电报机、数据终端和图像终端等。事实上信源和信宿是相对的，即对于某一终端而言，如果发送信息，那它就是信源；如果接收信息，那它就变成了信宿。

通信有许多种分类方式：如果按信源发出的信号属性，可分为模拟通信、数据通信、数字通信；如果按信源的运动状态分，可分为移动通信和固定通信。

现代通信技术的进步，主要表现在数字程控交换技术、光纤通信、卫星通信、智能终端等方面，而覆盖全球的个人通信则是通信技术的发展方向。

（二）移动通信

1. 电话的发展

电话已经有 100 多年历史了，如今，电话大家庭中可谓成员众多，"本领"也越来越大。自 20 世纪 70 年代以来，移动通信发展极为迅速，移动电话已经成为人们的宠儿。

所谓移动通信，就是处于移动状态的通信对象之间的通信，它包括移动用户之间的通信，固定用户与移动用户之间的通信。移动通信的最大特点是使电话可以由移动体携带，也就是说，作为电话交换网络中的终端用户位置是变动的，因此，移动电话网的构成比任何固定电话网都要复杂。随着用户的增多，人们需要建立全国性或区域性的移动通信网。

在实施 4G 移动通信的区域中，以直径 3 km 左右划分不同区域，每区设立一个基站，作为此区无线电用户的集中器。数以百计的区形成蜂窝结构，构成一个移动电话系统。这种移动电话系统被称为蜂窝移动电话系统（图 7-6），所用的电话称为蜂窝移动电话。

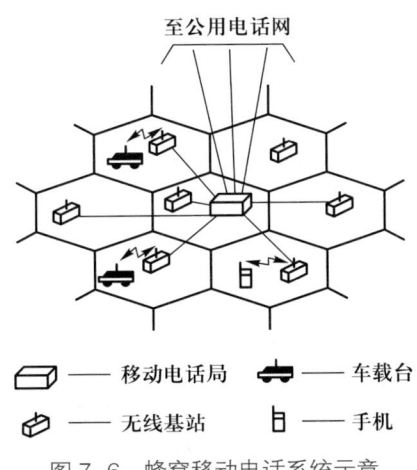

图 7-6　蜂窝移动电话系统示意

通信时，移动电话用户经过基站、控制交换中心同市话局连接，就能实现移动用户和市话固定用户之间的电话通信。这样就构成了有线、无线相结合的公用移动通信系统。

2. 移动通信技术的发展

移动通信技术已经历了五代的发展。

第一代（1G）为模拟系统，其电话机体积大如砖头。由于易受外界电波干扰，语音品质欠佳，该系统已基本被淘汰。

第二代（2G）为数字系统，语音品质较好，用户具有一定的全球移动性。以全球移动通信系统 GSM（俗称"全球通"）最为普遍，它由欧洲 16 国研发。另外还有一个通信系统，称为码分多址（CDMA）系统，由美国研发，数据传输速度比 GSM 快。2G 系统除了可以提供各类电话服务外，还可以提供短信息等服务。第二代移动通信技术是以地区为单位开发的，彼此互不兼容，在实现全球联网漫游等方面给用户带来很多不便，因此，国际电联（ITU）提出了第三代移动通信系统方案。它的主要特点有：能提供宽带多媒体业务；能实现全球覆盖；全球漫游，接口开放，能与不同的网络互联，终端多样化；能从第二代平稳过渡；等等。

第三代（3G）移动通信技术是指支持高速数据传输的蜂窝移动通信技术，是指将无线通信与国际互联网等多媒体通信结合的新一代移动通信系统。3G 服务能够同时传送声音及数据信息。3G 存在四种标准：CDMA2000、WCDMA、TD-SCDMA 以及 WiMAX。TD-SCDMA 是我国提出的。3G 下行速度峰值理论上可达 3.6 Mb/s，上行速度峰值可达 384 kb/s。

第四代（4G）移动通信技术，包括 TD-LTE 和 FDD-LTE 两种制式。4G 能够以 100 Mb/s 以上的速度下载，能够较好地满足用户对于无线服务的要求。

第五代（5G）是移动通信技术。中国（华为）、韩国（三星电子）、日本、欧盟都投入相当多的资源研发 5G 网络。2017 年 12 月 21 日，在国际电信标准组织 3GPP RAN 第 78 次全体会议上，5G NR 正式发布。2018 年 2 月 23 日，华为和沃达丰完成首次 5G 通话测试。2019 年 6 月 6 日，我国工信部正式向中国电信、中国移动、中国联通、中国广电发放 5G 商用牌照，中国正式进入 5G 商用阶段。截至 2024 年 2 月底，我国 5G 基站总数已达到 350.9 万个，5G 移动电话用户达 8.51 亿户。5G 的高速度、低延迟和大连接数的特点，使得其能够支持更多的应用场景，如远程医疗、在线教育、智能交通等。随着技术的不断进步和应用场景的不断拓展，我国 5G 网络的发展前景将更加广阔，并推动全球移动通信产业的发展。

3. 现代通信方式

网络电话，又称 IP 电话，是通过因特网（国际互联网，Internet）进行实时的语音传输服务，从而实现语音通信的新型电话通信方式。IP 电话主要应用在长途电话业务上，较低的通话成本、建设成本以及易扩充性，使得它成为传统电信业务的有力竞争者。2018 年 IP 电话通信费用每分钟仅为人民币 6 分钱，而普通电话的国际通信费，每分钟四元到十几元人民币。目前，随着即时通信、社交网络软件的发展，如微信、Skype、WhatsApp、Facebook Messenger、KakaoTalk、Snapchat 等软件，使用语音、视频通话本身不会产生费用，仅需支付少量的网络流量费用，极大地方便了世界各地人们的交流互动。

QQ 是基于因特网的即时通信（IM）软件，支持在线聊天、视频通话、点对点断点续传文件。2011 年 1 月 21 日，微信（Wechat）开始提供服务，此后迅猛发展，可以说它极大地改变了现代社会人们的生活方式。微信"朋友圈"和"公众号"推动了自媒体的发展，丰富了信息传播的途径和方式。

（三）卫星通信

自 1957 年苏联发射第一颗人造地球卫星以来，人造地球卫星即被广泛应用于通信、广播和电视等领域。1965 年第一颗商用国际通信卫星被送入大西洋上空同步轨道，利用静止卫星的商业通信开始了。

卫星通信系统由卫星和地球站两部分组成。卫星在空中起中继站的作用，即把一个地球站发上来的电磁波放大后再返送回另一个地球站。地球站则是卫星系统与地面公众网的接口，地面用户通过地球站出入卫星系统形成链路。由于同步卫星在赤道上空 35 786 km，它绕地球一周的时间等于地球自转一周（23 h 56 min 4 s）的时间，从地面看上去如同静止不动一般。三颗静止卫星就能覆盖整个赤道圆周，如图 7-7 所示，故卫星通信易于实现越洋和洲际通信。

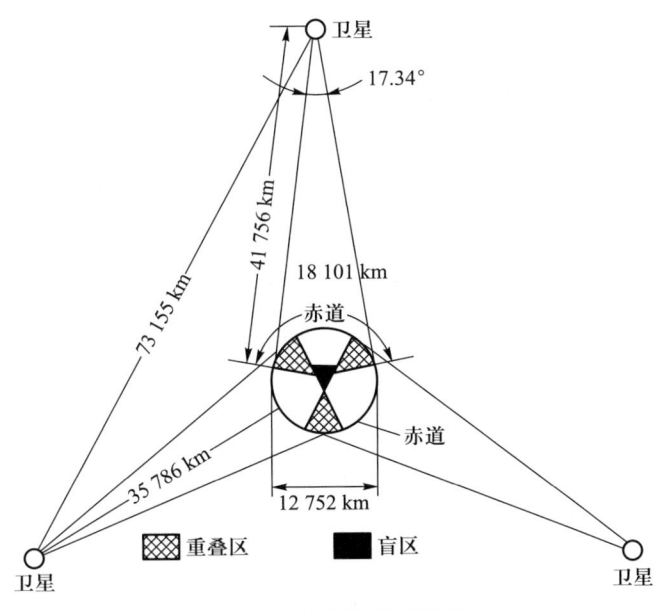

图 7-7 静止卫星覆盖区

卫星通信的主要优点是：通信范围大，只要在卫星发射的波束覆盖的范围内就可进行通信；不易受陆地灾害的影响；建设速度快；易于实现广播和多址通信；电路和话务量可灵活调整；同一通信可用于不同方向和不同区域。主要缺点是：在卫星通信中，地球与卫星、卫星与卫星之间的距离较远，电磁波传播需要时间，信号到达有延迟；某些频带会受降雨雪的影响而信号质量下降；天线会受到太阳噪声的影响。

卫星通信新技术的发展层出不穷，如甚小口径天线地球站（VSAT）系统、中低轨道的移动卫星通信系统等，受到了人们广泛的关注和应用。卫星通信也是未来全球信息高速公路的重要组成部分。

（四）通信技术的未来

随着 21 世纪的到来，社会信息化、经济全球化是不可阻挡的潮流。信息化是一个包括数字化、网络化、智能化和可视化等丰富内涵的发展过程，信息技术在这个发展过程中承担着非常重要的角色。在信息技术中，通信技术是最活跃、与公众联系最紧密的领域之一。在信息化的浪潮中，通信技术将向宽带与多媒体化、移动及个人化以及智能与网络化方向发展。

二、网络技术

网络技术让独立的电子计算机联系在一起，实现资源互通和共享，并极大地改变了人们的生活。

（一）计算机网络概述

1. 计算机网络的概念

关于计算机网络的定义，有不同的说法，只从应用目的看，计算机网络是以共享资源（计算机硬件、软件和数据）为目的而连接起来的若干台独立计算机系统的集合。一个更为全面的定义是，计算机网络是以共享资源为主要目的的，将两台以上独立计算机系统通过某种通信介质并在通信协议的控制下实现互联的系统。

2. 计算机网络发展简史

计算机网络的形成与发展大致经历了三个阶段：计算机终端网络、计算机通信网络、计算机网络的互联与综合。

（1）计算机终端网络

早期的计算机系统规模庞大，价格昂贵。为了提高计算机的工作效率和系统资源的利用率，人们将多个终端通过通信线路和设备连接在计算机上，在通信软件的控制下，计算机系统的资源由各个终端用户分时轮流使用。这种以单个计算机为中心的远程联机系统称为计算机终端网络，或称为第一代计算机网络。其代表是 20 世纪 60 年代建立的美国航空公司预订机票系统（SABRE-1），它由一台计算机和全美范围内 2 000 多台终端组成。

（2）计算机通信网络

随着计算机性能的提高和价格的下降，许多公司及部门纷纷购买并建立了计算机终端网络系统。这些系统分布在不同的地区，它们之间迫切需要交换数据，进行业务联系。为了满足这种需要，通过通信线路将多个计算机终端网络系统连接起来，就形成了以传递信息为主的计算机通信网络。网络上的通信处理任务由通信控制处理机（CCP）来承担，它负责网络上各主计算机之间的通信控制和通信处理，由通信控制处理机和通信线路构成的通信子网成为整个网络的内层。这种网络称为第二代计算机网络，其代表是 20 世纪 60 年代末建成并投入使用的 ARPANET。它由美国国防部高级研究计划局提供经费，许多大学和公司合作研制成功，到 20 世纪 80 年代，由于它采用了开放式网间互联协议 TCP/IP，发展更为迅速，成为因特网的雏形。

（3）计算机网络的互联与综合

第二代计算机网络大多是由科研机构或计算机公司自行开发研制的，它们没有统一的网络体系结构和标准，各个厂家生产的计算机及网络产品在技术上有极大的差异，从而造成不同网络产品无法互联的情况，给用户带来了极大的不便，并影响到计算机网络的大规模发展。1984 年，国际标准化组织（ISO）公布了开放系统互联基本参考模型国际标准（ISO 7498），通常称为 OSI（Open System Interconnection）参考模型，它被国际社会广泛接受，人们将符合国际标准的计算机网络称为第三代计算机网络。

（二）计算机网络的组成

一个计算机网络由一系列计算机硬件、软件以及各种通信设备组合而成。我们从一个普通用户上网的角度，分析计算机网络最为重要的几种成分。

1. 客户机

如果一个普通用户希望在自己家中上网，他首先要配备的设备就是一台计算机，在计算机网络中称为客户机。客户机需要具备一定硬件和软件的配置，以适应网络环境的需要。

2. 网络操作系统

计算机网络需要有一个网络操作系统来支持其运行。网络操作系统严格来说应称为软件平台，目前主流的计算机网络操作系统有 Unix、Linux、Windows NT、NetWare。Unix 操作系统是由美国贝尔实验室在 20 世纪 60 年代末开发成功的一个网络操作系统，一般用于大型机和小型机。由于因特网以 TCP/IP 协议为基础，而 TCP/IP 协议正是 UNIX 的标准协议，因特网的高速发展自然就为 Unix 提供了极大的机遇。Linux 是一种自由和开放源代码的类 Unix 操作系统，提供了丰富的网络服务和开发工具，由于其开源特性，得到了广泛的支持和应用。微软（Microsoft）是后起之秀，早在 Windows 95 里就提供了内嵌的 TCP/IP 协议，所以目前一般 Windows 用户都已经带有了网络操作系统。而 Windows NT 网络操作系统是把对 TCP/IP 的支持作为重要开发策略而专门推出的一个网络操作系统。随着 Windows 客户的日益增多，UNIX、Netware 均提供对 Windows 的支持。NetWare 是 Novell 公司推出的网络操作系统，以其高效的文件服务和打印服务著称，但目前在市场上的份额逐渐减少。

3. 网络协议

网络协议是实现站点之间、网络之间相互识别并正确通信的一组规则和标准。谈到网络协议，首先就要介绍开放系统互联参考模型，即通常所说的网络互联的七层框架，它是国际标准化组织（ISO）于 1977 年提出的。

OSI 分为七层：物理层主要负责实际的信号传输；数据链路层主要负责向物理层传输数据信号；网络层主要负责路由，包括选择合适的路径、进行阻塞控制等功能；传输层是最关键的一层，向用户提供可靠的端到端服务；会话层主要负责两个会话进程之间的通信；表示层处理通信信号的表示方法，进行不同格式之间的翻译，并负责数据的加密、解密以及数据的压缩与恢复；应用层保持应用程序之间为建立连接所需要的数据记录，为用户服务。

在工作中，每一层会给上一层传输来的数据加上一个信息头，然后向下一层发出，然后通过物理介质传输到对方主机，对方主机每一层再对数据进行处理，把信息头去掉，最后还原成实际的数据。本质上，主机的通信是层与层之间的通信，而在物理上是从上向下，最后通过物理信道到对方主机，再从下向上传输。

在实际应用中，最重要的是 TCP/IP 协议，它是保证互联的计算机间可靠地进行数据交换的一组规则、标准和约定。相对于 OSI，它是当前的工业标准或"事实的标准"。它分为四个层次：应用层（与 OSI 的应用层对应）、传输层（与 OSI 的传输层对应）、互联层（与 OSI 的网络层对应）、主机 – 网络层（与 OSI 的数据链路层和物理层对应）。

4. 服务器

客户机必须通过服务器才能上网。服务器是为计算机网络中各类用户提供各种服务的中心单元，其处理能力强，一般为小型机或大型机，也常用高档微机作服务器平台。服务器通常都有大容量的磁盘，有一个专门的软件提供对数据的采集、存储、维护、加工处理及访问等服务。

5. 网络连接和传输设备

客户机还需要通过一定的网络连接设备和传输设备与服务器取得"联系"。网络连接设备包括网络接口卡、调制解调器（modem）、中继器、网络中心单元、网桥及路由器等，它们用来实现通信线路与结点设备的连接、网与网之间的互联及数据信号的转换等功能。

传输设备是网络传输数据的物理信道，分为有线和无线介质两类。目前使用的有线介质有双绞线、同轴电缆和光缆。其中光缆是计算机网络中发展最为迅速的传输介质，具有不受电磁干扰、不怕雷击、传输速率快等特点。

（三）互联网改变世界

因特网是目前世界上规模最大、信息资源最丰富的计算机互联网络，国内常将它翻译成"互联网""国际网""国际计算机互联网"等，全国科学技术名词审定委员会推荐译名为"因特网"。1995 年 10 月，联合网络委员会（FNC）给 Internet（因特网）下的定义是"全球性的信息系统"，并指出它兼有全球性、开放性和平等性。

1. 因特网的产生与发展

因特网最初起源于 ARPANET。自 1969 年 ARPANET 问世后，其规模一直处于高速增长中。1986 年，美国国家科学基金会（NSF）建立了国家科学基金网（NSFNET），NSFNET 后来接管了 ARPANET，并更名为 Internet（因特网）。此后，因特网不断发展壮大，演变为全球规模的计算机网络。现在，因特网正在向多元化发展，它不仅为科研服务，而且逐步进入日常生活的各个领域。

2. 因特网在我国

虽然因特网在我国起步较晚，但是到目前为止因特网已经在我国取得了显著的发展。我国因特网的发展可以分为两个阶段。

（1）非正式连接阶段

1987年9月，在北京计算机应用技术研究所内正式建成我国第一个与因特网电子邮件连通的节点，标志着我国开始进入因特网。

（2）正式与因特网完全连接的阶段

1994年3月，清华大学、北京大学以及北京中关村地区组成了NCFC网，开通了与因特网的专线连接，标志着我国正式加入因特网，实现了全功能连接。为了规范我国因特网的发展，1996年2月国务院印发《中华人民共和国计算机信息网络国际联网管理暂行规定》，明确指出我国只允许四家互联网络拥有国际出口，它们是中国科技网（CSTNET）、中国教育和科研计算机网（CERNET）、中国公用计算机互联网（CHINANET）、中国金桥信息网（CHINAGBNET）。前两个网络主要面向科研和教育机构，后两个网络以经营为目的，属于商业性的网络。目前，因特网在我国已经覆盖了政府机关、学校、科研机构、商业公司和家庭等各个方面，并以惊人的速度发展。

3. 因特网的接入方法

任何一台计算机要想接入因特网，只要以某种方式与已经连入因特网的服务提供商（internet service provider，ISP）的一台主机进行连接即可。目前，国内四大互联网运营机构都在各地设立了ISP，例如CHINANET的163和169服务，CERNET覆盖高等院校的因特网服务等。

通过电话网与ISP相连接，再通过ISP的连接通道接入因特网，就是一种接入因特网的方式，如图7-8所示。

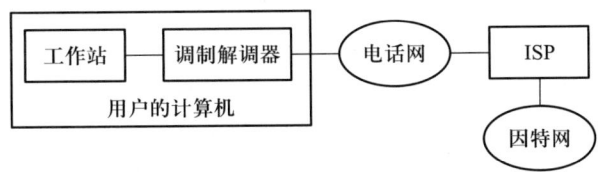

图7-8 通过电话网接入因特网

4. 因特网上的信息服务

网上的资源非常丰富，其数据库中的内容包含农业、工业、商业、教育、科研、文化以及科学技术各个学科领域的知识和消息，涉及人类活动的各个方面，已成为全人类的宝库。目前因特网主要以下面五种方式为用户提供服务。

（1）电子邮件

电子邮件（E-mail）是指通过网络技术接收、发送以电子文件格式写作的邮件。电子邮件是因特网上应用较早的一种服务，也是目前因特网上应用最广泛的一种信息服务。每个用户都可以建立一个或多个电子信箱，对方发来的邮件就存放在这个信箱里，用户可以在任何时候通过联网的计算机来阅读它。目前很多网站都提供免费的

E-mail 服务，使得用户使用起来更为经济和方便。与普通信件相比，E-mail 不仅传输速度快（几乎是发信之后对方马上就能收到）、传输效率高（可同时向不同的人传输同一份信件）、传输容量大，而且经济实惠（与国际互通普通信件相比，E-mail 能节省很大的开支）。

（2）远程登录

远程登录（Telnet）是为某个因特网主机上的用户与其他因特网主机建立远程连接而提供的一种服务。用户要在一台远程计算机上登录，首先应成为该系统上的合法用户，即获准在系统建立账号，通过输入用户名（username）和口令（password）登录进入系统访问。在建立连接后，用户就可以像使用自己的计算机一样，利用远程主机的各种资源和应用程序。目前这种方式普遍用于访问世界各地的大学数据库，查阅图书馆的书目。

（3）文件传输

文件传输（FTP）是专门用于传送大量数据文件的服务，主要完成因特网上主机间的文件传输。它使用文件传输协议（FTP），可以实现数据文件从一台计算机传送到另一台计算机。除了个人间的私人数据文件外，它主要用来传输科学研究数据以及保存在全球成千上万公共档案袋中的检索文件。

（4）WWW 服务

WWW（world wide web）称为万维网，WWW 服务又称为 Web 服务。它起源于1989 年 3 月，主要目的是建立一个统一管理各种资源、文件及多媒体的信息服务系统。目前，WWW 服务是因特网上最主要的服务。信息资源以网页形式存储在 Web 服务器中，用户通过浏览器向 Web 服务器发出请求，Web 服务器根据用户的请求内容，将保存在 Web 服务器中的某个页面发送给浏览器，并最终显示给用户。通过WWW，人们可以迅速、方便地获取丰富的信息资料。

（5）电子公告牌

电子公告牌（BBS）是因特网上的一种电子信息服务系统。它提供一块公共电子白板，每个用户都可以在上面发布信息或提出看法。电子公告牌可以方便、迅速地使各地用户了解公告信息，是一种有力的信息交流工具。大部分 BBS 站是由教育机构、研究机构和商业机构创建并管理的，如北京大学未名 BBS 站、上海交大 BBS 饮水思源站等。

5. 因特网改变生活

（1）Wi-Fi 是一种允许电子设备连接到一个无线局域网（WLAN）的技术。通过无线网络通信 Wi-Fi 技术，电子设备可随时随地连接到一个无线局域网中，这极大地方便了人们对于网络的应用。

（2）IP（即 VoIP，源自英语 Voice over Internet Protocol）电话（又名宽带电话或网络电话）是一种通过互联网或其他使用 IP 技术的网络，来实现的新型电话通信。过去 IP 电话主要应用在大型公司的内联网内，技术人员可以复用同一个网络提供数据及语音服务，除了可简化管理，更可提高生产力。随着互联网日渐普及，以及跨境通信数量大幅飙升，IP 电话亦被应用在长途电话业务上。由于世界各主要大城市的通信公司竞争加剧，以及各国电信相关法令松绑，IP 电话也开始应用于固网通信，它因低通话成本、低建设成本、易扩充性及日渐优化的通话质量等主要特点，被目前国际电信企业看成传统电信业务的有力竞争者。

（3）在因特网上进行商务活动，具有诱人的前景。如今，许多企业都认识到建立企业站点的必要性，纷纷建设了自己的网站，把产品搬到了因特网上，以使从售前推介到售后服务的各个环节实现电子化、自动化。移动互联网更是对现代商业产生了深远的影响，淘宝、京东、拼多多、抖音等移动互联网商业平台的出现，推动了电子商务的快速发展，改变了传统的商业模式。商家可以通过这些平台直接面向消费者进行销售，降低了中间环节的成本，提高了效率；平台也提供了丰富的营销手段，如直播带货、短视频营销等，使得商家能够更加精准地触达目标用户，提升销售效果。

随着互联网技术的快速发展，在线学习已经成为教育领域的一个重要组成部分，越来越多的人选择通过在线学习平台进行学习和提升自己。在线学习平台通过大数据和人工智能技术，能够提供更加个性化的学习方案，满足不同学习者的需求，提高学习效率和兴趣。在线教育为终身学习提供了便利，促进了学习型社会的建设，使学习成为人们生活的一部分。在线学习平台如中国大学 MOOC、国家高等教育智慧教育平台、学堂在线、腾讯课堂、好大学在线等，不仅为学习者提供了丰富的学习资源，学习者可以根据自己的兴趣和需求选择合适的课程进行学习，更为教育机构和教师提供了教学和交流的平台。

因特网传输速度快、时效性强，不受印刷、运输、发行等因素的限制，信息上网的瞬间便可同步发送到所有用户手上。因此，相对于传统的媒体（报刊、广播、电视），它已经成为当今世界最大的一个传播媒体——第四媒体。随着智能手机等移动通信设备的广泛使用，越来越多的人开始通过移动互联网的新媒体平台获取信息，如新浪、头条、抖音、快手等新媒体，新媒体平台具有信息传播速度快、范围广的特点，在突发事件和热点事件的报道中更具优势。新媒体平台具有强大的互动性和社交性，用户既是新闻的阅读者，更是新闻的发布者，用户也可通过评论、点赞、分享等方式参与信息传播和讨论。新媒体平台对报刊和电视新闻的冲击是全方位的，这导致传统报刊逐渐没落，电视的受众也被极大地分流。

因特网还极大地影响了人类的政治生活。电子政府的出现，将极大地推动政务公开、无纸化办公，而行政手续的电子化、网络化，将极大地提升政府为民服务的水准，为民众的日常生活提供方便。

6. 未来中国因特网展望

2017 年 2 月 17 日，我国工业和信息化部发布《信息通信行业发展规划（2016—2020 年）》，提出开展 5G 研发和产业推进，为 5G 启动商用服务奠定了重要基础。5G 将为我国因特网的应用开启一个全新的时代，使"互联网 +"渗透到生活的方方面面。2021 年 11 月 1 日，工业和信息化部发布的《"十四五"信息通信行业发展规划》进一步凸显了信息通信行业的功能和定位，指出信息通信行业构在经济社会发展中的战略性、基础性、先导性地位更加凸显，基础设施已从以信息传输为核心的传统电信网络设施，拓展为融感知、传输、存储、计算、处理为一体的，包括"双千兆"网络等新一代通信网络基础设施、数据中心等数据和算力设施以及工业互联网等融合基础设施在内的新型数字基础设施体系，网络和信息服务也从电信服务、互联网信息服务、物联网服务、卫星通信服务、云计算及大数据等面向政企和公众用户开展的各类服务，向工业云服务、智慧医疗、智能交通等数字化生产和数字化治理服务新业态扩展。

查询及修改 IP
地址指令

学习活动

本活动需要学生在机房或自带电脑、手机，任务如下：（1）在电脑上查看自己的 IP 地址；（2）在手机上查看手机的 IP 地址；（3）在电脑上，验证与旁边同学的电脑是联通的（用 ping 指令）；（4）请修改自己电脑的 IP 地址，看看会发生什么；（5）如何查看及修改手机 IP 地址？

小组讨论：为何要有局域网内部 IP 地址？为何要从 IPV4 过渡到 IPV6？

第四节　人工智能的发展

人工智能是计算机对人脑思维功能的模拟，是对人脑思维信息过程的模拟，是"机器思维"，不能把"机器思维"和人脑思维等同起来。

一、人工智能概述

人工智能（artificial intelligence，AI）的概念要从人工和智能两个方面来了解：人工就是指人工智能脱胎于人类的文明，是人类智慧的产物；而智能则是指具有人工智能的计算机或其他电子设备可以模拟人类的智能行为和思维方式。人工智能是计算机科学的一个分支，它的近期主要目标在于研究用机器来模仿和执行人脑的某些智能功能，并开发相关理论和技术。

（一）人工智能的诞生

在 1956 年的达特茅斯（Dartmouth）会议上，被誉为"人工智能之父"的约翰·麦卡锡（John McCarthy，1927—2011）及一批数学家、信息学家、心理学家、神经生理学家、计算机科学家首次提出"人工智能"这一概念。经过几十年的理论探索，人工智能不断发展，逐步渗透到工业、医疗、生活等领域，可以说人工智能正在改变着我们生活的世界。

人工智能的思想萌芽可以追溯到 17 世纪的布莱兹·巴斯卡（Blaise Pascal，1623—1662）和戈特弗里德·威廉·莱布尼茨（Gottfried Wilhelm Leibniz，1646—1716），他们较早萌生了有智能的机器的想法。19 世纪，英国数学家乔治·布尔（George Boole，1815—1864）和德·摩尔根（Augustus De Morgan，1806—1871）提出了"思维定律"，这些可谓人工智能的开端。19 世纪 20 年代，英国科学家查尔斯·巴贝奇（Charles Babbage，1792—1871）设计了第一台"计算机器"，它被认为是计算机硬件，也是人工智能硬件的前身。电子计算机的问世，使人工智能的研究真正成为可能。

人工智能是计算机科学的一个分支，它是一门由计算机科学、控制论、信息论、语言学、神经生理学、心理学、数学、哲学等多种学科相互渗透而发展起来的综合性新学科。自问世以来人工智能几经波折，但终于作为一门边缘新学科得到世界的承认，并日益引起人们的兴趣和关注。不仅许多学科开始引入或借用人工智能技术，而且人工智能中的专家系统、自然语言处理和图像识别已成为新兴的知识产业的三大突破口。

（二）人工智能的发展历程

人工智能的研究经历了以下几个阶段。

第一阶段：20 世纪 50 年代，人工智能初兴起。

人工智能概念提出后，在这一阶段相继出现了机器定理证明、通用问题求解程序、LISP 表处理语言等成果。这一阶段的研究重视问题的求解方法，忽视知识的重要性，由于消解法推理能力有限等原因，人工智能发展进入低谷。

第二阶段：20 世纪 60 年代末到 70 年代，人工智能发展达到高潮。

DENDRAL 化学质谱分析系统、Hearsay－Ⅱ语音理解系统等专家系统的研究和开发，将人工智能引向了实用化。1969 年成立了人工智能领域中最主要的学术会议之一——国际人工智能联合会议（International Joint Conferences on Artificial Intelligence，IJCAI）。

第三阶段：20 世纪 80 年代，人工智能大发展。

日本 1982 年开展"知识信息处理计算机系统 KIPS"研制计划，其目的是使逻辑推理达到数值运算的速度，虽然此计划以失败告终，但它的开展形成了一股人工智能研究的热潮。

第四阶段：20 世纪 80 年代末，神经网络飞速发展。

1987 年，美国召开第一次神经网络国际会议。此后，各国逐渐增加在神经网络方面的投资，使得这一学科迅速发展起来。

第五阶段：20 世纪 90 年代，人工智能发展达到新高潮。

由于网络技术的发展，人工智能开始由单个智能主体研究转向基于网络环境下的分布式人工智能研究，人们不仅研究基于同一目标的分布式问题求解，而且研究多个智能主体的多目标问题求解，人工智能更面向实用。人工智能研究已经渗透到各个领域，并在商业领域取得了巨大的成果。

未来人工智能的研究方向是多元化、跨学科的，涉及计算机科学、数学、工程学、哲学、心理学等多个领域，如自然语言处理、计算机视觉、深度学习、虚拟现实和增强现实、智能决策系统、情感计算、脑机接口、机器人等。随着技术的不断进步和应用场景的不断拓展，人工智能的研究和应用将迎来更大的发展空间。

二、人工智能的成果与展望

目前，人工智能在自然语言处理、计算机视觉、智能机器人、智能安防、智能金融等领域取得了重要成果。

（一）人工智能的最新成果

1. 机器学习

数据是载体，智能是目标，机器学习是从数据通往智能的技术、方法途径，是数据科学的核心，是现代人工智能的本质。机器学习是从数据中挖掘出有价值的信息。机器学习的初级阶段是数据获取、抽象特征的提取，中级阶段是数据处理与分析，高级阶段是智能与认知，即实现智能的目标。

2016 年世界围棋大师李世石以 1∶4 的成绩不敌谷歌人工智能程序阿尔法狗（AlphaGo），这场堪比 1997 年国际象棋大师卡斯帕罗夫不敌 IBM 超级计算机"深蓝"的竞赛，再次引发了人们对人工智能的极大关注。2017 年，阿尔法狗以四分之一子小胜中国等级分排名第一的柯洁九段。阿尔法狗是谷歌公司的研究者戴密斯·哈萨比斯（Demis Hassabis）研发团队的作品。

IBM 公司的"沃森肿瘤智能联合会诊系统"被我国著名的三级甲等医院上海交通大学医学院附属仁济医院等引进，用于辅助诊断癌症肿瘤，其诊断结果与专家诊断的一致。此前，该系统曾在日本诊断出一位被漏诊的白血病女患者。另外，得克萨斯州休斯敦卫理公会研究所的人工智能程序对数百万乳房 X 射线片进行了评估，其速度比人类快 30 倍，对癌症诊断准确率高达 99%。

据英国《每日邮报》的报道，IBM 公司研发的世界第一个人工智能律师 Ross 已经诞生。Ross 平台基于 IBM 沃森（Watson）智能电脑，就职于纽约 Baker & Hostetler 律师事务所，能够处理公司破产等事务。这台机器可以理解语言、回答问题、提出假设并记录法律系统的变化发展。在记录信息等方面，人工智能律师 Ross 能比人类做得更好。①

---

① 刘思瑶. IBM 研发出世界第一位人工智能律师：Ross［EB/OL］.（2016-05-06）［2018-12-18］. 环球网.

2. 自动驾驶

自动驾驶利用车载传感器感知到的车辆周围的道路、障碍等信息，控制车辆安全行驶。它融合了自动控制、计算机视觉等技术，是科技高度发展的产物，也是衡量一个国家技术发展水平的重要标志。

特斯拉的自动驾驶系统 FSD（Full Self-Driving）是一个高级的辅助驾驶系统，旨在逐步实现完全自动化的驾驶。目前该系统已经具备自动紧急刹车、自动变道、识别交通信号及标志、自动泊车、智能领航等功能，可以实现从家里出发到目的地的全旅程自动驾驶，包括途经城市道路、复杂路口和高速公路等。华为的自动驾驶系统 ADS（Autonomous Driving Solution）能够提供全天候的自动驾驶体验服务，具备点到点的连续自动驾驶以及全自动代客泊车功能。这两个自动驾驶系统代表了自动驾驶技术发展的前沿，通过不断的技术创新和升级，致力于实现更安全、更便捷的自动驾驶。

3. 群体人工智能系统

群体人工智能系统 Swarm 是一款实时在线工具，可以集合人们一起制定群体决策。它由 Unanimous A.I. 开发，公司创始人兼首席执行官路易斯·罗森伯格（Louis Rosenberg）说，当把人类的集体智慧放大时，整体智力水平显著提升。2016 年 5 月，该系统成功预测了肯塔基赛马的前四名，在此之前，人们都认为赛马比赛的结果几乎无法预测。

4. 语音识别

语音识别技术的目标是将人类语音中的词汇内容转换为计算机可读的输入，例如按键、二进制编码或者字符序列。我国的科大讯飞在智能语言识别技术上有长期深入的研究，多项技术拥有国际领先水平。"让机器听懂人说话"的时代不再遥远。

5. 大数据

大数据（big data）是指无法在可承受的时间范围内用常规软件工具进行捕捉、管理和处理的数据集合。大数据是一种产业，是 21 世纪的"煤炭"。

大数据最重要的特征就是数据量大，大数据的数据来源非常广泛，既可以来自数据库，也可以来自温控传感器等监控数据，而且数据可能有普通文本、图片、视频、音频等多种形式。数据量增长速度快，如家庭用水、电、气单据，人们打电话、发短信时电信移动公司的相应记录，网上浏览商品、购物消费的信息，QQ、微信、微博、BBS 等社交信息，人们的出行数据，在超市购物的数据，天气预报数据等，每天都会产生几亿条数据，数据量的增长速度可想而知。

海量的大数据应如何存储、如何处理？大数据采用分布式架构，对海量数据进行分布式数据挖掘。Hadoop 就是一种用来处理大数据的技术，是一个开源的可运行于大规模集群上的分布式文件系统和运行处理基础框架。Hadoop 解决了大数据的可靠存储和处理问题。HDFS（Hadoop Distributed File System，Hadoop 分布式文件系统）用来在廉价的硬件上运行，并提供高吞吐量来访问应用程序数据，适合大规模数据集的存储。HDFS 在由普通 PC 组成的集群上提供高可靠的文件存储服务，易于扩展，可以通过增加数据节点来扩展存储容量。HDFS 是大数据应用的基础，包括 Apache Hadoop MapReduce 编程模型，它提供了一个用于处理和生成大型数据集的框架。

大数据分析的目标是得到有价值的信息，如通过收集某一个人在电商网站浏览购物的行为，在社交网站上的联系人及喜欢讨论的话题、喜欢浏览的网站等信息，可以分析得到他的购物习惯、购物爱好；通过对大型电商的购物数据分析，可以得到各地的消费习惯、消费能力、商品爱好；通过对网络媒体、社交媒体网络热词的监测分析，可以了解当前人们关心的热点问题。

6. ChatGPT

2022 年 11 月 30 日，OpenAI 公司推出的人工智能技术驱动的自然语言处理工具 ChatGPT 问世，震惊了全球。ChatGPT 是一种最新的、最先进的自然语言生成技术之一，它具有令人惊叹的表达能力和逼真度，可以模拟人类的语言行为。微软创始人比尔·盖茨在他的博客中提到：OpenAI 发布的大语言模型 ChatGPT 是他一生中遇到的两项革命性技术之一，另一个是 1980 年出现的计算机图形用户界面。2023 年 3 月 15 日，OpenAI 公司发布多模态大模型 ChatGPT-4，ChatGPT-4 可以接受图像和文本输入，这意味着 ChatGPT 能看懂图了，能更准确地解决难题，更有创造性和协作性。

ChatGPT 能够与人连续对话互动，回答问题，可应用在语言翻译、学习、在线客服场景，也可以陪人聊天。ChatGPT 能够协助创作，高效便捷地帮助人们获取信息、知识和灵感，可以根据你的指令画图、作诗、作文。

我国的多模态大模型发展迅速，百花齐放，有百度的文心一言、华为的盘古、科大讯飞的星火、阿里云的通义千问等。我国在多模态大模型 AI 领域正在积极追赶，缩小与世界领先水平的差距，最新测试表明，在解读中文语义方面，国内 AI 大模型不比 ChatGPT 逊色，有些方面甚至略胜一筹。

（二）人工智能的未来

伴随着技术的成熟和政策的支持，从"互联网 +"走向"人工智能 +"，人工智能发展将更加迅猛，并持续渗透到日常生活中。人工智能领域的发展难度较大，人才、技术、数据和计算能力等都是问题。目前的环境是大公司偏向打造基础生态，小公司则侧重产品应用。大公司的基础设施包括芯片、大数据和云计算，小公司往往等待好的技术点被收购，或者专注于一个垂直应用。我们需要在新的探索中发现问题，努力实现生态共赢，使人工智能朝着更好的方向发展。

人工智能代表未来。人工智能冲击带来的结构性变化，正在逐步引发产业分化。决战人工智能的未来，对每一个个人、每一个国家都具有战略意义。人工智能新技术为传统中国制造的转型和升级带来了新契机，我们应当思考的是：中国应该如何与人工智能的发展一并腾飞？

也许，人工智能技术的大爆发，将会引领智慧时代的到来。经历了蒸汽时代、电气时代、信息时代，在即将进入智慧时代的时候，在注重技术加速的同时，我们更应该对人类的行为进行反思。

学习活动

本活动需要学生在机房或自带电脑进行。

第一项任务：学生3个人一小组，设计准备向 ChatGPT 提出的问题，可以参照下列提问。小组成员分别下载百度的文心一言、阿里的通义千问、科大讯飞的星火，把自己设计的问题输入进去，比较不同大模型的回答，各小组成员沟通交流。

（1）选出下列句子中成语使用错误的一项（　　）。

A. 这个项目时间紧，任务重，大家都在马不停蹄地奔波劳碌。

B. 他常常口是心非，让人难以相信他说的话。

C. 两个人同学三年，一直保持着良好的关系，相互尊重、相敬如宾。

D. 当地突发大火，整个村庄都鸡犬不宁，局势十分危急。

（2）1个苹果＝2个梨，3个梨＝4个橙子，6个橙子＝7个香蕉，56个香蕉等于多少个苹果？

第二项任务：为"床前明月光，疑是地上霜"画一幅诗意图，分别用上述三个大模型实现，比较结果。

小组讨论：上述三个大模型，你认为哪一个任务完成得最好？

第五节　技术发展的反思

关键核心技术是国之重器。实践反复告诉我们，关键核心技术是要不来、买不来、讨不来的。只有把关键核心技术掌握在自己手中，我们才能从根本上保障国家安全。

一、生物技术发展的反思

伴随着现代生物技术的发展，安全性和伦理道德等方面的争议一直存在，但这些争议不应成为生物技术向前发展的障碍，只要对生物技术的研究和应用加以规范，通过适当的规则、公约乃至法律来指导生物技术，生物技术就能够沿着健康的道路发展。

（一）生物技术的安全性争议

飞速发展的生物技术，一方面给人类带来了巨大的经济效益和社会效益，另一方面安全性问题也越来越受到公众的关注。生物技术的安全性问题主要体现在以下几个方面。

1. 转基因可能对生态环境产生负面影响

基因工程、细胞融合等技术使物种间基因转移成为可能，它们打破了物种间的屏障，这就有可能造成无法预料的生态后果。（1）在转基因农作物的附近都存在可与之交配的野生植物，这些基因可能通过花粉传播或者近缘种杂交导入其他物种中。例如，国外已有报道，基因工程玉米的抗除草剂基因已漂移到附近地区的野生植物上，造成"超级杂草"的出现。美国学者也证明，基因工程鱼的转基因能扩散到野生同类的种群中。（2）上述基因漂移可能使某些野生物种因转基因获得新的性状，如耐寒、抗病或速长等，因此可能具有更强的生命力，在自然界与其他物种的生存竞争中获得绝对优势，排挤其他物种，从而打破自然界原有的生态平衡。（3）转基因生物基因重组，打破了自然界物种的界限，打乱了生物进化的进程。（4）转基因作物中的有毒、有害物质，可能通过食物链进入生态系统的各个环节。

然而，也有科学家认为转基因不会对生态环境造成负面影响，理由如下：（1）许多农作物花粉传播距离有限，像玉米在种植区 50 米外就难以见到它的花粉。有不少农作物（如大豆）是自花授粉的，它们并不能把花粉传播给其他植物。所以，外源基因的扩散没有想象中那么容易。"超级杂草"并不是一个科学术语，只是一个形象化的比喻，目前并没有证据证明已经有"超级杂草"存在。（2）一种生物增加一两个新基因，不能认为它就成为另一种新生物，而仅仅是增加了该物种的某一种新特征而已。因此，认为它会改变生物进化历程言过其实。（3）转基因不仅不污染环境，而且有利于环保。某些转基因农作物含有抗病虫害基因，这样就可以大大减少农药的使用，这对保护生态环境安全和人畜安全是巨大的贡献。由于转 Bt 基因抗虫棉在全球范围内的广泛种植，全球杀虫剂使用量逐年减少。美国相关研究报告显示，1996—2008 年，随着抗虫棉种植面积的增加，单位面积杀虫剂用量由 1996 年的 1.80 kg/hm^2，下降到 2008 年的 0.63 kg/hm^2，抗虫棉种植面积扩大与杀虫剂用量减少呈高度相关性。另有研究结果表明，种植抗虫玉米和抗虫棉花，单位面积杀虫剂使用量可比普通玉米和棉花减少 50%～70%。中国农药工业协会的数据显示，我国化学农药原药产量近 5 年呈逐年下降趋势。2020 年化学农药产量年同比下降 1.75%，农药使用量实现了"零增长"。①

2. 转基因食品的安全性目前尚无定论

科学家认为，转基因食品可能带来的风险主要有两个：一是可能带来新的毒素。许多食品本身含有大量的毒性物质和抗营养因子，如蛋白酶抑制剂、神经毒素等用以抵抗病原菌的侵害。生物在进化过程中，自身的代谢途径在一定程度上抑制毒素表现，即所说的沉默代谢。新基因的转入，有可能打破原来生物基因的"管理体制"，使一些产生毒素的沉默基因开启，产生有毒物质。二是可能导致过敏。人类在自然环

---

① 叶纪明. 农业转基因作物发展对农药的影响［J］. 现代农药，2023，22（1）：1-4.

境中进化形成的人体免疫系统可能难以或无法适应转基因生成的新型蛋白质而诱发过敏症。

然而，也有团体认为，转基因并不影响食品的安全性，转基因作物与非转基因作物具有"实质等同性"，两者应同等对待。1993 年，经济合作发展组织（OECD）生物技术安全专家组的报告首次将"实质等同"应用于食品安全评价，其具体表述为："实质等同"蕴含着这样一个概念，即如果一种新的食物或食物成分与现有的食物或者食物成分在实质上是等同的，则就安全性而言，两者应受到同样对待。[①]1996 年，联合国粮农组织（FAO）和世界卫生组织（WHO）第二届生物技术食品安全性评估的专家联席会建议将该原则应用于所有转基因植物、动物和微生物食品的安全性评估中。"实质等同"可以证明转基因食品并不比传统食品不安全，但并不证明它是绝对安全的，因为证明绝对安全是不切实际的。

3. 生物武器威胁始终存在

生物战剂是在军事行动中用以杀伤人畜和破坏农作物的致病微生物、毒素和其他生物活性物质的统称。生物战剂不同于其他武器，它会随着时间的推移而具有更强的危险性，某些生物毒剂能使人致残，而另一些生物毒剂则能致死。1971 年，一些国家发起缔结了《禁止生物武器公约》，我国于 1984 年也加入了这一公约。截至 2021 年 11 月，已有 183 个缔约国。但由于缺乏必要的核查机制，加上有一些措辞不严谨之处，公约的执行与监督困难重重。随着生物技术的发展，原本只有国家机构才能掌握的生物武器技术，现在一些恐怖组织、犯罪组织或者邪教组织也能够掌握，并已经有投入使用的案例。基因工程的应用，一方面更有利于强杀伤力的生物战剂的研制和大量生产，另一方面为研制新型和多样性生物武器创造了潜在的可能，因此，传统的生物武器已发展到了"基因武器"的新阶段。20 世纪 90 年代，德国联邦国防军在一份题为《2020 年武装力量使用》的研究报告中提到了未来生物武器对基因不同的人种所带来的危险。这种武器对自己的士兵没有危险，但对别的种族的人却是致命的。

（二）生物技术的伦理问题

早在 20 世纪 50 年代中期，一批研究宗教和神学的人士就对人类改造生命过程可能带来的某些伦理道德问题进行了有益的探讨。人类基因组计划的实施和克隆技术的完善，更使其伴生的伦理道德问题成为讨论的热点。

人类基因组计划的完成，固然使基因诊断、基因治疗、生物制药等技术更具发展潜力，但是，同时引发了一系列伦理、道德甚至法律问题。首先，人们可能会面对的是"基因歧视"，一些携带不正常基因的人被打入"另册"，在婚姻、就业、升学等方面受到不公正待遇。侵犯个人隐私权也是基因科学可能引发的弊端，因为每个人的基因组中或多或少含有脆弱的基因或不正常的基因，因而每个人的基因组信息不能

[①] 高建勋. 转基因作物产业化之风险预防原则的困境与出路：兼论"实质等同原则"的价值回归 [J]. 自然辩证法通讯，2021，43（6）：81−87.

轻易暴露，不然就可能危及其切身利益和生存空间。其次，由于基因技术的深远发展潜力，基因资源弥足珍贵，那么基因能否专利化也是新的生命伦理问题。问题的一面是：基因的发现需要政府乃至私人企业花费大量的时间、金钱和技术，如果不设置基因专利以保护发现者的利益，就将会削弱发现者的积极性，从而延缓基因密码的破解，无法治愈某些遗传疾病。问题的另一面是：基因专利化有可能形成垄断。如果将人类基因某个片段的某种功能变成专利，就意味着这个片段只为一小部分人了解和研究，乃至被垄断，有可能扼杀了某些遗传疾病被治疗好的机会。最后，基因专利损害了基因提供者对自身器官的所有权，即基因提供者有自主的权利去控制属于自己的基因，如果其他人将基因提供者的基因设置专利，就会损害提供者的自主控制权。此外，基因专利违背了社会的公平和正义，使基因资源成为私有化的资源，将原本公有化、属于全人类的资源据为己有，无疑会造成极大的不公。

在由克隆动物引发的对克隆人的反响和争论中，同样隐藏着许多社会伦理问题。目前，国际上一般把对人类自身的克隆分为生殖性克隆（reproductive cloning）和治疗性克隆（therapeutic cloning）。生殖性克隆就是使用克隆技术在实验室制造人类胚胎，然后将胚胎植入人类子宫发育成胎儿，它的目的是产生一个完整的人——"克隆人"。治疗性克隆是指把病人体细胞核移到去核卵母细胞中形成重组胚，把重组胚在体外培养到囊胚，然后从囊胚内分离出胚胎干细胞。获得的胚胎干细胞可诱导分化形成特定的细胞、组织和器官，用来解决器官移植中所需的供体来源问题，进行疾病的治疗研究。生殖性克隆是许多国家一致禁止的，理由主要有：克隆技术打破了人类两性生育的自然规律，对现有的社会关系和家庭结构造成巨大冲击；克隆人的身份难以被认定，并可能因此产生心理缺陷，造成社会问题。不同国家对待治疗性克隆的态度则有区别。治疗性克隆的伦理争议的焦点在于对生命起始标准的界定，即从早期人类胚胎中提取胚胎干细胞后，该胚胎无法存活是否属于谋杀行为。反对者认为人类胚胎同样拥有人的尊严和人的生命权。然而关于生命的起始标准始终存在争议。卵子与胚胎在一些国家和宗教界被视为是生命的起源，与活着的婴儿没有什么不同。看待治疗性克隆的态度从一定意义上代表着不同国家在文化、法律、伦理和宗教上的不同态度。

生物技术伴生的伦理道德问题还有许多：转基因植物由于转入了动物基因从而含有动物蛋白，可能会引起宗教人士和素食主义者的反对；动物之间的转基因操作可能会激起一些人的愤怒；异种移植会遭到支持动物权利的人的抵制，他们认为这是极端的"人类中心论"；等等。

（三）生物技术研究应加强规范和管理

生物技术是一把双刃剑，既可以造福人类，也可能带来灾难。围绕生物技术存在的安全风险和伦理问题，加强相关理论和立法研究，制定生物技术研究、应用的规范是世界各国迫切的也是重大的课题。2006年2月9日我国国务院发布了《国家中长期科学和技术发展规划纲要（2006—2020年）》。纲要在"重点领域及其优先主题"部分把公共安全作为 11 个重点领域之一，还特别单列出了"生物安全保障"主题。2008 年 5 月 21 日，美国总统布什签署了《遗传信息无歧视法案》，使其成为正式生效的法律。根据这部法律，假如基因检测显示某人可能易患某种疾病，保险公司不得据此提高医疗保险费用或者拒绝为其提供保险，其他公司也不得把基因信息作为招聘、解雇或提拔员工的依据。这部法律将保护美国民众的基因信息不被滥用和歧视。2017 年 1 月 23 日，我国农业部办公厅印发了《农业转基因生物（植物、动物、动物用微生物）安全评价指南》，对农业转基因生物的安全评价做了详细的技术规范。2021 年 4 月 15 日起施行的《中华人民共和国生物安全法》从国家层面对生物技术研究、开发与应用安全作出了法律规定。

同时，从事生物技术研发的人员，应该对生物技术的潜在风险保持高度警惕，并在一定的伦理框架内从事研究工作。2013 年 4 月，中国科学院发布了《关于负责任的转基因技术研发行为的倡议》，倡议从事转基因技术研究、产品开发、监测评价等的科研人员，以对人类社会发展高度负责任的态度，加强职业操守，规范科研行为，促进转基因技术良性发展。倡议特别提到应注重对转基因技术研究和应用的科学伦理规范、安全评估、安全检查、防止扩散以及自觉接受社会监督等。

此外，全世界范围内还应该有各国认可并执行的国际准则，以保障生物技术的健康有序发展。2000 年 1 月 29 日在加拿大蒙特利尔通过的《生物安全议定书》（《卡塔赫纳生物安全议定书》），建立了以信息共享和科学决策为基础的全球框架，协助政府对生物技术的益处与风险加以管理。中国是签署该议定书的 113 个国家之一。

二、信息技术发展的反思

在互联网问题日益严峻的今天，网络安全日益成为人们关注的焦点。

（一）信息技术的安全性问题

网络信息系统所面临的威胁来自很多方面，而且会随着时间的变化而变化。从宏观上看，这些威胁可分为自然威胁和人为威胁。自然威胁来自各种自然灾害、恶劣的场地环境、电磁干扰、网络设备的自然老化等。这些威胁是无目的的，但会对网络信息系统造成损害，危及通信安全。而人为威胁是指对网络信息系统的人为攻击，通过寻找系统的弱点，以非授权方式达到破坏、欺骗和窃取数据信息等目的。两者相比，精心设计的人为攻击难防备、种类多、数量大。

随着互联网应用的迅速发展，个人信息受到极大的威胁。个人信息泄露的四大途径是人为倒卖信息、手机泄露、计算机感染和网站漏洞。个人信息泄露危害巨大，除了个人要提高信息保护的意识以外，国家也正在积极推进保护个人信息安全的立法进程。2021 年 8 月，《中华人民共和国个人信息保护法》通过，并于 2021 年 11 月 1 日起施行。

（二）信息技术应用反思

信息技术使信息传递快捷，新闻传播从专业报刊转向互联网、自媒体，同时也导致不好的网络现象频发。错误信息、虚假信息使人们难分对错，难辨真假。信息技术应用的普及，特别是智能手机的普及，使人们容易接触赌博、色情等应用软件，这些会对人的身心健康造成不良影响，影响社会安定。信息技术应用的发展，导致人们过度依赖计算机网络、智能手机获取信息，使人们在社会的亲身体验、人际交往等方面的能力被弱化。

多模态生成式人工智能在带来巨大便利的同时，不可避免地会引发一些问题，如人工智能技术失控、影响就业、产生伦理和道德等问题。为此，2023 年 7 月 11 日，国家网信办联合国家发展改革委、教育部、科技部、工业和信息化部、公安部、广电总局印发《生成式人工智能服务管理暂行办法》，旨在促进生成式人工智能健康发展和规范应用。

三、虚拟世界与网络道德

每一个现代人都应该牢记"善用网络、自控负责、远离网瘾"。

（一）虚拟世界带来的问题

信息社会，人们在网络中便利地获取知识、传递信息、社交、游戏娱乐。但长期沉迷于网络，特别是网络游戏，会造成部分青少年陷在虚拟世界中无法自拔。移动互联网的普及，改变了人们的阅读习惯，人们看书、看报少了，看手机的时间多了；因为信息获取非常便利，人们容易滋生惰性；网络社交与现实社会脱节、缺少人与人面对面交流相处带来的有温度的情感体验，会影响人格的健全发展。

网络的普及还带来一个巨大的负面影响——上网成瘾。现代心理学研究认为，瘾对人都有害，烟瘾可致癌、心血管病、胃炎等。网瘾则会导致人健康受损、学习受挫，还会引起角色混乱、道德感弱化、人格异化等危害。网瘾本身就是一种心理障碍和异常行为，需要诊断、治疗。

（二）时代呼唤"网德"

2024 年 3 月 22 日，中国互联网络信息中心（CNNIC）发布第 53 次《中国互联网络发展状况统计报告》。该报告显示，截至 2023 年 12 月，我国网民规模达 10.92 亿人，互联网普及率达 77.5%[①]；这个普及率超过全球平均水平（54 亿人，67%）10.5 个百分点。

自从网络步入我们的日常生活，我们对"社会"的认识也在悄然变化，一个由看

[①] 中国互联网络信息中心. 第 53 次《中国互联网络发展状况统计报告》[EB/OL].（2024-03-22）[2024-05-20]. 中国互联网络信息中心网.

不见的线路连接而成的"虚拟"社会——网络社会正在变成现实。

在社会中生活，我们的行为靠道德和法律来调节。从孩童时代起，我们就受到尊老爱幼、忠于职守的道德教育，这些意识在我们的成长过程中不断加强，正是它们遏制了我们的某些不良行为。但是网络社会就不同了，目前网络道德失范的现象非常严重，网络黑客、网上拍卖欺诈、网络虚假新闻等大肆泛滥。网络道德失范的一个重要原因是网络的"个人性"。在真实的社会，我们的一举一动都在众人的"监视"之下，我们要顾及自己的身份、地位、角色，所以对自己的行为进行了自觉和不自觉的约束和控制，这就是道德行为产生的主要原因。然而我们在网上的时候，别人是无法真正看到我的，人与人之间虽然通过网络联系得很近，但是这种距离是始终存在而无法突破的。个人就像处在一个保护伞中，别人只能靠我提供的信息来认识我、理解我，而基本上无从约束我的行为。这种极个人化的境况，容易使某些人暴露出自私、贪婪、欺骗的本性。因为在现实社会中，"慎独"是道德的最高境界，而能够做到这点的毕竟是少数。

网络道德失范的另一个重要原因是网络的"虚拟性"。当我们卸去了现实生活中的粉饰，再把自己的身心投入虚拟的世界中去体验别样的网络生活的时候，我们是以一种匿名的方式出现在网络社会中的，我们的姓名、年龄、职业、长相甚至性别都可以自己选择而别人根本无法识别，于是我们容易淡忘自己的责任和义务，我们的行为在一种他人约束的真空状态，不道德的行为就容易出现。"不要跟我讲道德，要讲道德你就不会上网了。"持有这种思想的网民恐怕不在少数。网络的虚拟性，在给了我们充分想象的空间的同时，也给欲望包括不可告人的欲望的膨胀留下了一片的"沃土"。

网络道德失范还严重影响了青少年的成长。相当一部分生活在网络中的青少年存在双重人格倾向。一些青少年学生较难完全协调好网上与网下的关系，他们对自己在现实社会与网络社会的道德要求不一样，实行的是双重道德标准。

网络道德失范不能完全归咎于网络尚未成熟。事实上，网络社会的问题也折射出真实社会的问题，在两个社会之间形成道德规范的沟通和联系，建立起具有自身特色的网络社会的道德规范任重而道远。

学习活动

随着多模态大模型 AI 以及人形机器人、转基因技术及生物技术的发展，人类的文明前进了一大步，但技术的高速发展，也带来了一些风险。小组检索资料并讨论交流：AI 的最新发展及可能的风险，生物技术的最新发展及可能的风险。

可供参考的问题：你认为人类文明是否会被自己的创造力毁灭？人类自己是否会被人工智能取代？你认为人类如何避免被自己打败？

科学家精神

中国科学院院士、图灵奖获得者姚期智

姚期智，1946年12月24日出生于中国上海，计算机科学专家。1998年当选为美国国家科学院院士；2000年获得图灵奖，是唯一获得该奖的华人学者（截至2020年）；2004年起在清华大学任全职教授，同年当选为中国科学院外籍院士；2005年担任香港中文大学博文讲座教授；2011年担任清华大学交叉信息研究院院长；2015年当选为香港科学院创院院士；2016年放弃美国国籍成为中国公民，正式转为中国科学院院士；2021年获日本京都奖。姚期智的研究方向包括计算理论及其在密码学和量子计算中的应用，他最先提出量子通信复杂性，提出分布式量子计算模式，这些后来成为分布式量子算法和量子通信协议安全性的基础。

科学家精神

计算机科学之父阿兰·图灵

阿兰·图灵（Alan Turing，1912—1954），英国数学家、逻辑学家，被称为计算机科学之父、人工智能之父[1]，是计算机逻辑的奠基者，提出了"图灵机"和"图灵测试"等重要概念。为纪念他在计算机领域的卓越贡献，美国计算机协会于1966年设立图灵奖，此奖项被誉为计算机科学界的诺贝尔奖。

思考与练习

参考答案

7-1 名词解释：

（1）基因工程

（2）克隆

7-2 简答：信息处理有哪五个阶段？

7-3 应用举例：信息技术的应用有哪些？请举例说明。

7-4 简答：目前世界已建或在建的全球卫星导航系统（GNSS）有哪些？

7-5 简答：移动通信技术的发展。

7-6 简答：计算机网络的组成。

7-7 简答：因特网为用户提供服务的主要方式。

7-8 名词解释：人工智能

7-9 应用举例：人工智能有哪些成果？并举例说明。

7-10 简答：人工智能发展的里程碑事件。

---

[1] 约翰·麦卡锡因首次提出"人工智能"这一概念以及在该领域的早期贡献，被称为"人工智能之父"；阿兰·图灵则因在人工智能领域的巨大贡献，也被称为"人工智能之父"。

1. 马中良，袁晓君，孙强玲. 当代生命伦理学：生命科技发展与伦理学的碰撞［M］. 上海：上海大学出版社，2015.

该书在向读者介绍生命科学领域最新进展的同时，探讨了人类基因组计划、克隆人、干细胞、转基因等研究热点的伦理问题，引发读者对生命价值的思考。请重点阅读第一、六、十二章。

2. 范煜. 人工智能与 ChatGPT［M］. 北京：清华大学出版社，2023.

该书阐述了人们相信人工智能可以为这个时代的技术带来突破，而 ChatGPT 则使这种希望成为现实。该书尽可能全面地介绍了与 ChatGPT 相关的内容，特别是许多应用示例，可以给读者带来启发，在自己的工作中也能充分利用它。请重点阅读第一、三、五、七、八章。

参考文献

第一章

[1] 丹皮尔. 科学史及其与哲学和宗教的关系: 上册 [M]. 李珩, 译. 北京: 商务印书馆, 2009.

[2] 丹皮尔. 科学史及其与哲学和宗教的关系: 下册 [M]. 李珩, 译. 北京: 商务印书馆, 2009.

[3] 袁运开. 现代自然科学概论 [M]. 2版. 上海: 华东师范大学出版社, 2010.

[4] 蔡宾牟, 袁运开. 物理学史讲义: 中国古代部分 [M]. 北京: 高等教育出版社, 1985.

[5] 马克思恩格斯选集: 第4卷 [M]. 中共中央马克思恩格斯列宁斯大林著作编译局, 编译. 3版. 北京: 人民出版社, 2012.

[6] 郭奕玲, 沈慧君. 物理学史 [M]. 2版. 北京: 清华大学出版社, 2005.

[7] 薛定谔. 自然与古希腊 [M]. 颜锋, 译. 上海: 上海科学技术出版社, 2002.

[8] 白梦. 方以智传 [M]. 合肥: 安徽大学出版社, 2020.

[9] 江晓原. 科学史十五讲 [M]. 2版. 北京: 北京大学出版社, 2016.

第二章

[10] 弗拉马里翁. 大众天文学: 上册 [M]. 修订版. 李珩, 译. 北京: 北京大学出版社, 2022.

[11] 弗拉马里翁. 大众天文学: 下册 [M]. 修订版. 李珩, 译. 北京: 北京大学出版社, 2022.

[12] 金祖孟. 地球概论 [M]. 4版. 华东师范大学地理科学学院, 修订. 北京: 高等教育出版社, 2023.

[13] 余明, 陈大卫. 简明天文学教程 [M]. 4版. 北京: 科学出版社, 2021.

[14] 陈效述. 自然地理学原理 [M]. 2版. 北京: 高等教育出版社, 2015.

[15] 宋春青，邱维理，张振春. 地质学基础［M］. 4 版. 北京：高等教育出版社，2005.

[16] 周淑贞. 气象学与气候学［M］. 3 版. 北京：高等教育出版社，1997.

第三章

[17] 张三慧. 大学物理学［M］. 3 版. 北京：清华大学出版社，2015.

[18] 东南大学等七所工科院校. 物理学［M］. 马文蔚，周雨青，解希顺，改编. 7 版. 北京：高等教育出版社，2020.

第四章

[19] 王金亭，马宏，王玉江. 生命科学导论［M］. 武汉：华中科技大学出版社，2014.

[20] 李堃宝，褚建君，缪晓玲. 生物学概论［M］. 北京：高等教育出版社，2011.

[21] 王善利. 发育生物学基础［M］. 上海：华东理工大学出版社，2014.

第五章

[22] 谢高地. 自然资源总论［M］. 北京：高等教育出版社，2009.

[23] 蔡运龙. 自然资源学原理［M］. 3 版. 北京：科学出版社，2023.

[24] 黄素逸，高伟. 能源概论［M］. 2 版. 北京：高等教育出版社，2013.

[25] 杜彦良，张光磊. 现代材料概论［M］. 重庆：重庆大学出版社，2009.

第六章

[26] 叶勤. 人类与自然［M］. 北京：高等教育出版社，2009.

[27] 庞素艳，于彩莲，解磊. 环境保护与可持续发展［M］. 北京：科学出版社，2015.

[28] 程发良，孙成访. 环境保护与可持续发展［M］. 3 版. 北京：清华大学出版社，2014.

[29] 王芳. 环境与社会：跨学科视阈下的当代中国环境问题［M］. 上海：华东理工大学出版社，2013.

[30] 王麟生，戴立益. 可持续发展和环境保护［M］. 上海：华东师范大学出版社，2010.

第七章

[31] 浙江万里学院生物科学系. 生物技术与工程导论 [M]. 杭州：浙江大学出版社，2010.

[32] 吕虎，华萍. 现代生物技术导论 [M]. 2 版. 北京：科学出版社，2011.

[33] 黄杏元，马劲松，汤勤. 地理信息系统概论 [M]. 4 版. 北京：高等教育出版社，2023.

[34] 闫鸿滨，王琼瑶，阳俐君，等. 计算机科学技术概论 [M]. 北京：清华大学出版社，2013.

[35] 王新良. 现代通信技术概论 [M]. 北京：机械工业出版社，2015.

[36] 杨忠，杨荣根. 人工智能及其应用 [M]. 西安：西安电子科技大学出版社，2022.

读者意见反馈

为收集对教材的意见建议，进一步完善教材编写并做好服务工作，读者可将对本教材的意见建议通过如下渠道反馈至我社。

咨询电话　　400-810-0598

反馈邮箱　　gjdzfwb@pub.hep.cn

通信地址　　北京市朝阳区惠新东街 4 号富盛大厦 1 座

　　　　　　高等教育出版社总编辑办公室

邮政编码　　100029